从零开始写大模型

从神经网络到Transformer

王双　牟晨　王昊怡◎编著

清华大学出版社

北京

内 容 简 介

本书结合丰富的图示和程序示例，全面、系统地介绍大模型的基本原理，并通过一个极简大语言模型构建案例带领读者上手实践。本书学习门槛极低，即便零基础的读者，也能在本书的引领下比较轻松地掌握大模型的基本知识体系，并理解大模型的基本原理，从而为日后进一步学习打好基础。本书提供配套教学视频、源代码和教学 PPT 等超值配套资源，以方便读者高效、直观地学习。

本书共 20 章，分为 5 篇。第 1 篇神经网络快速入门，介绍神经网络的基础和结构；第 2 篇 Transformer 架构基础，介绍几种经典的编解码架构、Tokenization 基础知识、Transformer 架构涉及的数学概念；第 3 篇 Transformer 模型剖析，首先介绍大语言模型的概念和参数规模，然后介绍 Transformer 的词汇输入模块、注意力机制模块和输出模块，最后介绍基于 Transformer 架构的模型训练过程、推理过程、优化方法和超参数；第 4 篇 Transformer 进阶，首先介绍如何使用 Python 实现一个简单的 Transformer 架构，然后介绍 BERT 和 GPT 两种经典大语言模型，最后给出国内一些大公司的高频面试题；第 5 篇 GPT 模型完全体验之 MiniMind，详细介绍一个开源极简大语言模型 MiniMind 的项目情况、代码结构，以及安装、训练、微调与推理过程等，带领读者体验大语言模型的完整构建过程。

本书内容丰富，通俗易懂，案例典型，讲解深入浅出，特别适合零基础学习大模型的读者阅读，也适合 IT 领域或其他领域向 AI 转型但缺乏基础的程序员、工程师等相关从业人员阅读，还适合高等院校和培训机构作为大模型的入门教材或教学参考书。

图书在版编目（CIP）数据

从零开始写大模型 ：从神经网络到 Transformer / 王双，牟晨，王昊怡编著.
北京 ：清华大学出版社，2025. 6. -- ISBN 978-7-302-69508-0

Ⅰ. TP18

中国国家版本馆 CIP 数据核字第 20252HD376 号

责任编辑：王中英
封面设计：欧振旭
责任校对：徐俊伟
责任印制：丛怀宇

出版发行：清华大学出版社
　　　　　网　　　址：https://www.tup.com.cn，https://www.wqxuetang.com
　　　　　地　　　址：北京清华大学学研大厦 A 座　　　邮　　编：100084
　　　　　社　总　机：010-83470000　　　　　　　　邮　　购：010-62786544
　　　　　投稿与读者服务：010-62776969，c-service@tup.tsinghua.edu.cn
　　　　　质量反馈：010-62772015，zhiliang@tup.tsinghua.edu.cn
印　装　者：小森印刷（天津）有限公司
经　　销：全国新华书店
开　　本：185mm×260mm　　　　印　　张：15.5　　　字　　数：350 千字
版　　次：2025 年 7 月第 1 版　　　　　　　　　　印　　次：2025 年 7 月第 1 次印刷
定　　价：69.80 元

产品编号：111592-01

2022 年末 ChatGPT 的横空出世犹如一记惊雷，在全球范围内引发了科技界的惊叹与隐忧。时至今日，大模型技术已悄然渗透至社会生活的各个维度，从智能客服到医疗诊断，从教育辅导到艺术创作，这场由算法引发的认知革命正以颠覆性态势重构人类的知识体系、能力维度与职业版图。在这个 AI 赋能的时代，掌握大模型技术已成为数字公民的必备素养。为了帮助读者在短时间内快速入门大模型开发，笔者和几位同行一起编写了本书。

本书结合笔者多年的 AI 授课经验和众多的开源资料，以及一系列简洁的案例、形象的图示和典型程序示例，帮助读者理解大模型的基本原理，并通过开源极简大语言模型 MiniMind 案例全流程展示大语言模型的代码结构以及安装、训练、微调与推理过程等，帮助读者全面掌握大模型的代码架构与实现。通过阅读本书，读者可以初步掌握大模型的基本知识体系，并了解大模型的基本原理，为日后进一步学习打好基础。

本书特色

❑ **内容全面**：涵盖从神经网络快速入门到 Transformer 架构解析，再到 GPT 模型构建实战等方方面面的知识，帮助读者全面学习大模型构建的完整知识体系。

❑ **门槛极低**：手把手带领读者推导公式并动手写代码，通过实践加深读者对知识的理解，帮助读者理解 GPT 的基本原理，从而大大降低大模型的学习门槛。

❑ **轻松上手**：基于作者多年的 AI 授课经验打造的神经网络入门课程体系编写，通过通俗易懂的完整案例，手把手带领读者轻松入门大模型。

❑ **图文并茂**：结合 160 多幅示意图进行讲解，用图文并茂的方式直观地介绍大模型的基本原理与构建过程，帮助读者透彻地理解所学知识。

❑ **实用性强**：结合大量的 Python 代码示例讲解，带领读者上手实践，并详解一个有 2700 万个参数的极简开源大模型 MiniMind 的构建，手把手带领读者实际体验一个真实大模型的构建流程。

❑ **资源超值**：提供大量的超值配套学习资源，帮助读者高效、直观地学习。

❑ **服务完善**：提供 QQ 群、B 站、电子邮箱和公众号等多种服务渠道，为读者的学习保驾护航。

本书内容

第1篇　神经网络快速入门

第 1 章介绍神经网络基础，包括神经网络的概念、结构、学习过程和基本术语等，并通过手算案例演示前向传播和反向传播的过程。

第 2 章介绍神经网络的结构，包括用 Python 实现的一个简单的神经网络，以及 CNN 和 RNN 两种经典的神经网络结构。

第2篇　Transformer架构基础

第 3 章介绍几种经典的编解码架构，包括 Auto encoder、VAE 和 GAN，为学习 Transformer 架构奠定基础。

第 4 章介绍 Tokenization 基础知识，包括 Transformer 的文本数字化方法、两种分词器、词嵌入概念和 Word2Vec 词嵌入过程等。

第 5 章介绍 Transformer 架构涉及的数学概念，包括向量变换、空间变换和层归一化等。

第3篇　Transformer模型剖析

第 6 章介绍大语言模型的概念和参数规模，以及 Transformer 模型的基础概念。

第 7 章介绍 Transformer 的词汇输入模块，重点结合通俗易懂的案例介绍 Tokenization 方法、位置编码和词嵌入等相关知识。

第 8 章介绍 Transformer 的注意力机制模块。首先结合图示介绍注意力机制的运算流程；然后给出一个手动计算 Q、K、V 的案例，以加深读者对运算流程的理解；最后介绍交叉注意力和多头注意力的相关知识。

第 9 章介绍 Transformer 的输出模块，包括残差连接、Norm 处理、全连接前馈神经网络、mask 处理、最终输出逻辑及参数量等相关知识。

第 10 章结合典型案例详细介绍基于 Transformer 架构的模型训练过程、推理过程与优化方法等相关知识。

第 11 章介绍 Transformer 模型的超参数及其作用与经验取值，包括学习率、批处理数量、维度和注意力头数等。

第4篇　Transformer进阶

第 12 章从 Transformer 核心架构、Encoder 和 Decoder 三个方面介绍如何使用 Python 从零开始实现一个简单的 Transformer 架构。

第 13 章介绍 BERT 和 GPT 两种经典大语言模型的架构、训练方法和优缺点等。

第 14 章以国内一些大公司的高频面试题为脉络，系统剖析 Transformer 架构的核心机制与工程实践。

第5篇　GPT模型完全体验之MiniMind

第15～20章详细介绍一个开源极简大语言模型MiniMind的项目情况、代码结构、安装过程、训练过程、微调过程与推理过程等，帮助读者上手体验大语言模型的完整构建过程。

读者对象

本书主要面向对大模型原理感兴趣的入门读者。具体而言，本书的读者对象如下：

- ❑ 零基础学习大模型的入门人员；
- ❑ 对大模型的基本原理感兴趣的人员；
- ❑ 想全面了解大模型知识体系的人员；
- ❑ AI技术爱好者；
- ❑ 向AIGC转型的相关人员；
- ❑ 高等院校相关专业的学生和教师；
- ❑ 相关培训机构的学员。

配套资源获取方式

本书赠送以下超值配套资源：

- ❑ 源代码；
- ❑ 教学视频；
- ❑ 教学PPT。

上述配套资源有两种获取方式：一是关注微信公众号"方大卓越"，回复数字"49"自动获取下载链接；二是在清华大学出版社网站（www.tup.com.cn）上搜索到本书，然后在本书页面上找到"资源下载"栏目，单击"网络资源"或"课件下载"按钮进行下载。另外，读者也可以在"B站"上查找UP主"可学AI"，在线观看本书配套教学视频。

意见反馈

大模型的发展进入高速迭代期，虽然本书直到交稿前仍然在不断地更新和完善，但是因笔者水平有限，书中可能还存在一些疏漏，敬请各位读者批评与指正，笔者会及时进行调整和修改。读者可通过本书QQ群或电子邮箱（bookservice2008@163.com）联系我们，也可关注微信公众号"可学AI"，了解AIGC的进展与相关信息。读者可关注微信公众号"方大卓越"，回复数字"49"自动获取书友群号等信息。

致谢

特别感谢 GitHub 上的开源贡献者 jingyaogong！他贡献的开源大语言模型 MiniMind 为本书提供了极佳的大语言模型范例。

感谢王佑琳、朱美霞、白玉棋、尹子成、夏小康、秦天琪在本书写作期间给予笔者的支持与帮助！

感谢欧振旭在本书出版过程中给予笔者的大力支持与帮助！

感谢清华大学出版社参与本书出版的所有人员！是你们一丝不苟的精神，才使本书得以高质量出版。

感谢妻子琼和女儿朵朵在本书漫长且艰难的写书过程中给予笔者的无私支持，再次谢谢你们！

王双

2025 年 5 月

第1篇　神经网络快速入门

第 2 篇 Transformer 架构基础

第3篇　Transformer 模型剖析

第 4 篇　Transformer 进阶

第 5 篇　GPT 模型完全体验之 MiniMind

第1篇
神经网络快速入门

第1章 神经网络基础

大模型是基于人工神经网络构建的深度学习模型，其通过模仿人脑的神经网络结构，利用大量的参数和复杂的层次结构来处理和学习数据，从而在各种任务中展现出强大的功能。

由于 Transformer 是以神经网络为基础的复杂模型架构，所以在学习 Transformer 之前，先来学习神经网络相关的知识，接下来从神经元和手算神经网络两个方面进行介绍。

1.1 神 经 元

在 1956 年的达特茅斯会议上，群贤毕至，有发明第一个人工智能语言 LISP 也是会议召集者的约翰·麦卡锡（John McCarthy）、推出第一个智能机器人的马文·明斯基（Marvin Lee Minsky）、模式识别的奠基人塞尔弗里奇（Oliver Selfridge）、信息论创始人克劳德·香农（Claude Shannon）、开发出第一个符号推理系统"逻辑理论家"（Logic Theorist）的艾伦·纽厄尔（Allen Newell）和赫伯特·亚历山大·西蒙（Herbert Alexander Simon）等为人工智能做出开创性贡献的研究者们，在这次会议上奠定了人工智能的基本研究路线，但他们明显分为两个流派，并且坚持己见。

皮茨（Pitts）总结说："（一派人）企图模拟神经系统，而纽厄尔则企图模拟心智（mind）……但殊途同归。"

这预示了人工智能随后几十年关于"结构与功能"两个阶级、两条路线的斗争。代表功能主义的符号派曾经在自动定理证明、专家系统中大放异彩，然而，代表结构主义的神经网络派则催生出了如今的大模型时代。

基于结构主义的神经网络派认为，只要能仿造出人类大脑的神经网络结构以及其连接机制，通过模仿大脑结构，就可以获得大脑的功能——智能。换言之，神经网络派认定如果能造一台机器，模拟人类大脑中的神经网络，这台机器就有了智能。他们又被称为仿生学派（bionicsism）或生理学派（physiologism），主要研究神经网络及神经网络间的连接机制与学习算法。

1.1.1 神经元仿生模型

人类大脑中存在着数百亿个神经元，它们通过突触相互连接，形成了庞大的神经网络系统。当外部刺激作用于大脑时，神经元之间会通过电化学信号传递信息，从而实现感知、思考和行动。具体而言，对于一个典型的神经元，树突接收并输入信息，细胞核处理信息，轴突过滤信息，轴突末梢输出信息并由下一个神经元接收，如图 1-1 所示。

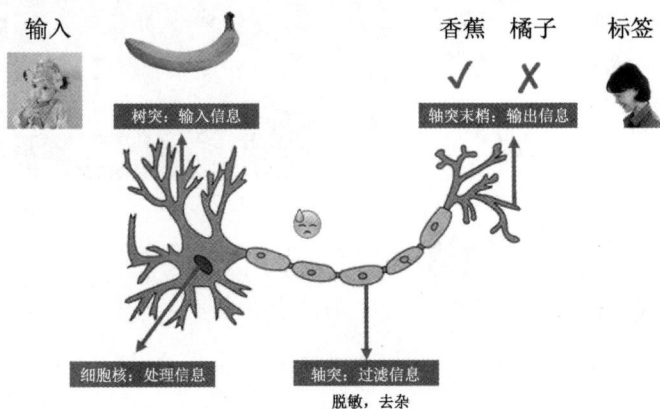

图 1-1　单个神经元示意

神经网络是一种仿生学计算模型，灵感源自人类大脑的神经元网络。神经网络是由多个神经元相互连接而成的网络结构，每个神经元接收来自其他神经元的输入信号并通过激活函数处理后产生输出信号。这一过程与大脑神经元处理信息的过程基本一致。将图 1-1 中的生物神经元转化为神经元数学模型，可以获得功能一一对应的概念模型，如图 1-2 所示。

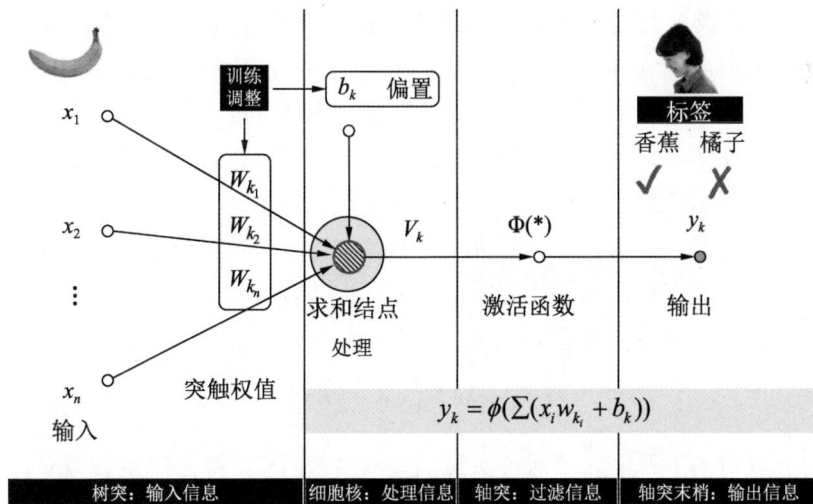

$$y_k = \phi\left(\sum(x_i w_{k_i} + b_k)\right)$$

图 1-2　神经元数学模型

1.1.2　神经网络的学习过程

想一想，我们小时候是如何学习一个概念、认识一个物体的？例如香蕉，妈妈反复告诉宝宝拿的是香蕉，然后孩子就从一堆水果中认识了香蕉——黄色的、弯弯的，如图1-3 所示。

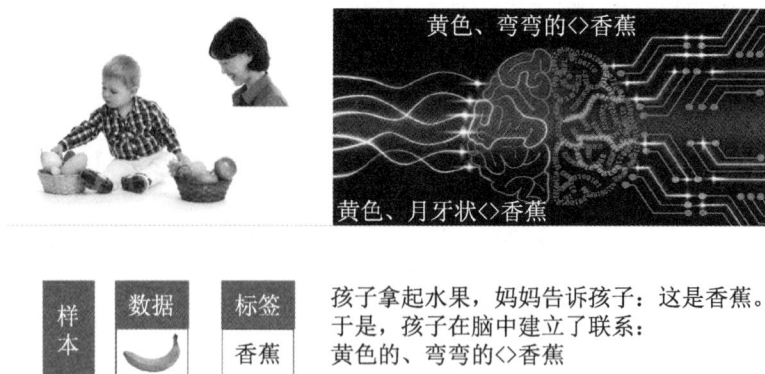

图 1-3　孩童学习新知识

　　此时，一种黄色的、弯弯的水果，是孩子用眼睛看到的图像数据，而"香蕉"则是妈妈给它打的标签。数据和标签构成了一个样本。

　　孩子拿起黄色的、弯弯的水果，妈妈说一声"香蕉"。于是，孩子在大脑中建立了联系：黄色的、弯弯的水果就是香蕉，如图 1-3 所示。

　　我们学英语的时候，习惯在 hello 旁边用中文写上标签"你好"，将英语映射到汉语，从而建立概念，该过程与认识香蕉是一样的。

　　前面提到，人类大脑神经元的工作原理涉及复杂的生物化学过程，但可以简化为：树突输入信息，细胞核处理信息，轴突过滤信息，轴突末梢输出信息，如图 1-1 所示。

　　孩子看到香蕉，视觉神经元传入信息，处理完后，在神经元轴突末梢输出信息，孩子说是橘子，妈妈说错。如果孩子说是香蕉，妈妈则说对。

　　根据妈妈的反馈，孩子的大脑神经元就会更改神经元的生物化学组成，强迫自己记住什么是香蕉。

　　将上面的神经元抽象为仿生神经元（也叫感知机），对应神经元的四个部分：树突、细胞核、轴突和轴突末梢，如图 1-2 所示。

　　经神经元处理后输出的信息表示见式（1-1）。

$$y_k = \varphi\left[\sum\left(x_i w_{k_i} + b_i\right)\right] \tag{1-1}$$

　　可总结成顺口溜：乘累加激活。如果 y_k 输出"橘子"，就去调整参数 w_{k_i}，直到 y_k 输出"香蕉"为止。不停调整参数，强迫它输出"香蕉"的过程就是训练。

　　将上面的单个神经元联合起来可以组成神经网络。如果只用一根完整的香蕉来训练神经网络，那么孩子可能只认识一根完整的香蕉，认为青色的、剥开的、成串的、黑色的香蕉都不是香蕉。

　　此时，我们需要用各式各样、各种角度的香蕉作为样本集来训练孩子或者说深度神经网络，在这个过程中不停重复训练，直到目标能将所有香蕉识别即训练完成，如图 1-4

所示。

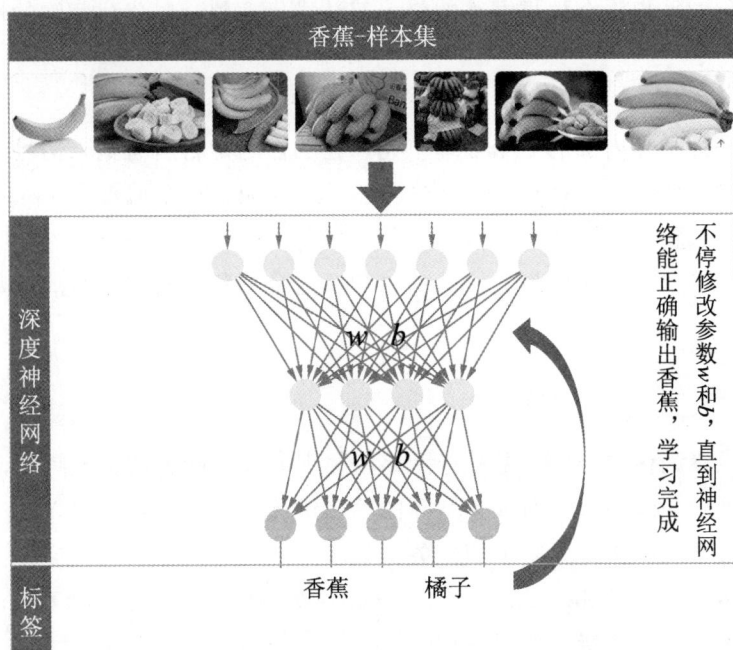

图 1-4　关于识别"香蕉"的训练过程

训练完成后，孩子就能认出各种形式的香蕉，而不只是一根完整、成熟的香蕉。这时，我们说神经网络具有很好的泛化性，或者说孩子能举一反三。

AIGC 大模型的训练过程跟上面的原理基本一样。大模型中的深度神经网络结构可以通过学习和训练来不断优化权重和偏差，从而实现对输入数据的复杂模式识别和预测。

同样，神经网络结构中的神经元也可以通过学习和训练来不断调整连接权重和偏差，以适应不同的输入数据模式。通过模拟人类大脑的神经元之间的交互作用，神经网络可以实现复杂的模式识别、分类和预测任务，如图像识别、语音识别和自然语言处理等。

1.1.3　基本概念与术语

在人工神经网络中，突触权重（Input Synaptic Weights）、求和结点（Summation Node）、激活函数（Activation Function）是构成神经网络的基本元素，下面对这些基本元素的概念进行介绍。

1．突触权重

在生物神经系统中，突触是神经元之间传递信号的结构。在人工神经网络中，突触权重模拟了这种传递效率，即一个神经元对另一个神经元信号的影响程度。

权重是连接神经元的线（或称为突触）上的数值，代表输入信号的重要性或强度。

权重越高，对应的输入信号对神经元的影响越大。

在训练过程中，权重会根据网络的学习算法进行调整，以优化网络的性能。

2．求和结点

求和结点是神经元内部的一个处理单元，它的作用是将所有输入信号（乘以相应的权重）进行累加，形成一个总和。这个总和通常还会加上一个偏置项（bias），偏置项是一个常数，用于调整求和结果的阈值。

求和结点的输出是输入信号加权后的总和，这个总和将被送入激活函数中进行下一步处理。

3．激活函数

激活函数也称为传递函数，是神经网络中体现非线性能力的关键因素，激活函数导致神经网络体现出非线性。它对求和结点的输出进行非线性转换并引入非线性特性，使得神经网络能够学习和执行更复杂的任务。

常见的激活函数包括 Sigmoid 函数、Tanh 函数、ReLU（Rectified Linear Unit）函数等。每种激活函数都有其特定的用途和特性。

Sigmoid 函数能够将输入压缩到 0～1，适合用于二分类问题。Tanh 函数将输入压缩到-1～1，常用于深度学习网络中。ReLU 函数在正区间内保持线性，在负区间内输出为0，这使得网络在训练时收敛更快。

4．前向传播与反向传播

前向传播（Forward）是指输入数据在网络中的正向传递过程，通过权重、求和结点和激活函数的处理，最终生成输出。

反向传播（Back Propagation）是在训练过程中，根据输出误差对权重进行调整的过程，通过计算损失函数的梯度并使用优化算法（如梯度下降）来更新权重，以此来最小化预测误差。

总体来说，神经网络模型在一定程度上模拟了人类大脑中的神经元网络结构和功能，是一种强大的计算工具，可以广泛应用于各种领域的机器学习和人工智能研究中。

1.2　手算神经网络

1.1 节讲过，神经网络是一种受人脑神经元启发的计算模型，用于识别模式和数据中的复杂关系。一个简单的神经网络通常包括输入层、隐藏层和输出层，每一层由多个神经元组成。神经元之间的连接具有权重，这些权重在训练过程中通过学习算法进行调整。

在大规模神经网络训练中，权重优化十分复杂且缺乏明确的物理或逻辑意义，以至于迄今为止，神经网络依然被人诟病为"黑匣子"。不过，我们可以先抛开所有复杂理论，用最简单的数学来演示一个 4 个神经元的极小网络的权重优化过程，揭开"黑匣子"的秘密。

1.2.1　建立 4 个神经元网络

我们以求解一个二元一次方程组为例，见式（1-2）和式（1-3）。

$$0.1a + 0.2b = 0.5 \tag{1-2}$$
$$0.2a + 0.3b = 0.8 \tag{1-3}$$

1. 建立神经网络模型

上面的问题可以概化为式（1-4）的二元一次方程。

$$y = ax_1 + bx_2 \tag{1-4}$$

在表 1-1 的样本数据下求 a、b。

表 1-1　样本集

x_1	x_2	y
0.1	0.2	0.5
0.2	0.3	0.8

显然，我们可以把问题抽象为由 4 个神经元组成的神经网络，如图 1-5 所示，其中最左侧的 x_1、x_2 为两个输入神经元，中间为处理神经元，最右侧为输出神经元，w 为权重。使用表 1-1 训练集不停训练优化权重，直到神经网络的误差非常小，此时的权重即为 a、b 的预测结果。

2. 参数定义

这里规定初始权重为：w_1=1、w_2=1，信息加权求和函数见式（1-5）。

$$s = \sum (x_1 w_1 + x_2 w_2) \tag{1-5}$$

为了简化，方便手算，此处规定激活函数为分段函数，见式（1-6）。

$$f(s) = \begin{cases} s & 0 < s \leqslant 1 \\ 1 & s > 1 \end{cases} \tag{1-6}$$

这个分段函数符合激活函数的基本特征，如图 1-6 所示。

3. 误差函数

误差函数（Error Function）在不同的领域有不同的定义，通常用来衡量预测值或估计值与实际值之间的差异。

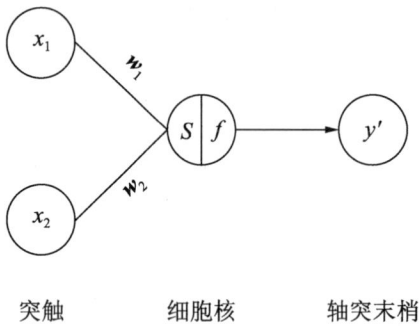

图 1-5　由 4 个神经元组成的神经网络

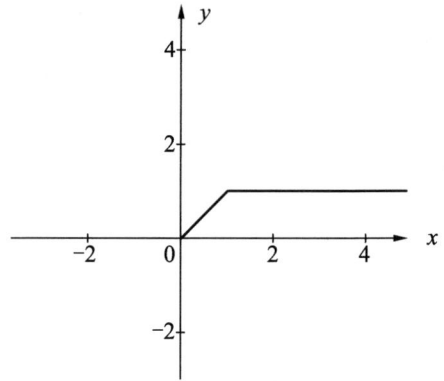

图 1-6　$f(x)$ 函数图像

误差函数的种类很多，这里我们就不一一列举了，因为不同的损失函数使用的情况不同，这里我们使用均方误差（Mean Squared Error，MSE），见式（1-7）。

$$E = \sum_{i=1}^{n} \frac{1}{n} \left(y_i - y_i' \right)^2 \tag{1-7}$$

在式（1-7）中，E 代表输出节点处总的误差，n 代表样本个数，本例中仅有两个样本，n 等于 2。y_i 代表实际输出值，y_i' 代表预测值。

预测值的计算方法见式（1-8）。

$$y_i' = f(s) = f\left(\sum (x_1 w_1 + x_2 w_2) \right) \tag{1-8}$$

带入预测值，误差函数可进一步具化，见式（1-9）。

$$E = \sum_{i=1}^{n} \frac{1}{n} \left(y_i - f\left(\sum (x_1 w_1 + x_2 w_2) \right) \right)^2 \tag{1-9}$$

其中，由于输入 x_1 与 x_2 是确定的，激活函数形式也是确定的，因此 y_i' 的值最终由权重 w_1 和 w_2 来决定。而真实值 y_i 也是确定的，因而最终误差由权重 w_1 和 w_2 控制。

我们通过不停的优化权重 w_1 和 w_2 来减小误差，当误差减小到接近于 0 或指定标准时，神经网络训练成功，此时的权重 w_1 和 w_2 为最优权重，它们使得神经网络可以进行准确预测，预测值 y_i' 基本等于真实值 y_i。

4．如何减少误差

神经网络是如何优化权重 w_1 和 w_2，使得误差 E 最小，让预测值更加逼近真实值的呢？

误差函数 E 可以视作以权重 w_1 和 w_2 为自变量的二元二次函数。为了方便说明，这里将其形式简化为 $y = x^2$，然后，我们通过研究如何改变 x 来使得 y 取得最小值，来理解如何优化权重 w_1 和 w_2 来减小误差 E。

在神经网络中，权重 w_1 和 w_2 的初始值是随机取值。此处，我们在 $y = x^2$ 的基础上随机假定一个起始点在 $x=4$，然后研究如何移动该点来减小 y，如图 1-7 所示。

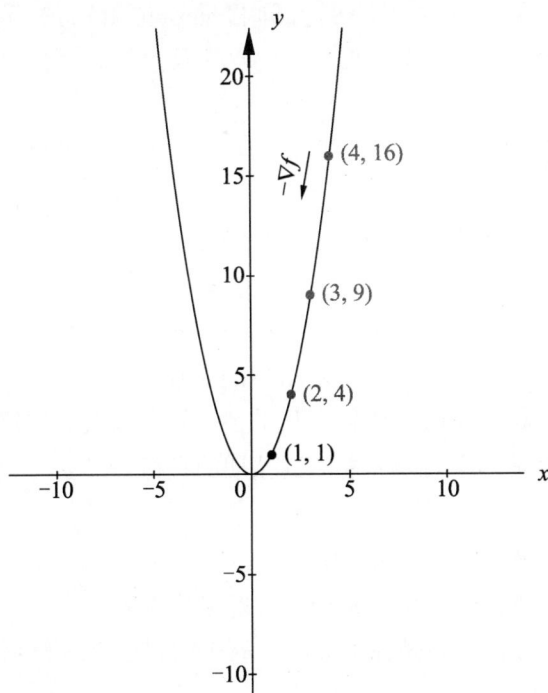

图 1-7　$y=x^2$ 函数图像

1）增函数与减函数

在我们学习导数的时候，也有相似的概念，增函数与减函数。此处，$y=x^2$ 的导数为 $y'=2x$，很明显，当 $x>0$ 时，$y'>0$，为增函数，此时 x 增大，y 增长的速度变快，与我们减小 y 的目的相悖；反之，当 $x<0$ 时，$y'<0$，随着 x 减小，y 减小的速度变快。只有当 $y'=0$ 时，y 不再变化，当这种情况发生在 $y=x^2$ 这个函数中时，$x=0$，$y=0$，y 取得极小值，如图 1-7 所示。观察起始点的运动方向我们发现，当 x 向负轴移动时，y 趋于极小值。

2）梯度

我们也可以通过梯度的概念进行理解，继续以 $y=x^2$ 为例来讲解。

显然，这是一个一元函数，自变量只有两个运动方向：向左或向右。往右运动，函数值变大，这个方向称为梯度（∇f）方向；往左运动，函数值减小，这个方向称为梯度的反方向（$-\nabla f$），在此函数中，当起始点朝梯度的反方向前进时，可以获得最小函数值。

重复这样的逻辑，不断地朝函数值最低点移动，运气好，我们就能够达到函数的最低点。

我们这里说的运气好，是指每次运动的步长不确定，下面用具体的数值来说明这个情况。

假设 $x_0=10$，那么函数值为 $y=100$。梯度 $\nabla f=2x$，$\nabla f_0=20$，该点位于函数右半部分，所以它移动的方向应该为梯度的反方向 $-\nabla f_0$，更新后的值 $x_1=x_0-\nabla f_0$，$x_1=-10$。

此时，更新后的函数点移动到了函数的左边部分，这也是第一次移动。如果要移动到函数极值点，依然要朝函数下降的方向移动，更新后的函数点为 $x_2 = x_1 - \nabla f_1 = -10 - (-20) = 10$。有的读者会发现，这个点一直在反复横跳，并没有像预计那样往最低点移动。

为什么呢？原来是学习率的原因。在 $x_{n+1} = x_n - \nabla f_n$ 中，梯度前面应该还有一个学习率，所以该公式应该写成：$x_{n+1} = x_n - \eta \nabla f_n$，在上面的案例中，$\eta = 1$，导致函数点反复横跳。这里我们调整学习率为 0.2，结果会完全不同：

$$x_1 = x_0 - \eta \nabla f_0 = 6 \tag{1-10}$$

$$x_2 = x_1 - \eta \nabla f_1 = 3.6 \tag{1-11}$$

$$x_3 = x_2 - \eta \nabla f_2 = 2.16 \tag{1-12}$$

迭代 10 次之后，$x_{10} = 0.12$，函数点几乎移动到了最低点的位置。由此我们知道，在梯度下降中要选择合适的学习率才能达到预期的目标。

3）极值点

这里涉及极值这个概念。我们都知道，在 $y = x^2$ 函数中，显而易见，其极值点位于 $(0,0)$ 点。我们来回顾一下高中数学中是如何讲解极值点的。

$y = x^2$ 函数的全局最低点就是极值点，在高中教材中，极值点是这样定义的：如果一个函数在某点的导数为 0，那么这个点就是一个极值点。$y = x^2$ 的导数为 $\dfrac{dy}{dx} = 2x$，由此可知，在定义域内，$x=0$ 时的导数为 0，则 $(0,0)$ 点为该函数的一个极值点。

继续假定一个点 $(10,100)$，如图 1-8 所示。在该点中，导数值为 20，大于 0，如果导数向 0 移动的话，x 值要减小才能做到。同理，如果导数小于 0，那么 x 的值则需要增大才能使得导数值增大，最终到达极值点。

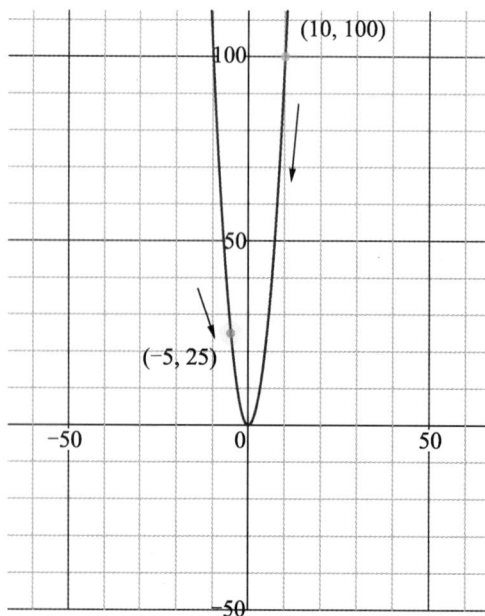

图 1-8　向极值点移动

我们假设误差函数是 $E = \frac{1}{2}\left[f\left(w_n x_n + w_n x_n \right) - y_n \right]^2$，为了减小误差，需要对 w_1、w_2 分别求梯度，再根据所求梯度的结果，判断是通过增大还是减小 w_1、w_2 来减小误差，进而更新 w。这个过程会在后面的内容中详细说明。

5. 权重更新

如何理解权重更新呢？在高等数学中，梯度是一个向量，函数在梯度方向变化最快，梯度方向指向函数增长最快的方向，反之，梯度的反方向则表示函数值减小的最快方向。

w_1 的原始更新公式见式（1-13）。

$$\frac{\partial E}{\partial W_1} = 2 \times \frac{1}{2}\left[\left(y_1 - y_1^{'} \right) \cdot \frac{\partial \left(y_1 - y_1^{'} \right)}{\partial W_1} + \left(y_2 - y_2^{'} \right) \cdot \frac{\partial \left(y_2 - y_2^{'} \right)}{\partial W_1} \right] \tag{1-13}$$

令 $y_i - y_i^{'} = \Delta_i$ 代入式（1-13）中得式（1-14）。

$$\frac{\partial E}{\partial W_1} = \Delta_1 \cdot \frac{\partial \left(-y_1^{'} \right)}{\partial W_1} + \Delta_2 \cdot \frac{\partial \left(-y_2^{'} \right)}{\partial W_1} \tag{1-14}$$

令 $y_1^{'} = f(s_1)$、$y_2^{'} = f(s_2)$ 代入式（1-14）得式（1-15）。

$$\begin{aligned} \frac{\partial E}{\partial W_1} &= -\Delta_1 \cdot \frac{\partial f(s_1)}{\partial W_1} - \Delta_2 \cdot \frac{\partial f(s_2)}{\partial W_1} \\ &= -\Delta_1 \cdot \frac{\partial f(s_1)}{\partial s_1} \cdot \frac{\partial s_1}{\partial w_1} - \Delta_2 \cdot \frac{\partial f(s_2)}{\partial s_2} \cdot \frac{\partial s_2}{\partial w_1} \end{aligned} \tag{1-15}$$

其中，$s = \sum(x_1 w_1 + x_2 w_2)$，代入式（1-15）得式（1-16）。

$$\begin{aligned} \frac{\partial E}{\partial W_1} &= -\Delta_1 \cdot \frac{\partial \left(x_1^1 w_1 + x_2^1 w_2 \right)}{\partial w_1} - \Delta_2 \cdot \frac{\partial \left(x_1^2 w_1 + x_2^2 w_2 \right)}{\partial w_1} \\ &= -\Delta_1 x_1^1 - \Delta_2 x_1^2 \end{aligned} \tag{1-16}$$

应该注意，此处 x_1^1、x_1^2 右上角标中的 1、2 分别表示第 1 组、第 2 组样本数据。同理，我们可以获得 w_2 的更新公式为：

$$\frac{\partial E}{\partial w_2} = -\Delta_1 x_2^1 - \Delta_2 x_2^2 \tag{1-17}$$

1.2.2　手推训练过程

我们使用初始权重 $w_1 = 1$、$w_2 = 1$，利用激活函数 $f(s)$ 通过上面的权重更新公式，反复迭代、优化权重进而减少误差。

下面展示迭代与权重优化的过程。

训练轮次1：

（1）代入表1-1中的数据，按照式（1-5）进行累乘加得式（1-18）与式（1-19）。

$$s_1 = 0.1 \times 1 + 0.2 \times 1 = 0.3 \tag{1-18}$$

$$s_2 = 0.2 \times 1 + 0.3 \times 1 = 0.5 \tag{1-19}$$

（2）令 $y_1' = f(s_1)$、$y_2' = f(s_2)$ 得式（1-20）与式（1-21）。

$$y_1' = f(s_1) = f(0.3) = 0.3 \tag{1-20}$$

$$y_2' = f(s_2) = 0.5 \tag{1-21}$$

（3）代入式（1-16）与式（1-17）得误差对权重的偏导为式（1-22）与式（1-23）。

$$\begin{aligned}
\Delta W_1 &= \frac{\partial E^1}{\partial W_1} + \frac{\partial E^2}{\partial W_1} \\
&= -\Delta_1 x_1^1 - \Delta_2 x_1^2 \\
&= -(y_1 - y_1')x_1^1 - (y_2 - y_2')x_1^2 \\
&= -(0.5 - 0.3) \times 0.1 - (0.8 - 0.5) \times 0.2 \\
&= -0.02 - 0.06 \\
&= -0.08
\end{aligned} \tag{1-22}$$

$$\begin{aligned}
\Delta W_2 &= \frac{\partial E^1}{\partial W_2} + \frac{\partial E^2}{\partial W_2} \\
&= -\Delta_1 x_2^1 - \Delta_2 x_2^2 \\
&= -(y_1 - y_1')x_2^1 - (y_2 - y_2')x_2^2 \\
&= -(0.5 - 0.3) \times 0.2 - (0.8 - 0.5) \times 0.3 \\
&= -0.13
\end{aligned} \tag{1-23}$$

（4）权重更新。这里我们同样使用梯度下降来更新权重 w 的值，见式（1-24）。

$$w^{\text{new}} = w^{\text{old}} - \eta \cdot \Delta w \tag{1-24}$$

其中 η 代表学习率，即调整权重修正速度。此处设定 $\eta = 10$。

代入式（1-24）中得到更新后的权重为：

$$w_1 = 1 - 10 \times (-0.08) = 1.8 \tag{1-25}$$

$$w_2 = 1 - 10 \times (-0.13) = 2.3 \tag{1-26}$$

训练轮次2：

重复训练轮次中式（1-18）～式（1-26）的步骤，采用更新后的权重，计算步骤及结果见式（1-27）～式（1-34）。

$$s_1 = 0.1 \times 1.8 + 0.2 \times 2.3 = 0.64 \tag{1-27}$$

$$s_2 = 0.2 \times 1.8 + 0.3 \times 2.3 = 1.05 \tag{1-28}$$

$$y_1' = f(s_1) = 0.64 \tag{1-29}$$

$$y_2' = f(s_2) = 1.05 \tag{1-30}$$

$$\Delta W_1 = \frac{\partial E^1}{\partial W_1} + \frac{\partial E^2}{\partial W_1}$$

$$= -(y_1 - y_1^{'})x_1^1 - (y_2 - y_2^{'})x_1^2 \qquad (1\text{-}31)$$

$$= -(0.5 - 0.64)\times 0.1 - (0.8 - 1.05)\times 0.2$$

$$= 0.014 + 0.05 = 0.064$$

$$\Delta W_2 = \frac{\partial E^1}{\partial W_2} + \frac{\partial E^2}{\partial W_2}$$

$$= -(y_1 - y_1^{'})x_2^1 - (y_2 - y_2^{'})x_2^2 \qquad (1\text{-}32)$$

$$= -(0.5 - 0.64)\times 0.2 - (0.8 - 1.05)\times 0.3$$

$$= 0.028 + 0.075 = 0.103$$

$$w_1 = 1.8 - 10\times(0.064) = 1.16 \qquad (1\text{-}33)$$

$$w_2 = 2.3 - 10\times -0.103 = 1.27 \qquad (1\text{-}34)$$

训练轮次 3：

重复训练轮次 2 中式（1-27）～式（1-34）的步骤，采用更新后的权重，计算步骤及结果见式（1-35）～式（1-42）。

$$s_1 = 0.1\times 1.16 + 0.2\times 1.27 = 0.37 \qquad (1\text{-}35)$$

$$s_2 = 0.2\times 1.16 + 0.3\times 1.27 = 0.613 \qquad (1\text{-}36)$$

$$y_1^{'} = f(s_1) = 0.37 \qquad (1\text{-}37)$$

$$y_2^{'} = f(s_2) = 0.613 \qquad (1\text{-}38)$$

$$\Delta w_1 = -(0.5 - 0.37)\times 0.1 - (0.8 - 0.613)\times 0.2 = -0.0504 \qquad (1\text{-}39)$$

$$\Delta w_2 = -(0.5 - 0.37)\times 0.2 - (0.8 - 0.613)\times 0.3 = -0.0821 \qquad (1\text{-}40)$$

$$w_1 = 1.16 - 10\times(-0.0504) = 1.664 \qquad (1\text{-}41)$$

$$w_2 = 1.27 - 10\times(0.0821) = 2.091 \qquad (1\text{-}42)$$

训练轮次 4：

重复训练轮次 3 中式（1-35）～式（1-42）的步骤，采用更新后的权重，计算步骤及结果见式（1-43）～式（1-50）。

$$s_1 = 0.1\times 1.664 + 0.2\times 2.091 = 0.5846 \qquad (1\text{-}43)$$

$$s_2 = 0.2\times 1.664 + 0.3\times 2.091 = 0.9601 \qquad (1\text{-}44)$$

$$y_1^{'} = f(s_1) = 0.5846 \qquad (1\text{-}45)$$

$$y_2^{'} = f(s_2) = 0.9601 \qquad (1\text{-}46)$$

$$\Delta w_1 = -(0.5 - 0.5846)\times 0.1 - (0.8 - 0.9601)\times 0.2 = 0.04048 \qquad (1\text{-}47)$$

$$\Delta w_2 = -(0.5 - 0.5846)\times 0.2 - (0.8 - 0.9601)\times 0.3 = 0.06495 \qquad (1\text{-}48)$$

$$w_1 = 1.664 - 10\times 0.04048 = 1.2592 \qquad (1\text{-}49)$$

$$w_2 = 2.091 - 10\times 0.06495 = 1.4415 \qquad (1\text{-}50)$$

经过 4 步迭代之后，w_1 和 w_2 已经非常接近目标值了，权重更新后的输出值变为：

$$s_1 = 0.1\times 1.2592 + 0.2\times 1.4415 = 0.41422 \qquad (1\text{-}51)$$

$$s_2 = 0.2 \times 1.2592 + 0.3 \times 1.4415 = 0.68429 \tag{1-52}$$

我们发现，输出值已经快接近标签值了，注意，这里的学习率比较大，在实际的深度学习中，不同层的神经网络的参数可以有不同的学习率，在某些层中很大，某些层中很小。最终，迭代将无限接近 $w_1 = 1$、$w_2 = 2$，如表 1-2 所示。

表 1-2　训练结果统计表

训练轮次	Δw_1	Δw_2	η	w_1	w_2
1	−0.08	−0.13	10	1.8	2.3
2	0.064	0.103	10	1.16	1.27
3	−0.0504	−0.0821	10	1.664	2.091
4	0.04048	0.06495	10	1.2592	1.4415
…	…	…	…	…	…
996	0	0	10	1.001692	1.998954

以上为神经网络中参数流动的全过程展示，包括前向传播和反向传播，下面对前向传播和反向传播的公式进行详细的介绍。

1.3　手推前向传播

前面采用 4 个神经元做了简单的演示，实际情况中神经网络的规模是较大的，被称为深度神经网络（Deep Neural Networks，DNN）。

深度神经网络是一种具有多个隐藏层的人工神经网络，一般指三层及以上的神经网络。这些网络之所以被称为"深度"，是因为它们能够通过多个层次的非线性变换来学习数据的复杂表示。深度神经网络通常由输入层、多个隐藏层和输出层组成。每个层由多个神经元组成，神经元之间通过权重连接，如图 1-9 所示。

1. 深度神经网络

如图 1-9 所示，深度神经网络包括多个层，其中输入层的作用是将原始数据传递到下一层，也就是我们熟知的隐藏层。

在神经网络学习过程中，几乎所有的运算过程都是在隐藏层中完成的，如加权求和以及激活函数的处理。

2. 前向传播

在前馈神经网络中主要有两种传播流程，一种是信息的前向传播（Forward Propagation），另一种是误差的反向传播。在前向传播中，信号由输入层输入，经过隐藏层一层层地运算，最后由输出层输出；反向传播又叫 BP 传播，其信息传播方向与前向传播方向相反，用于在训练中传播误差。

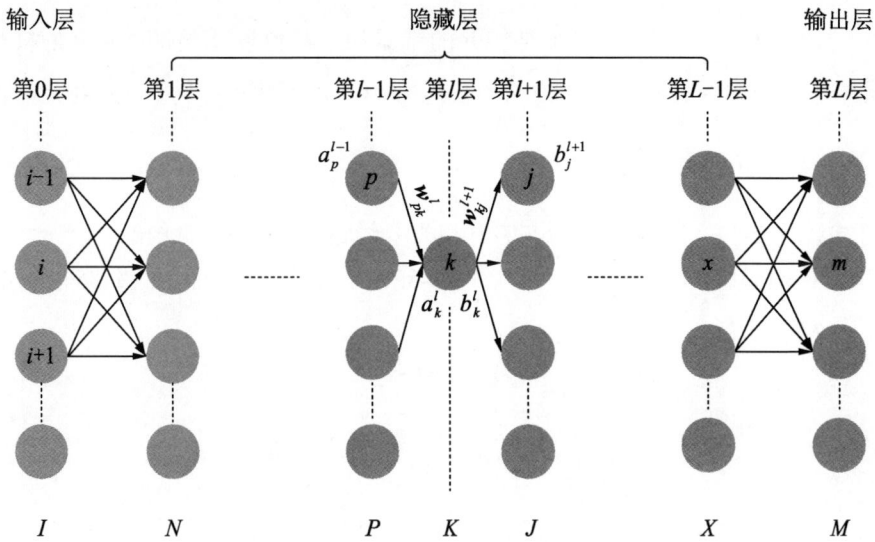

图 1-9　深度神经网络

在 1.2 节中，我们通过 4 个神经元的极简网络，使用手推的方式体验了前向传播与反向传播，下面通过高度概括的方式来了解神经网络中任意一层神经元的信息前向传播过程，如图 1-10 所示。

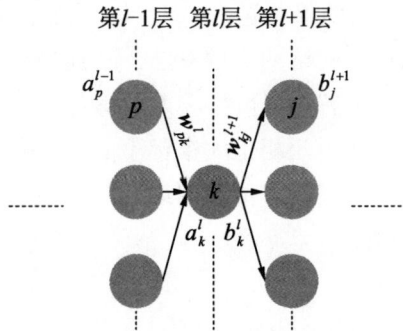

图 1-10　神经网络中任意层前向传播过程

根据图 1-9 所示的任意深度神经网络图，我们以任意层任意神经元，如任意节点 k、p 和 j 为例，探讨其信息传递过程。

3．任意神经元 k 的信息和

在任意神经元网络层中，第 l 层第 k 个神经元的信息和计算见式（1-53）。

$$z_k^l = \sum_p w_{pk}^i \times a_p^{l-1} + b_k^l \tag{1-53}$$

第 $l+1$ 层第 j 个神经元的信息和计算见式（1-54）。

$$z_j^{l+1} = \sum_k w_{kj}^{l+1} \times a_k^l + b_j^{l+1} \tag{1-54}$$

其中，z_j^{l+1} 为第 $l+1$ 层中第 j 个神经元的乘累加，其他以此类推；w_{kj}^{l+1} 为权重，代表第 $l+1$ 层中第 k 个神经元对 j 个神经元的权重影响；b_j^{l+1} 为第 $l+1$ 层中神经元的偏置。

4．任意神经元k的信息输出

获得神经元 k 的信息和之后，该信息和需要经过激活后进行输出。

这里使用 $\sigma(x)$ 表示激活函数，代入式（1-53）与式（1-54）中得式（1-55）与式（1-56）。

神经元 k 处的输出为：

$$a_k^l = \sigma\left(z_k^l\right) \tag{1-55}$$

神经元 p 处的输出为：

$$a_p^{l-1} = \sigma\left(z_p^l\right) \tag{1-56}$$

上面展示了任意层中任意神经元信息的传递过程，特别展示了任意神经元与上下层神经元之间的信息传递关系。下面继续介绍手推任意神经元中信息的反向传播过程。

1.4　手推反向传播

1.3 节详细介绍了前向传播的整个过程，本节将进行反向传播公式推导的介绍。反向传播算法是一种用于训练神经网络的有效算法。它通过链式法则从输出层向输入层逐层计算误差梯度，以此来高效求解神经网络参数的偏导数，从而实现网络参数的优化和损失函数的最小化。说到链式法则，相信大家都不陌生，我们先回顾一下在高等数学中学习的链式法则知识，然后将它应用于神经网络反向传播中。

1．链式法则

以 $y = f\left(g\left(q\left(h(x)\right)\right)\right)$ 为例，对 x 求导得式（1-57）。

$$\frac{\mathrm{d}y}{\mathrm{d}x} = \frac{\mathrm{d}f}{\mathrm{d}g} \times \frac{\mathrm{d}g}{\mathrm{d}q} \times \frac{\mathrm{d}q}{\mathrm{d}h} \times \frac{\mathrm{d}h}{\mathrm{d}x} \tag{1-57}$$

这里我们举一个简单的复合函数例子，见式（1-58）与式（1-59）。

$$f(u) = u^2 \tag{1-58}$$

$$u = g(x) = 2x + 3 \tag{1-59}$$

对 y 求关于自变量 x 的偏导，结果如下：

$$\frac{\mathrm{d}y}{\mathrm{d}x} = \frac{\mathrm{d}f(u)}{\mathrm{d}u} \times \frac{\mathrm{d}u}{\partial x} = 2x + 3 \times 2 \times 2 = 8x + 12 \tag{1-60}$$

根据上述链式法则，式（1-53）对 w_{pk}^l 求梯度得式（1-61）、对 b_k^l 求梯度得式（1-62）、

对 z_k^l 求偏导得式（1-63）。

$$\frac{\partial z_k^l}{\partial w_{pk}^l} = a_p^{l-1} \tag{1-61}$$

$$\frac{\partial z_k^l}{\partial b_k^l} = 1 \tag{1-62}$$

$$\frac{\partial z_j^{l+1}}{\partial z_k^l} = \frac{\partial \left(\sum_k w_{kj}^{l+1} \times a_k^l + b_j^{l+1} \right)}{\partial z_k^l} = w_{kj}^{l+1} \times a_k^l = w_{kj}^{l+1} \times \sigma\left(z_k^l \right) \tag{1-63}$$

令损失函数为 c，一般写成式（1-64）的形式。

$$c = \frac{1}{M} \sum_m \left(y_m - \hat{y}_m \right)^2 \tag{1-64}$$

其中，M 代表样本数，y_m 代表真实值，$\hat{y}_m$ 代表预测值。注意，在图 1-9 中，输出层中任意神经元 m 处的计算所得的输出为：

$$\hat{y}_m = \sigma \left(\sum_x w_{xm}^L \cdot a_x^{L-1} + b_m^L \right) = \sigma\left(z_m^L \right) = a_m^L \tag{1-65}$$

2．参数更新

计算损失函数关于权重和偏置的梯度并更新它们。这里我们使用简单的梯度下降法来演示。

计算输出层的梯度：

任意层中的反向传播如图 1-11 所示，k 处的损失值的表达见式（1-66）。

$$\frac{\partial c}{\partial w_{pk}^l} = \frac{\partial c}{\partial z^l} \cdot \frac{\partial z^l}{\partial z^{l-1}} \cdots \frac{\partial z_j^{i+2}}{\partial z_j^{i+1}} \frac{\partial z_j^{i+1}}{\partial z_k^l} \frac{\partial z_k^l}{\partial w_{xm}^l} = \frac{\partial c}{\partial z_k^l} \cdot \frac{\partial z_k^l}{\partial w_{xm}^l} \tag{1-66}$$

为了便于讨论，记 $\delta_j^{l+1} = \dfrac{\partial c}{\partial z_j^{l+1}}$。

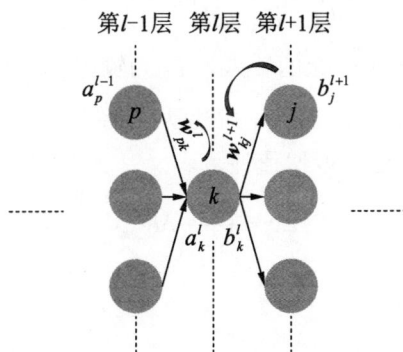

图 1-11　任意层中的反向传播

如图 1-12 所示，可以将右侧输出层 L 中的第 m 个神经元损失值（用函数表示）对 z_m^L 求偏导得式（1-67）。

$$\delta_m^L = \frac{\partial c}{\partial z_m^L} = \frac{\partial c}{\partial a_m^L} \cdot \frac{\partial a_m^L}{\partial z_m^L} = \frac{\partial c}{\partial z_m^L} \cdot \sigma'\left(z_m^L\right) \tag{1-67}$$

因此，在任意的第 l 层中，第 k 个神经元的损失值对 z_k^l 求偏导得式（1-68）。

$$\delta_k^l = \frac{\partial c}{\partial z_k^l} = \sum_j \frac{\partial c}{\partial z_j^{l+1}} \cdot \frac{\partial z_j^{l+1}}{\partial z_k^l} = \sum_j \frac{\partial z_j^{l+1}}{\partial z_k^l} \cdot \delta_j^{l+1} = \sum_j w_{kj}^{l+1} \sigma'\left(z_k^l\right) \cdot \delta_j^{l+1} \tag{1-68}$$

用误差对 w_{pk}^l 求梯度，使用式（1-61）与式（1-68）进行简化，可得式（1-69）。其中 a_p^{l-1} 为 $l-1$ 层中 p 神经元的输入，δ_k^l 为输出。

$$\frac{\partial c}{\partial w_{pk}^l} = \frac{\partial c}{\partial z_k^l} \cdot \frac{\partial z_k^l}{\partial w_{pk}^l} = a_p^{l-1} \cdot \delta_k^l \tag{1-69}$$

输出层

第 $L-1$ 层　　　第 L 层

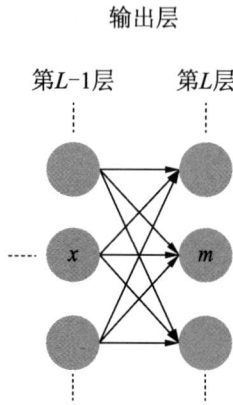

图 1-12　任意输出层

同理，对 b_k^l 求偏导得式（1-70）。

$$\frac{\partial c}{\partial b_k^l} = \frac{\partial c}{\partial z_k^l} \cdot \frac{\partial z_k^l}{\partial b_k^l} = \frac{\partial c}{\partial z_k^l} = \delta_k^l \tag{1-70}$$

其中，a_p^{l-1} 为 $l-1$ 层中 p 神经元的输入，δ_k^l 为输出。

因此，在 $l-1$ 层中，如图 1-11 所示，信息从神经元 p 传输到神经元 k 变化的损失可表达为式（1-71）。注意，此处为近似值计算。

$$\Delta c \approx \frac{\partial c}{\partial w_{pk}^l} \Delta w_{pk}^l \tag{1-71}$$

通过修改 w_{pk}，使 c 减小。

权重 w 更新方法见式（1-72）。

$$w^{\text{new}} = w^{\text{old}} - \eta \cdot \Delta w \tag{1-72}$$

以上为反向传播的整个过程，主要展示反向传播中具体公式中的参数变化情况。

第 2 章　手搓神经网络

了解了神经网络的相关知识后，本章将用简单的案例来复现神经网络，包括前向传播、反向传播、CNN 和 RNN 四个方面的复现。

2.1　写一个神经网络并训练

神经网络是当前火热的生成式 AI 的基础。在第 1 章中我们通过手算案例、公式推导了解了神经网络的基本原理，但利用基本原理以代码实现一个神经网络，仍然是一个挑战。

本章我们将基于 Python 语言不使用任何神经网络相关的库，从 0 开始手搓一个神经网络，展示前向传播和反向传播的具体实现过程。

2.1.1　前向传播的实现

在第 1 章中我们了解了前向传播的完整过程，该过程应该如何通过代码实现呢？下面，我们将参考一个极简案例（网址为 https://victorzhou.com/blog/intro-to-neural-nctworks）进行演示。

假设我们有一个神经元，其权重为 w，偏置为 b，如图 2-1 所示。

激活函数使用 Sigmoid 函数，如图 2-2 所示。

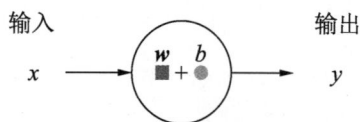

图 2-1　单个神经元

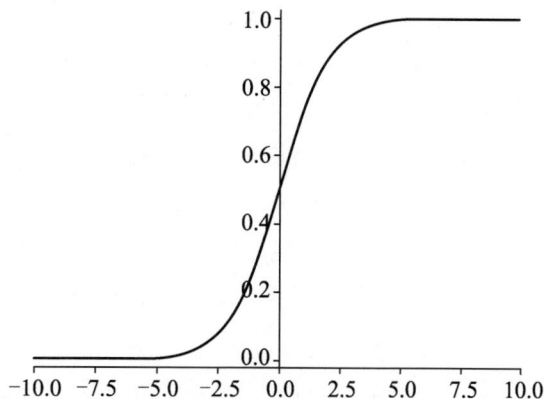

图 2-2　Sigmoid 函数图像

其参数如下：

$$w = [1,2] \quad b = 3 \tag{2-1}$$

$w = [1,2]$ 就是以向量的形式表示 $w_1 = 1$、$w_2 = 2$。现在，我们给该神经元一个输入 $x = [2,3]$，用点积来表示神经元的输出，计算过程见式（2-2）。

$$y = f(w \cdot x + b) = f(1 \times 2 + 2 \times 3 + 3) = f(11) = 0.999 \tag{2-2}$$

当输入是[2, 3]时，这个神经元的输出是 0.999。给定输入，得到输出的过程被称为前馈（feedforward），具体细节见前向传播的相关推导。

我们可以用代码来实现这个过程：

```python
import numpy as np

def sigmoid(x):
  return 1 / (1 + np.exp(-x))

class Neuron:
  def __init__(self, weights, bias):
    self.weights = weights
    self.bias = bias

  def feedforward(self, inputs): total = np.dot(self.weights, inpus) +
self.bias
    return sigmoid(total)

weights = np.array([1, 2])              # w1 = 1, w2 = 2
bias = 3                                # b = 3
n = Neuron(weights, bias)

x = np.array([2, 3])                    # x1 = 2, x2 = 3
print(n.feedforward(x))                 # 0.9990889488055994
```

上述代码实现了单个神经元前向传播的完整过程，现在我们将神经元组装成神经网络，如图 2-3 所示。

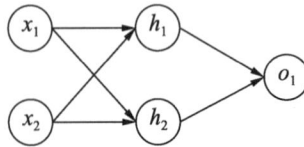

图 2-3　本例中的神经网络

在图 2-3 的神经网络中，输入层有两个输入神经元(x_1, x_2)，隐藏层有两个神经元(h_1, h_2)，输出层有一个神经元(o_1)。要注意，o_1 的输入就是 h_1 和 h_2 的输出。这样就组成了一个 5 个神经元的神经网络，更多细节参考手算神经网络的内容。

继续使用前面神经元的数值，我们来看看神经网络中前向传播是如何在代码中实现的：

```python
import numpy as np

# ... code from previous section here
```

```
def sigmoid(x):
  # 激活函数: f(x) = 1 / (1 + e^(-x))
  return 1 / (1 + np.exp(-x))

class Neuron:
  def __init__(self, weights, bias):
    self.weights = weights
    self.bias = bias

  def feedforward(self, inputs):
    # 加权输入，加入偏置，然后使用激活函数
    total = np.dot(self.weights, inputs) + self.bias
    return sigmoid(total)
class OurNeuralNetwork:
  '''
  A neural network with:
  - 2 inputs
  - a hidden layer with 2 neurons (h1, h2)
  - an output layer with 1 neuron (o1)
  Each neuron has the same weights and bias:
  - w = [1, 2]
  - b = 0
  '''
  def __init__(self):
    weights = np.array([1, 2])
    bias = 0                                 # 本例中没有加入偏置项，故 b=0

    # 这里是来自前一节的神经元类
    self.h1 = Neuron(weights, bias)
    self.h2 = Neuron(weights, bias)
    self.o1 = Neuron(weights, bias)

  def feedforward(self, x):
    out_h1 = self.h1.feedforward(x)
    out_h2 = self.h2.feedforward(x)

    # o1 的输入是 h1 和 h2 的输出
    out_o1 = self.o1.feedforward(np.array([out_h1, out_h2]))

    return out_o1

network = OurNeuralNetwork()
x = np.array([2, 3])
print(network.feedforward(x))            # 0.9525286561266934
```

2.1.2 反向传播的实现

前向传播结束后，会得到一个预测值，预测值通常与真实值之间存在误差。我们需要计算出该误差。误差函数使用 MSE 函数，见式（2-3），更多细节请参考第 1 章的内容。下面详细介绍反向传播中的误差，数据仍然使用前面的数据。

$$\text{MSE} = \sum_{i=1}^{n} \frac{1}{n} \left(y_i - y_i^{'} \right)^2 \tag{2-3}$$

1．误差

下面构造一个预测性别的神经网络。我们设输出 1 代表女性，0 代表男性。这里假设我们的网络总是输出 0，处理后的误差值如表 2-1 所示。

表 2-1　处理过后的误差值

姓　　名	y_true	y_pred	（y_true-y_pred）^2
张三	1	0	1
李四	1	0	1
王五	0	0	0
赵六	0	0	0

误差计算过程为：

$$\text{MSE} = \frac{1}{4}\left(1+1+0+0\right) = 0.5 \tag{2-4}$$

用代码演示上述过程：

```
import numpy as np

def mse_loss(y_true, y_pred):
  # y_true and y_pred are numpy arrays of the same length.
  return ((y_true - y_pred) ** 2).mean()

y_true = np.array([1, 1, 0, 0])
y_pred = np.array([0, 0, 0, 0])

print(mse_loss(y_true, y_pred)) #0.5
```

2．训练集

前面使用了 NumPy 库中关于数组的操作。此处根据步幅和步频来预测性别，训练数据如表 2-2 所示。

表 2-2　步幅、步频和性别数据集

姓　　名	步幅（cm）	步频（次/min）	性　　别
张三	67	195	女
李四	70	192	女
王五	82	172	男
赵六	76	180	男

对数据集进行预处理，有助于后续模型的训练。计算出步幅和步频的平均值分别为 73.75、184.75，再将这些数据减去平均值得到表 2-3。

表 2-3　预处理后的数据集

姓　　名	步幅（cm）	步频（次/min）	性　　别
张三	-6.75	10.25	女
李四	-3.75	7.25	女
王五	8.25	-12.75	男
赵六	2.25	-4.75	男

3. 完整代码

下面给出神经网络的完整代码：

```python
import numpy as np

def sigmoid(x):
  # Sigmoid activation function: f(x) = 1 / (1 + e^(-x))
  return 1 / (1 + np.exp(-x))

def deriv_sigmoid(x):
  # Derivative of sigmoid: f'(x) = f(x) * (1 - f(x))
  fx = sigmoid(x)
  return fx * (1 - fx)

def mse_loss(y_true, y_pred):
  # y_true 和 y_pred 是相同长度的 numpy 数组
  return ((y_true - y_pred) ** 2).mean()

class OurNeuralNetwork:
  '''
  A neural network with:
    - 2 inputs
    - a hidden layer with 2 neurons (h1, h2)
    - an output layer with 1 neuron (o1)

  *** 免责声明 ***:
    下面的代码是为了简单演示，并不是最佳的。
    真正的神经网络代码与此完全不同，不要使用此代码。
    相反，读/运行它来理解这个特定的网络是如何工作的。
  '''
  def __init__(self):
    # 权重，Weights
    self.w1 = np.random.normal()
    self.w2 = np.random.normal()
    self.w3 = np.random.normal()
    self.w4 = np.random.normal()
    self.w5 = np.random.normal()
    self.w6 = np.random.normal()

    # 截距项，Biases
    self.b1 = np.random.normal()
    self.b2 = np.random.normal()
    self.b3 = np.random.normal()

  def feedforward(self, x):
```

```python
    # X 是一个有 2 个元素的数字数组
    h1 = sigmoid(self.w1 * x[0] + self.w2 * x[1] + self.b1)
    h2 = sigmoid(self.w3 * x[0] + self.w4 * x[1] + self.b2)
    o1 = sigmoid(self.w5 * h1 + self.w6 * h2 + self.b3)
    return o1

def train(self, data, all_y_trues):
    '''
    - data is a (n x 2) numpy array, n = # of samples in the dataset.
    - all_y_trues is a numpy array with n elements.
      Elements in all_y_trues correspond to those in data.
    '''
    learn_rate = 0.1
    epochs = 1000                              # 遍历整个数据集的次数

    for epoch in range(epochs):
      for x, y_true in zip(data, all_y_trues):
        # --- 做一个前馈 (稍后我们将需要这些值)
        sum_h1 = self.w1 * x[0] + self.w2 * x[1] + self.b1
        h1 = sigmoid(sum_h1)

        sum_h2 = self.w3 * x[0] + self.w4 * x[1] + self.b2
        h2 = sigmoid(sum_h2)

        sum_o1 = self.w5 * h1 + self.w6 * h2 + self.b3
        o1 = sigmoid(sum_o1)
        y_pred = o1

        # --- 计算偏导数
        # --- Naming: d_L_d_w1 represents "partial L / partial w1"
        d_L_d_ypred = -2 * (y_true - y_pred)

        # Neuron o1
        d_ypred_d_w5 = h1 * deriv_sigmoid(sum_o1)
        d_ypred_d_w6 = h2 * deriv_sigmoid(sum_o1)
        d_ypred_d_b3 = deriv_sigmoid(sum_o1)

        d_ypred_d_h1 = self.w5 * deriv_sigmoid(sum_o1)
        d_ypred_d_h2 = self.w6 * deriv_sigmoid(sum_o1)

        # Neuron h1
        d_h1_d_w1 = x[0] * deriv_sigmoid(sum_h1)
        d_h1_d_w2 = x[1] * deriv_sigmoid(sum_h1)
        d_h1_d_b1 = deriv_sigmoid(sum_h1)

        # Neuron h2
        d_h2_d_w3 = x[0] * deriv_sigmoid(sum_h2)
        d_h2_d_w4 = x[1] * deriv_sigmoid(sum_h2)
        d_h2_d_b2 = deriv_sigmoid(sum_h2)

        # --- 更新权重和偏差
        # Neuron h1
        self.w1 -= learn_rate * d_L_d_ypred * d_ypred_d_h1 * d_h1_d_w1
        self.w2 -= learn_rate * d_L_d_ypred * d_ypred_d_h1 * d_h1_d_w2
        self.b1 -= learn_rate * d_L_d_ypred * d_ypred_d_h1 * d_h1_d_b1
```

```
        # Neuron h2
        self.w3 -= learn_rate * d_L_d_ypred * d_ypred_d_h2 * d_h2_d_w3
        self.w4 -= learn_rate * d_L_d_ypred * d_ypred_d_h2 * d_h2_d_w4
        self.b2 -= learn_rate * d_L_d_ypred * d_ypred_d_h2 * d_h2_d_b2

        # Neuron o1
        self.w5 -= learn_rate * d_L_d_ypred * d_ypred_d_w5
        self.w6 -= learn_rate * d_L_d_ypred * d_ypred_d_w6
        self.b3 -= learn_rate * d_L_d_ypred * d_ypred_d_b3

      # --- 在每次训练轮次结束时计算总损失
      if epoch % 10 == 0:
        y_preds = np.apply_along_axis(self.feedforward, 1, data)
        loss = mse_loss(all_y_trues, y_preds)
        print("Epoch %d loss: %.3f" % (epoch, loss))

# 定义数据集
data = np.array([
    [-6.75, 10.25],                    # 张三
    [-3.75, 7.25],                     # 李四
    [8.25, -12.75],                    # 王五
    [2.25, -4.75],                     # 赵六
    ])
all_y_trues = np.array([
        1,                             # 张三
        1,                             # 李四
        0,                             # 王五
        0,                             # 赵六
        ])

# 训练神经网络
network = OurNeuralNetwork()
network.train(data, all_y_trues)
```

4．测试展示

神经网络训练完成后下面展示训练成果。

我们将小周（女性）和小陈（男性）两个人的步幅和步频输入，看这个神经网络能不能预测出正确的结果。

下面是预测结果，可以看到，模型输出的结果显示小周为 0.962，接近 1，小陈为 0.040，接近 0，误差很小。前面我们规定了女性用 1 表示，男性用 0 表示，对比表 2-4，预测结果比较满意。

表 2-4　预处理之后的小周和小陈的步幅、步频数据和性别

姓　　名	步幅（cm）	步频（次/min）	性　　别
小周	-10	7	女
小陈	3	-3	男

```
# 预测
小周=np.array([-10,7])
小陈=np.array([3,-3])
```

```
print("小周:%.3f"% network.feedforward(小周))        # 0.962接近1 女性
print("小陈:%.3f"% network.feedforward(小陈))        # 0.040接近0 男性
```

2.2　经典神经网络——CNN

笔者的最终目的是深入讲解 Transformer 架构，以便读者理解 GPT 模型背后的工作逻辑。其实，Transformer 也可视为一种复杂的神经网络，它使用了自注意力机制，取代了以往自然语言处理中的 CNN、RNN 等经典神经网络架构。

卷积神经网络（Convolutional Neural Networks，CNN）是一种深度学习模型，在处理具有网格结构的数据如图像（2D 网格）和视频（3D 网格）等数据时，有很好的效果。

卷积神经网络是仿照生物视觉机制构建的，可以进行监督学习和非监督学习。其具有卷积核参数共享和层间连接的稀疏性，能够以较小的计算量对格点化特征进行学习。CNN 泛化性较好，是机器视觉中最基础的经典算法，如图 2-4 所示。

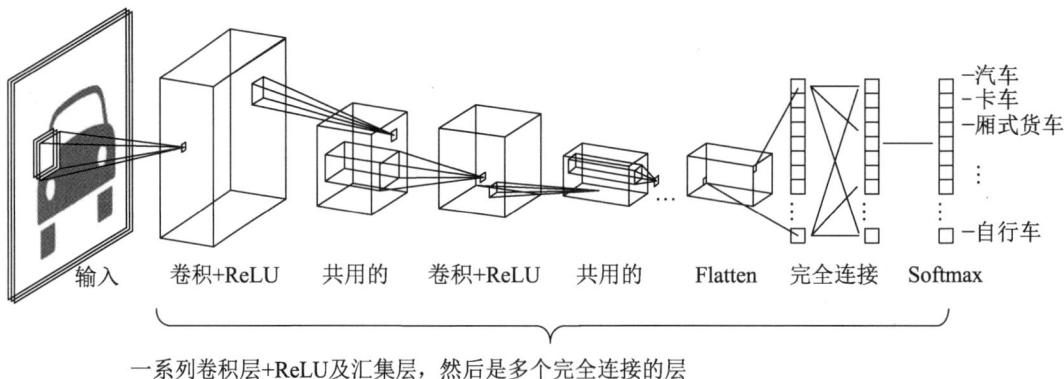

图 2-4　卷积神经网络

在图 2-4 中，输入小汽车的图像，通过结合卷积层、池化层和全连接神经网络，最终使得 CNN 能够识别出图像是什么。CNN 能够有效地从图像中提取特征，同时减少数据的维度，提高模型对输入变化的健壮性。这种结构使得 CNN 在图像识别、分类和其他视觉任务中表现出色。

卷积操作是卷积神经网络中的一个关键概念，它用于从输入数据中提取特征。下面对卷积操作和池化层进行详细解释。

2.2.1　卷积操作

通过在输入图像上滑动卷积核滤波器来执行卷积操作。在卷积操作时需要进行卷积运算，卷积运算通过执行滤波器和局部感受野之间的点积来实现，如图 2-5 所示。

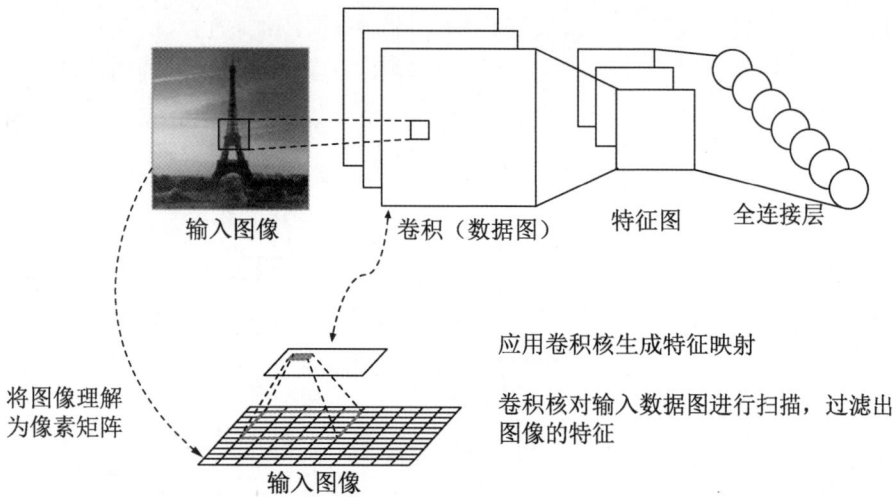

图 2-5　卷积操作 1

卷积操作如图 2-6 所示。其会使用一个小的权重矩阵，该权重矩阵称为滤波器或卷积核。卷积核包含可学习的参数，其大小通常小于输入数据。在 CNN 中，卷积核是一个包含权重参数的矩阵，这些参数会在网络训练过程中会不断被更新优化。

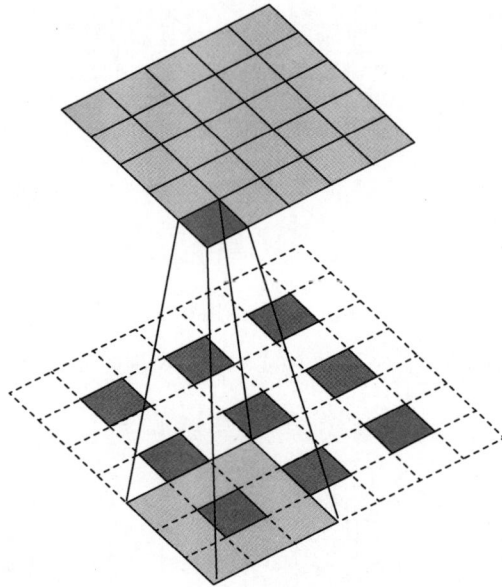

图 2-6　卷积操作 2

通常情况下，卷积核的大小为 3×3、5×5 或更大，一般为奇数，以便于确定中心点。

卷积核会覆盖输入数据的一个小区域，这个小区域称为局部感受野。卷积核的参数通过学习过程自动调整，以捕捉输入数据的局部特征，如图 2-6 所示。

卷积核在输入数据上以滑动窗口的方式移动，每次移动根据设定的步长（Stride）和填充（Padding）来确定。以图像为例，卷积核在图像上以一定的步长滑动，并且重复这个过程，直到遍历完整个图像。最终输出特征图，特征图反映输入图像在某种特征下的响应，如图 2-7 所示。从图 2-7 中可以看到，输出矩阵第一行第一列的值的计算方法为卷积核，也就是灰色的 3×3 矩阵与输入矩阵 5×5 局部数据相乘求和得到，具体计算过程如图 2-7 所示。

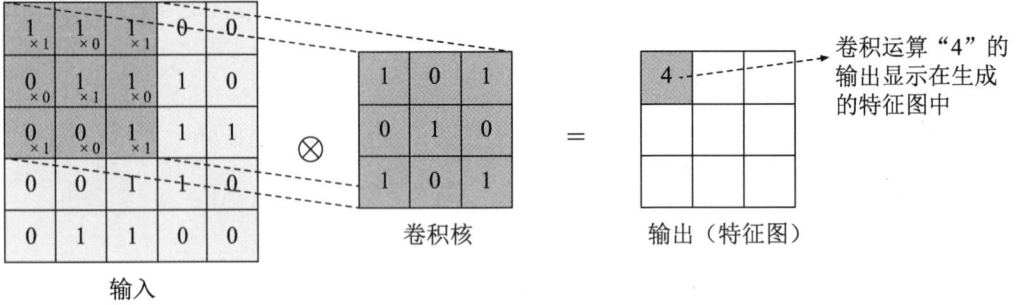

进行卷积操作的区域称为接受场。由于滤波器的大小为 3×3，接受场大小也是 3×3

将 3×3 卷积核滑动到输入图像上，按照矩阵运算法则运算并得出结果

运算过程为 $1×1+1×0+1×1+0×0+1×1+1×0+0×1+0×0+1×1=$ ⬛ 4

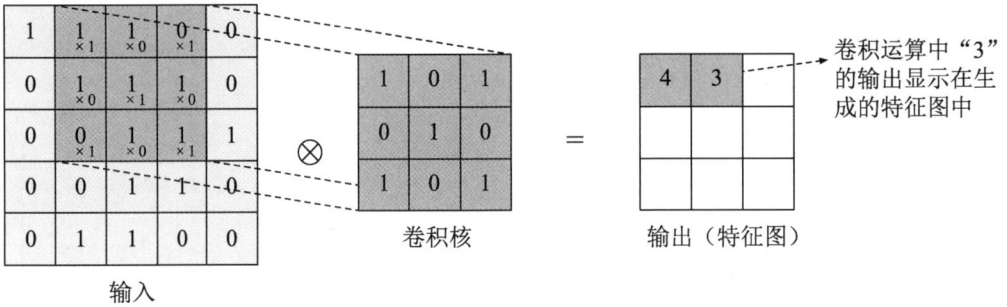

然后我们向右滑动卷积核并执行相同的操作，将结果也添加到特征映射中

运算过程为 $1×1+1×0+0×1+1×0+1×1+1×0+0×1+1×0+1×1=$ ⬛ 3

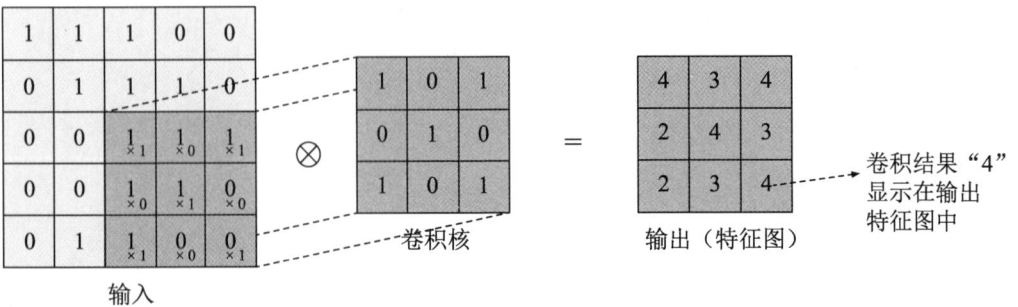

继续做卷积，将卷积结果聚合到特征图中

运算过程为 $1×1+1×0+1×1+1×0+1×1+0×0+1×1+0×0+0×1=$ ⬛ 4

图 2-7　卷积核运算提取特征

当卷积核覆盖输入数据的某个局部区域时，通过计算该区域元素与卷积核参数的点积来提取特征。这个点积的结果形成了输出特征图（Feature Map）的一个元素。这些元素最终组成特征图，在图 2-7 中我们可以看到输入图像经过卷积操作后输出的特征图。

通常，一个卷积层会使用多个卷积核来提取不同类型的特征。每个卷积核生成一个特征图，所有特征图堆叠起来形成下一层的输入。如图 2-8 所示，3 个相同的输入矩阵，经过两个不同的卷积核卷积之后，得到两个不同的输出矩阵（特征图），特征图再结合成为下一层的输入，如图 2-8 所示。

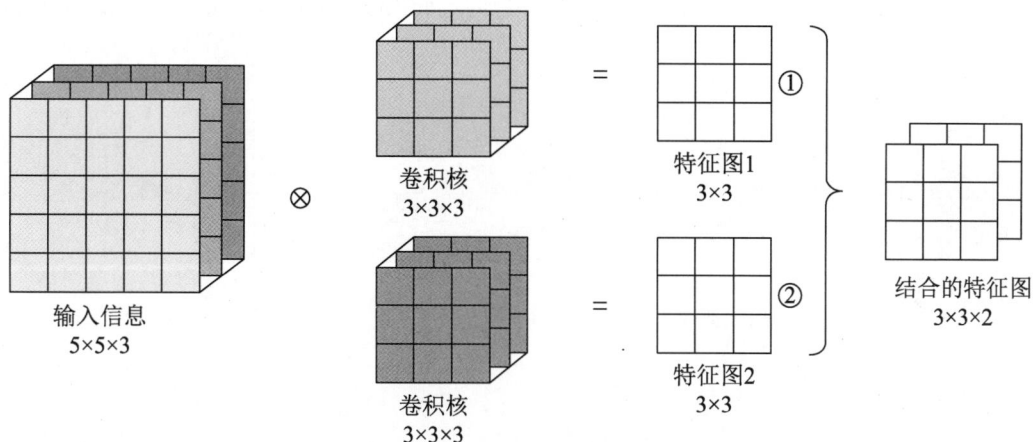

图 2-8　两个卷积核生成两个特征图

卷积层的深度是指输出特征图的数量，它与卷积核的数量相等。在图 2-8 中，卷积层的深度为 2，即输出两个特征图。

和其他神经网络一样，在 CNN 的卷积操作中我们也需要使用一个激活函数来使输出非线性，卷积的输出将通过激活函数 ReLU 传递。在图 2-9 中，针对输入图像应用卷积滤波器后，将生成输出（即特征图）。随后，我们可以将 ReLU 应用于相应的添加偏置项后的输出。最后，我们把修正后的特征图叠加起来，卷积层的最终结果看起来像一个立方体，如图 2-9 所示。

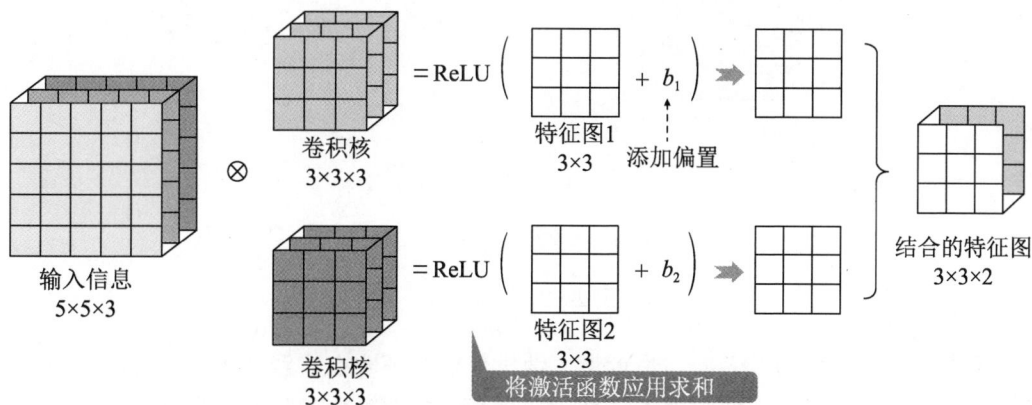

图 2-9　对特征图修正得到最终结果

2.2.2　池化层

池化层（Pooling Layer）主要用于减少数据的空间维度，即宽度和高度。这有助于减少计算量，同时使特征检测更加健壮。简而言之，在经过一个卷积层之后，通常会在CNN 层之间添加一个池化层。池化层的功能是不断降低维数，以减少网络中的参数量和计算量，同时也可以控制过拟合。

卷积特征往往对应某个局部的特征，池化则是将全局特征进行聚合，如图 2-10 所示。

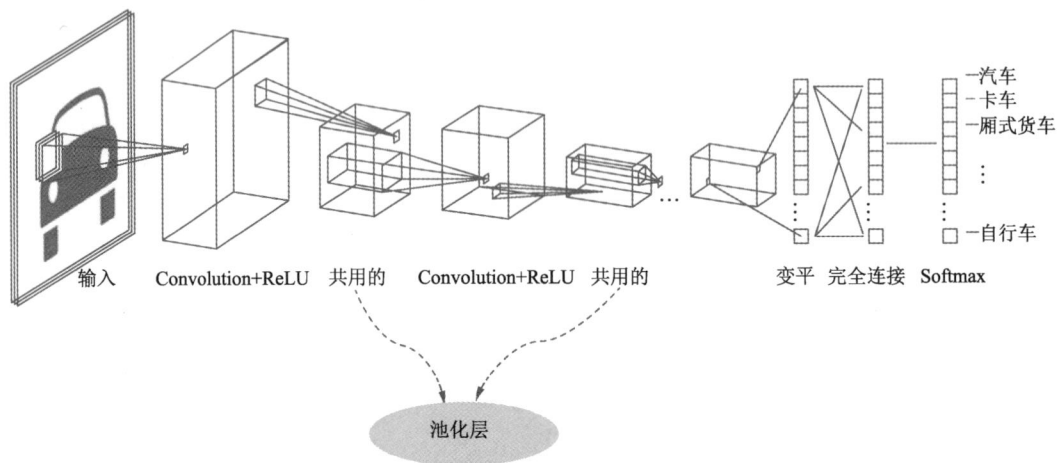

图 2-10　卷积网络中的池化层

最常见的池化操作是最大池化（Max Pooling），如图 2-11 所示，它在输入数据的一个局部区域选择最大的元素。其他类型的池化操作还有平均池化（Average Pooling）等。

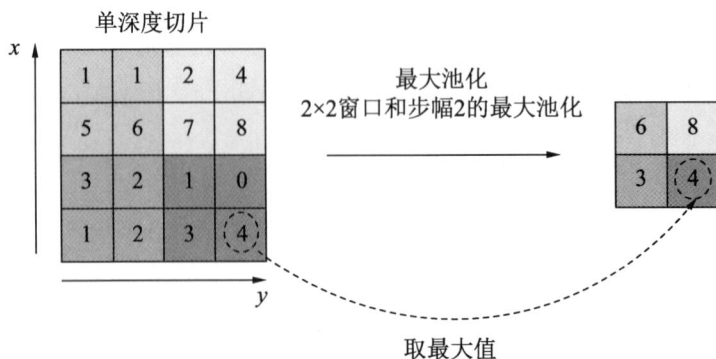

图 2-11　最大池化

平均池化过去使用较多，但最近最大池操作已被证明在实践中表现更好。

池化层增加了对图像位移的不变性，即使物体在图像中的位置发生轻微变化，最大池化也可以保留最重要的特征，忽略不重要的变化，如图 2-12 所示。

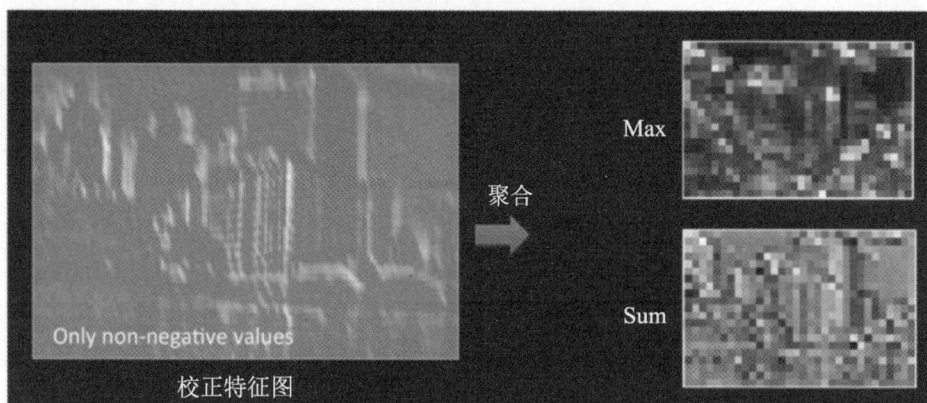

图 2-12　保留重要特征

　　池化层通常用于下采样，即减少数据的空间分辨率，同时保留最重要的特征信息。池化操作的步长和窗口大小是可配置的，它们决定了池化过程中覆盖输入数据的范围。

　　池化操作的步长通常是 1，较小的步长实践效果更好，如图 2-13 所示。我们可以发现不同步长得到的特征图不同，较小的步长生成的特征图更丰富。

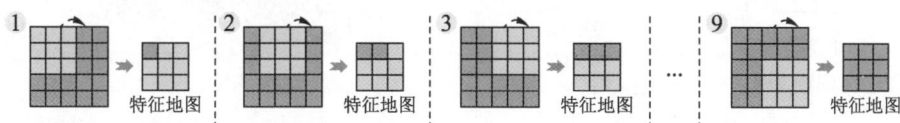

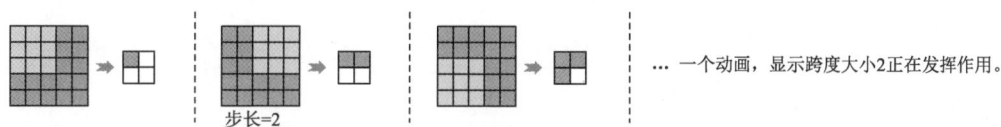

图 2-13　不同的步长对输出特征图的影响

　　通过结合卷积层和池化层，CNN 能够有效地从图像中提取特征，同时减少数据的维度，提高模型对输入变化的健壮性。这种结构使得 CNN 在图像识别、分类和其他视觉任务中表现出色。

2.2.3　全连接层

　　经过卷积层和池化层之后，我们的分类部分将由一些完全连接的层组成，如图 2-14 所示。然而，这些完全连接的层只能接受一维数据，因此我们将最终池化层的输出扁平化为一个向量，成为全连接层的输入，如图 2-15 所示。

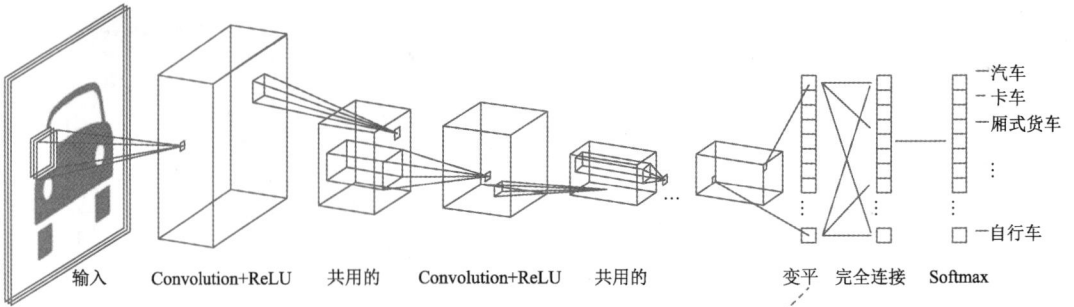

扁平化:
在卷积+聚合层完后成,平滑它们的输出,以便将它们反馈到完全连接的层

图 2-14　将输出扁平化为一个一维向量

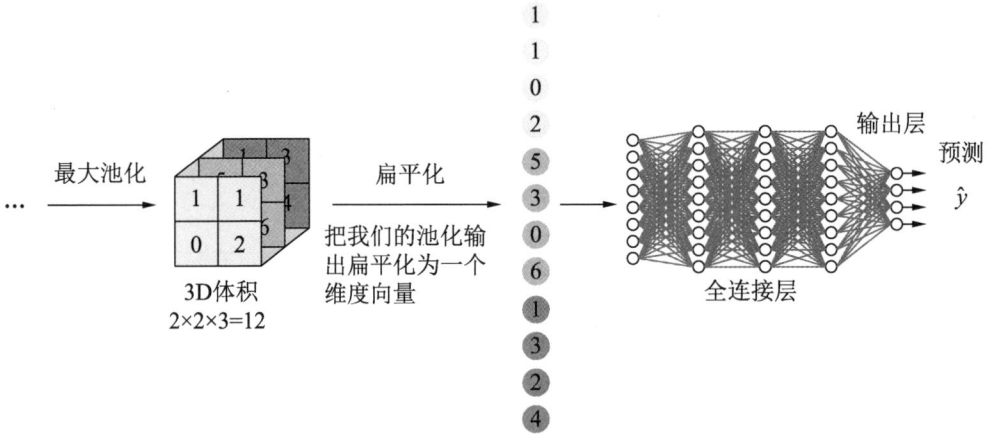

图 2-15　输出扁平化为一个一维向量的具体形式

2.2.4　全过程展示

卷积神经网络的最后一部分是完全连接的层。完全连接层的神经元与前一层的所有激活都有完整的连接,就像在常规神经网络中看到的那样。下面以一个 9×9 的图像数据为例,通过 3 个卷积核(Filter),展示卷积神经网络工作的基本过程,如图 2-16所示。

卷积神经网络的整个过程可以分为卷积、池化、全连接层三步。

1. 卷积

如图 2-16 所示,输入层为 9×9 的图像数据,卷积核为 4×4 的区域。在卷积层中,单个卷积核遍历整个输入层,得到一个采样图,同理,3 个卷积核得到 3 个采样图,即图中的 6×6×3。

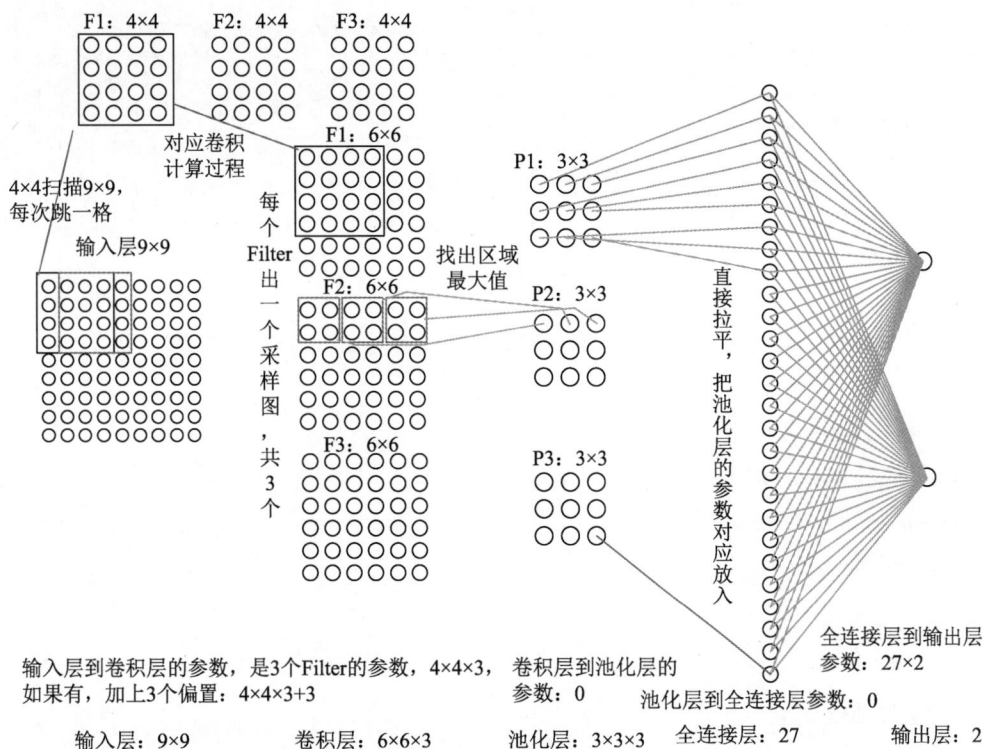

图 2-16 卷积神经网络

2．池化

如图 2-16 所示，在单个采样图上选择 4×4 的局部区域进行最大池化操作，即使用 4×4 区域对 6×6 的采样图进行遍历，找出这个区域的最大值并将其依次填入 3×3 的特征图中，得到一个特征图，实现从采样图 6×6 的维度变为特征图 3×3 的维度。因为图中卷积层中有 3 个采样图，因此得到 3 个特征图，即图中的 3×3×3。

3．全连接层

将池化层中的三个特征图的参数全部扁平化到一个一维的全连接层，即图 2-16 中的 27，最终 27×1 的全连接层连接到 2×1 的输出层，参数维度变为 2×1。

2.2.5 简单的 CNN 代码示例

前面介绍了 CNN 的基本原理，下面使用 PyTorch 实现一个简单的 CNN 程序，用于图像分类任务。

1．导入所需的库

首先导入所需的库，这里涉及快速迭代，因此使用 PyTorch 库，代码如下：

```
1   import torch                              # 导入 PyTorch 库
2   import torch.nn as nn                     # 导入 PyTorch 库的神经网络模块
3   import torch.optim as optim               # 导入 PyTorch 库的优化器模块
4   import torchvision                        # 导入 PyTorch 的计算机视觉模块
5   import torchvision.transforms as transforms    # 导入图像变换模块
6   from torch.utils.data import DataLoader        # 导入数据加载器模块
7   import matplotlib.pyplot as plt           # 导入 Matplotlib 库，用于绘图
```

2．定义超参数

在导入相应的库之后，定义一些超参数，选择合适的训练轮数来减少训练时长，代码如下：

❏ batch_size：每个批次的样本数量。

❏ learning_rate：学习率。

❏ num_epochs：训练轮数。

```
8   # 定义超参数
9   batch_size = 64
10  learning_rate = 0.001
11  num_epochs = 5
```

3．数据预处理

对数据进行预处理，可以有效避免过拟合，同时也能减少训练时长，代码如下：

❏ transforms.ToTensor()：将图像转换为 Tensor。

❏ transforms.Normalize((0.5,), (0.5,))：对图像进行归一化处理，使其均值为 0.5，标准差为 0.5。

```
12  # 数据预处理
13  transform = transforms.Compose([
14      transforms.ToTensor(),                      # 将图像转换为 Tensor
15      transforms.Normalize((0.5,), (0.5,))        # 对图像进行归一化处理
16  ])
```

4．加载MNIST数据集

MNIST 数据集是机器学习和计算机视觉领域中非常著名的一个数据集，主要用于训练和测试图像识别算法，代码如下：

❏ train_dataset=torchvision.datasets.MNIST(root='./data',train=True,transform=transform, download=True)：加载训练数据集，如果数据不存在则下载。

❏ test_dataset=torchvision.datasets.MNIST(root='./data',train=False,transform=transform, download=True)：加载测试数据集，如果数据不存在则下载。

❏ train_loader=DataLoader(dataset=train_dataset,batch_size=batch_size, shuffle=True)：创建训练数据加载器，每个批次的样本数量为 batch_size 并打乱数据。

❏ test_loader=DataLoader(dataset=test_dataset,batch_size=batch_size, shuffle=False)：创建测试数据加载器，每个批次的样本数量为 batch_size，不打乱数据。

```
17  # 加载 MNIST 数据集
```

```
18 train_dataset = torchvision.datasets.MNIST(root='./data', train=
   True, transform=transform, download=True)
19 test_dataset = torchvision.datasets.MNIST(root='./data', train=
   False, transform=transform, download=True)
20 train_loader = DataLoader(dataset=train_dataset, batch_size=
   batch_size, shuffle=True)
21 test_loader = DataLoader(dataset=test_dataset, batch_size=
   batch_size, shuffle=False)
```

5. 定义CNN模型

数据集加载完成之后，定义 CNN 模型，下面是定义 CNN 模型的代码。

❑ super(SimpleCNN, self)__init__函数：调用父类的构造函数。

❑ self.conv1 = nn.Conv2d(in_channels=1, out_channels=16, kernel_size=3, stride=1, padding=1)：第一个卷积层，输入通道为 1，输出通道为 16。

❑ self.pool = nn.MaxPool2d(kernel_size=2, stride=2, padding=0)：最大池化层，核大小为 2，步长为 2。

❑ self.conv2 = nn.Conv2d(in_channels=16, out_channels=32, kernel_size=3, stride=1, padding=1)：第二个卷积层，输入通道为 16，输出通道为 32。

❑ self.fc1 = nn.Linear(32 * 7 * 7, 128)：第一个全连接层，输入大小为 3277，输出大小为 128。

❑ self.fc2 = nn.Linear(128, 10)：第二个全连接层，输入大小为 128，输出大小为 10（对应 10 个类别）。

❑ x = self.pool(torch.relu(self.conv1(x)))：应用第一个卷积层和 ReLU 激活函数，然后进行最大池化。

❑ x = self.pool(torch.relu(self.conv2(x)))：应用第二个卷积层和 ReLU 激活函数，然后进行最大池化。

❑ x = x.view(-1, 32 * 7 * 7)：将特征图展平为一维向量。

❑ x = torch.relu(self.fc1(x))：应用第一个全连接层和 ReLU 激活函数。

❑ x = self.fc2(x)：应用第二个全连接层。

❑ return x：返回最终的输出。

```
22 # 定义 CNN 模型
23 class SimpleCNN(nn.Module):
24    def __init__(self):
25        super(SimpleCNN, self).__init__()
26        self.conv1 = nn.Conv2d(in_channels=1, out_channels=16, kernel_
          size=3, stride=1, padding=1)
27        self.pool = nn.MaxPool2d(kernel_size=2, stride=2, padding=0)
28        self.conv2 = nn.Conv2d(in_channels=16, out_channels=32, kernel
          _size=3, stride=1, padding=1)
29        self.fc1 = nn.Linear(32 * 7 * 7, 128)
30        self.fc2 = nn.Linear(128, 10)

31    def forward(self, x):
32        x = self.pool(torch.relu(self.conv1(x)))
33        x = self.pool(torch.relu(self.conv2(x)))
34        x = x.view(-1, 32 * 7 * 7)
```

```
35        x = torch.relu(self.fc1(x))
36        x = self.fc2(x)
37        return x
```

6. 初始化模型、损失函数和优化器

SimpleCNN 类定义了模型的结构，包括卷积层、池化层和全连接层等。代码如下：

❑ model：实例化 CNN 模型。

❑ criterion：交叉熵损失函数。

❑ optimizer：Adam 优化器。这段代码是神经网络训练流程中的初始化步骤，具体训练循环见下面的内容。

```
38  # 初始化模型、损失函数和优化器
39  model = SimpleCNN()
40  criterion = nn.CrossEntropyLoss()                    # 交叉熵损失函数
41  optimizer = optim.Adam(model.parameters(), lr=learning_rate)
```

7. 训练模型

在这个训练循环中，num_epochs 表示训练的轮数，train_loader 是用于加载训练数据的数据加载器。每次迭代都会清空梯度，执行前向传播、计算损失、执行反向传播并更新模型参数。

❑ model.train 函数：设置模型为训练模式。

❑ enumerate(train_loader)：遍历训练数据集。

❑ optimizer.zero_grad 函数：清除梯度。

❑ outputs = model(images)：前向传播。

❑ loss = criterion(outputs, labels)：计算损失。

❑ loss.backward 函数：反向传播。

❑ optimizer.step 函数：更新参数。

❑ 最后一行打印每 100 个批次的损失值。

```
42  # 训练模型
43  for epoch in range(num_epochs):
44      model.train()
45      for i, (images, labels) in enumerate(train_loader):
46          optimizer.zero_grad()
47          outputs = model(images)
48          loss = criterion(outputs, labels)
49          loss.backward()
50          optimizer.step()
51          if (i+1) % 100 == 0:
52  print(f'Epoch[{{epoch+1}}/{{num_epochs}}],Step[{{i+1}}/{{len(train_
    loader)}}],
Loss: {loss.item():.4f}')
```

8. 测试模型

下面的代码用于测试前面定义的 SimpleCNN 模型在测试集上的性能。

❑ model.eval 函数：设置模型为评估模式。在评估模式下，某些层（如 Dropout 层

和 BatchNorm 层）的行为会与训练模式不同。例如，Dropout 层在评估模式下不会随机丢弃神经元，BatchNorm 层会使用整个数据集的均值和方差而不是单个批次的统计数据。

❏ with torch.no_grad 函数：关闭梯度计算，减少内存消耗并加速计算。

❏ 53～62 行代码遍历测试数据集，计算预测值和正确率。

❏ 第 63 行代码打印测试集上的准确率。

```
53 # 测试模型
54 model.eval()
55 with torch.no_grad():
56     correct = 0
57     total = 0
58     for images, labels in test_loader:
59         outputs = model(images)
60         _, predicted = torch.max(outputs.data, 1)
61         total += labels.size(0)
62         correct += (predicted == labels).sum().item()

63 print(f'Accuracy of the model on the 10000 test images:
   {100* correct/total:.2f}%')
```

9. 定义展示预测结果的函数

下面这段代码主要进行预测结果的函数的函数图像绘制。

❏ model.eval 函数：将模型设置为评估模式，这样会关闭 Dropout 层等在训练时使用的操作。

❏ with torch.no_grad 函数：关闭梯度计算，因为我们在评估模型时不需要计算梯度。

❏ for images, labels in data_loader：遍历数据加载器，获取一批图像和对应的标签。

❏ outputs = model(images)：将图像输入模型，进行前向传播，得到输出。

❏ _, predicted – torch.max(outputs.data, 1)：获取每个样本的预测类别。torch.max 返回每个样本的最大值及其索引，我们只需要索引（即预测类别）。

❏ break：只取一批数据，然后退出循环。

❏ fig, axes = plt.subplots(1, 5, figsize=(10, 4))：创建一个 1 行 5 列的子图，用于显示 5 张图像。

❏ for i in range(5)：遍历前 5 张图像。

❏ ax.imshow(images[i][0].numpy(), cmap='gray')：显示第 i 张图像，images[i][0] 是图像的单通道数据。

❏ ax.set_title(f'Pred: {predicted[i]}, Label: {labels[i]}')：设置子图的标题，显示预测类别和真实标签。

❏ ax.axis('off')：关闭坐标轴。

❏ plt.show 函数：显示图像。

```
64 # 展示预测结果
65 def show_predictions(model, data_loader):
66     model.eval()
67     with torch.no_grad():
```

```
68        for images, labels in data_loader:
69            outputs = model(images)
70            _, predicted = torch.max(outputs.data, 1)
71            break
72    fig, axes = plt.subplots(1, 5, figsize=(10, 4))
73    for i in range(5):
74        ax = axes[i]
75        ax.imshow(images[i][0].numpy(), cmap='gray')
76        ax.set_title(f'Pred: {predicted[i]}, Label: {labels[i]}')
77        ax.axis('off')
78    plt.show()
```

第 79 行调用 show_predictions 函数展示测试结果。

```
79 show_predictions(model, test_loader)
```

10．测试结果展示

随机抽取一批图像中的前 5 张图像，结果如图 2-17 所示。

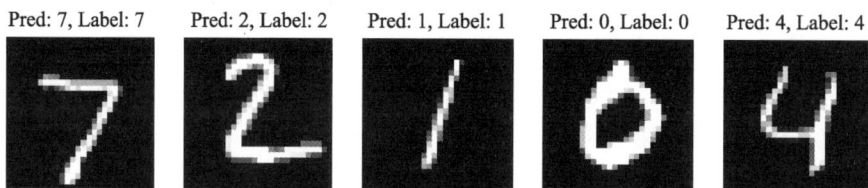

图 2-17　测试结果展示

可以看到，这个识别结果还是很准确的，代码运行测试 10 000 张图像的结果显示准确率为 98.92%。

2.3　经典神经网络——RNN

循环神经网络（Recurrent Neural Network，RNN）是一种适合处理序列数据的神经网络，如图 2-18 所示。与传统的前馈神经网络（Feedforward Neural Network，FNN）不同，RNN 能够捕捉序列数据中的时间依赖性，即它能够记住之前处理过的序列信息，并将这些信息用于当前的计算，以便更好地处理如机器上下文翻译等与时序相关的问题。

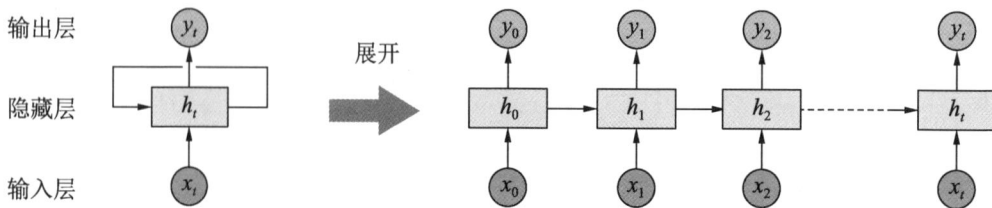

图 2-18　展开的 RNN

由图 2-18 可见，一个典型的 RNN 网络架构包含一个输入、一个输出和一个神经网络单元。RNN 和普通的前馈神经网络的区别较大，其神经网络单元不但与输入和输出存在联系，而且自身也存在一个循环（loop），这种循环允许信息从网络中的一步传递到下一步。

下面简要介绍 RNN 中常见的循环连接、时间步、隐藏状态和权重共享等 4 个概念。

❑ 循环连接：RNN 中的神经元不仅与下一层的神经元相连，而且与同一层中的其他神经元相连，形成了一个循环结构。RNN 的循环机制使模型隐层能获得上一时间步产生的结果，并作为当下时间步输入的一部分（当下时间步的输入除了正常的输入外还包括上一步的隐层输出）对当下时间步的输出产生影响。

❑ 时间步：RNN 处理序列数据时，会将数据分解为多个时间步（time steps），每个时间步包含序列的一部分信息。

❑ 隐藏状态：在每个时间步中，RNN 会更新一个隐藏状态（hidden state），这个状态包含之前所有时间步的信息。

❑ 权重共享：在 RNN 中，无论是在序列的哪个时间步，使用的权重矩阵都是相同的。

2.3.1　手算体验极简 RNN

我们可以通过一个极简 RNN 网络来体验其信息传递过程，如图 2-19 所示。

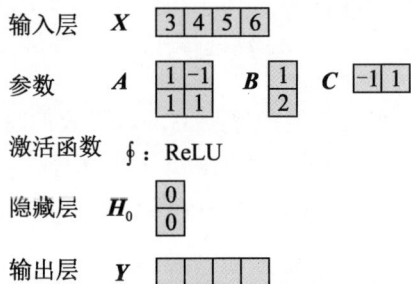

图 2-19　RNN 循环计算过程

输入序列 X 设为：[3,4,5,6]。

权重矩阵设置为：

$$A = \begin{pmatrix} 1 & -1 \\ 1 & 1 \end{pmatrix} \tag{2-5}$$

$$B = \begin{pmatrix} 1 \\ 2 \end{pmatrix} \tag{2-6}$$

$$C = \begin{pmatrix} -1 & 1 \end{pmatrix} \tag{2-7}$$

权重矩阵是通过训练得到的，我们通常所说的训练神经网络，实际上就是得到合适的权重矩阵的过程。

隐藏状态计算过程见式（2-8）。

$$\boldsymbol{H}_t = \mathrm{ReLU}\left(\boldsymbol{A}\cdot\boldsymbol{H}_{t-1}+\boldsymbol{B}\cdot\boldsymbol{X}_t\right) \tag{2-8}$$

式中，$\boldsymbol{H}_t$ 代表第 t 层状态，$\boldsymbol{H}_{t-1}$ 是第 $t-1$ 层的状态，$\boldsymbol{X}_t$ 代表第 t 个输入，ReLU 为激活函数，此激活函数图像如图 2-20 所示。

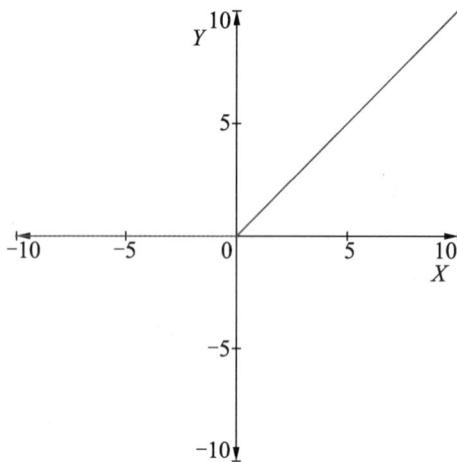

图 2-20　ReLU 函数图像

输出为隐藏层状态与 $\boldsymbol{C}$ 相乘，见式（2-9）。

$$\boldsymbol{Y}_t = \boldsymbol{C}\cdot\boldsymbol{H}_t \tag{2-9}$$

初始隐藏状态设置为：

$$\boldsymbol{H}_t = \begin{pmatrix} 0 \\ 0 \end{pmatrix} \tag{2-10}$$

RNN 是分成多个时间步来处理输入序列的，这里我们将一个节点按照时间步展开。根据隐藏状态的计算公式，当新的输入传入时，RNN 根据当前的输入更新隐藏状态，这个更新的隐藏状态还包括之前所有时间步的信息，相当于隐藏状态在 RNN 中起到了记忆上下文的作用。

以下是 4 个时间步重复式（2-5）～式（2-10）的过程，逐步替换输入值与隐藏状态从而得到输出。

1. 第 1 个时间步 $t=1$

输入：$X_1 = 3$

状态更新为：

$$\boldsymbol{H}_1 = \mathrm{ReLU}\begin{pmatrix} 1 & -1 \\ 1 & 1 \end{pmatrix}\cdot\begin{pmatrix} 0 \\ 0 \end{pmatrix}+\begin{pmatrix} 1 \\ 2 \end{pmatrix}\cdot 3 = \begin{pmatrix} 3 \\ 6 \end{pmatrix} \tag{2-11}$$

计算输出为：

$$y_1 = \boldsymbol{C}\cdot\boldsymbol{H}_1 = \begin{pmatrix} -1 & 1 \end{pmatrix}\cdot\begin{pmatrix} 3 \\ 6 \end{pmatrix} = 3 \tag{2-12}$$

计算流程如图 2-21 所示。

2．第2个时间步 $t=2$

输入：$X_2 = 4$

状态更新为：

$$\boldsymbol{H}_2 = \text{ReLU}\begin{pmatrix} 1 & -1 \\ 1 & 1 \end{pmatrix} \cdot \begin{pmatrix} 3 \\ 6 \end{pmatrix} + \begin{pmatrix} 1 \\ 2 \end{pmatrix} \cdot 4 = \begin{pmatrix} 1 \\ 17 \end{pmatrix} \qquad (2\text{-}13)$$

计算输出为：

$$y_2 = \boldsymbol{C} \cdot \boldsymbol{H}_2 = \begin{pmatrix} -1 & 1 \end{pmatrix} \cdot \begin{pmatrix} 1 \\ 17 \end{pmatrix} = 16 \qquad (2\text{-}14)$$

计算流程如图 2-22 所示。

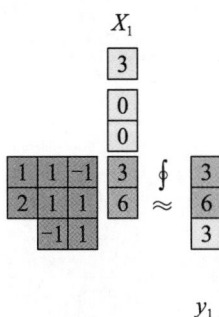

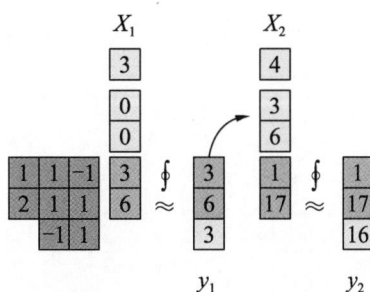

图 2-21 输出 y_1　　　　　图 2-22 输出 y_2

3．第3个时间步 $t=3$

输入：$X_3 = 5$

状态更新为：

$$\boldsymbol{H}_3 = \text{ReLU}\begin{pmatrix} 1 & -1 \\ 1 & 1 \end{pmatrix} \cdot \begin{pmatrix} 1 \\ 17 \end{pmatrix} + \begin{pmatrix} 1 \\ 2 \end{pmatrix} \cdot 5 = \begin{pmatrix} 0 \\ 28 \end{pmatrix} \qquad (2\text{-}15)$$

这里结果出现 0 是因为激活函数 ReLU。

计算输出为：

$$y_3 = \boldsymbol{C} \cdot \boldsymbol{H}_3 = \begin{pmatrix} -1 & 1 \end{pmatrix} \cdot \begin{pmatrix} 0 \\ 28 \end{pmatrix} = 28 \qquad (2\text{-}16)$$

计算流程如图 2-23 所示。

4．第4个时间步 $t=4$

输入：$X_4 = 6$

状态更新为：

$$\boldsymbol{H}_4 = \text{ReLU}\begin{pmatrix} 1 & -1 \\ 1 & 1 \end{pmatrix} \cdot \begin{pmatrix} 0 \\ 40 \end{pmatrix} + \begin{pmatrix} 1 \\ 2 \end{pmatrix} \cdot 6 = \begin{pmatrix} 0 \\ 40 \end{pmatrix} \qquad (2\text{-}17)$$

计算输出为：

$$y_4 = \boldsymbol{C} \cdot \boldsymbol{H}_4 = (-1 \quad 1) \cdot \begin{pmatrix} 0 \\ 40 \end{pmatrix} = 40 \tag{2-18}$$

计算流程如图 2-24 所示。

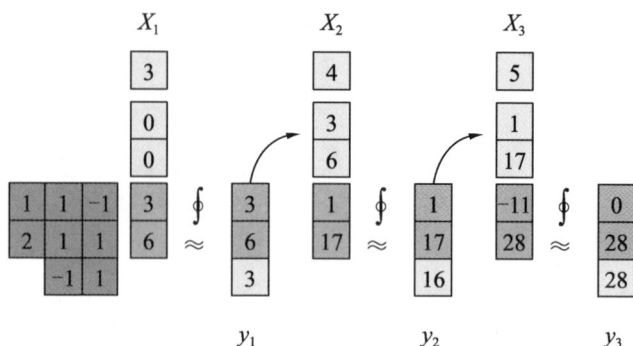

图 2-23　输出 y_3

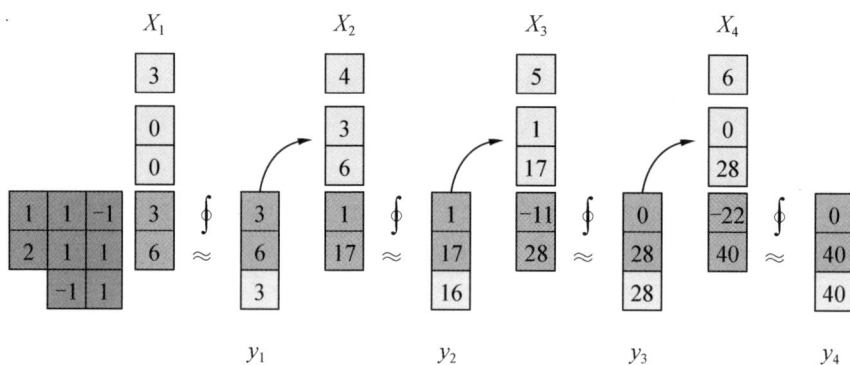

图 2-24　输出 y_4

2.3.2　RNN 的工作原理

在体验了极简 RNN 的工作流程后，我们从输入、输出、训练三个方面总结 RNN 的工作原理。

在输入方面，对于序列中的每个时间步，RNN 接收一个输入向量，这个向量可以是单词、图像或其他类型的数据。

更新隐藏状态：根据当前的输入和上一个时间步的隐藏状态来更新隐藏状态。这个过程通常使用一个非线性激活函数如 Tanh 或 ReLU。

在输出方面，RNN 可以选择性地在每个时间步生成一个输出向量，这个输出可以用于分类和翻译等任务。

例如，我们输入"What year is this year?"，那么 RNN 将首先处理"What"并产生

一个输出"o1"，继续处理"year"，RNN 则利用"year 以及上一层输出的 o1"来产生输出"o2"，重复这样的步骤，直到处理完所有单词，如图 2-25 所示。

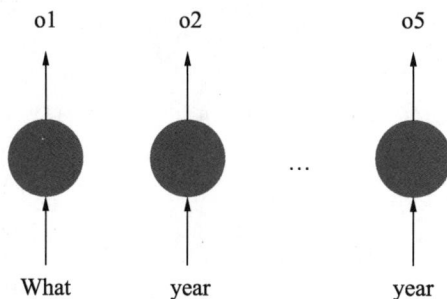

图 2-25　RNN 处理输入文本

最后，最终的隐藏层输出"o5"处理结果。

在训练方面，RNN 一般采用随时间反向传播算法（Backpropagation Through Time，BPTT）来计算梯度并更新网络的权重。

2.3.3　几种经典结构

根据输入和输出对应的不同应用场景，RNN 具有多种结构，如图 2-26 所示。

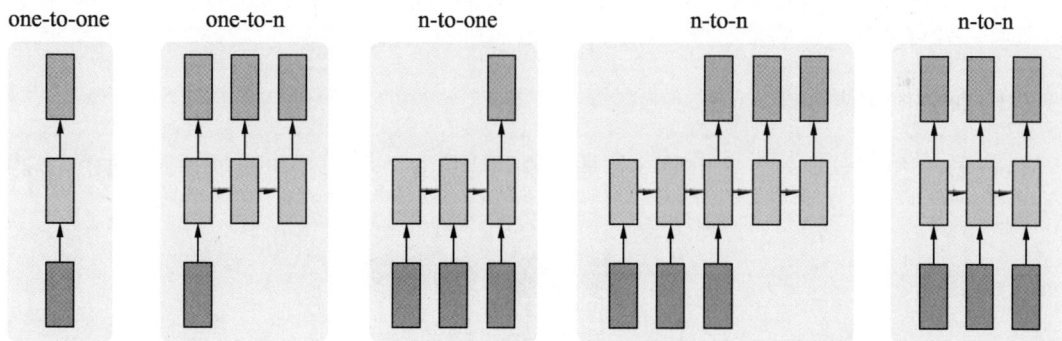

图 2-26　RNN 的多种结构

下面分别介绍 RNN 的不同结构。

1．one-to-one型

one-to-one 型是最基本的单层网络，输入为 x，经过变换 $wx+b$ 和激活函数得到输出 y，如图 2-27 所示。

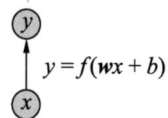

$y=f(wx+b)$

图 2-27　one-to-one 型

2．n-to-n型

n-to-n 型是经典的 RNN 结构，输入和输出为等长的序列数据，如图 2-28 所示。

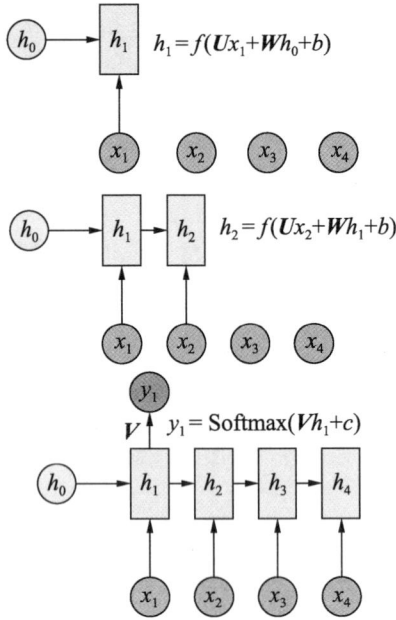

$$h_1 = f(\boldsymbol{U}x_1 + \boldsymbol{W}h_0 + b)$$

$$h_2 = f(\boldsymbol{U}x_2 + \boldsymbol{W}h_1 + b)$$

$$y_1 = \mathrm{Softmax}(\boldsymbol{V}h_1 + c)$$

图 2-28　n-to-n 型

向量 $\boldsymbol{x}_t$ 表示在时刻 t 时网络的输入，h_t 表示隐藏层状态，h_t 不仅和当前时刻的输入 $\boldsymbol{x}_t$ 相关，也和上一个时刻的隐藏层状态 h_{t-1} 相关。每一步所使用的参数 $\boldsymbol{U}$、$\boldsymbol{W}$、b 都是一样的，参数在每个时间点上共享。这种结构多用于输入值较多的情况，如时间序列问题和自然语言处理问题。

3．one-to-n型

one-to-n 型即单输入多输出型，其是把输入信息 $\boldsymbol{X}$ 作为每个阶段的输入，如图 2-29 所示。

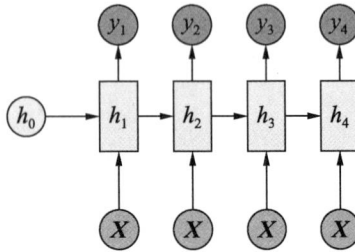

图 2-29　one-to-n 型

one-to-n 型适用于图像生成文字，如果要通过图像生成文字，那么此时的输入 $\boldsymbol{X}$ 就为图像的特征，输出 y 序列就是一段文字。

4．n-to-one型

n-to-one 型要处理的输入是一个序列，输出是一个单独的值而不是序列，只在最后

一个 **h** 上进行输出变换，如图 2-30 所示。

$$Y = \text{Softmax}(Vh_4+c)$$

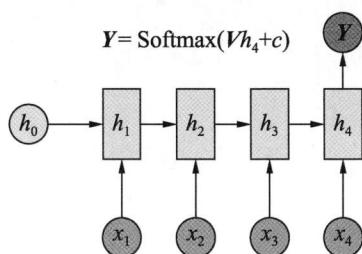

图 2-30　n-to-one 型

n-to-one 结构通常用来处理序列分类问题。如输入一段文字判别它所属的类别，输入一个句子判断其情感倾向，输入一段视频并判断它的类别等。

2.3.4　经典的 RNN 变体——LSTM

2.3 节中我们用很简单的例子手算体验了 RNN 流程，大致了解了 RNN 的工作原理，即 RNN 的链式结构，使模型能够有效捕捉文本中的时间序列依赖性，因此在文本生成和预测任务中表现出色。

虽然 RNN 在捕捉短期依赖关系方面表现出色，但是其在处理长期依赖时却常常力不从心，这是因为随着时间的推移，重要的信息可能会逐渐丢失。

为了解决这个问题，LSTM 网络应运而生。LSTM 通过精巧的设计，引入了门控机制，这使得它能够在长序列中保持信息的完整性，从而在理解和预测文本的长期模式方面取得了显著的进步（本节图像和公式引用自 Understanding LSTM Networks ——Colah's blog）。

接下来将从 Cell state、隐藏状态和门控机制这 3 点出发，深入了解 LSTM 是如何实现这一过程的。

- Cell state：LSTM 中的一种状态，和 RNN 中的隐藏状态类似。它在 LSTM 中扮演信息存储和传递的角色。Cell state 存储的是当前时刻 t 及其前面所有时刻的混合信息，也就是说，在 LSTM 中，信息的记忆与维护都会通过 Cell state。
- 隐藏状态：当前时刻的隐藏状态与 RNN 中的隐藏状态相同。LSTM 中的隐藏状态更多地关注当前时刻 t 的输出结果，其实就相当于当前时刻的 output（2.3.2 节中的 o1：output1）。
- 门控机制：LSTM 中用于克服传统 RNN 在处理长序列数据时遇到的梯度消失和梯度爆炸问题而提出的。

门控机制包含 3 个主要类型的门控单元：遗忘门（Forget Gate）、输入门（Input Gate）和输出门（Output Gate）。

下面我们按照信息在 LSTM 中的移动顺序来理解 LSTM，同时介绍这 3 个门控单元在 LSTM 中是如何发挥作用的。

1．遗忘门

遗忘门负责决定哪些信息应该从 Cell state 中被丢弃，如图 2-31 所示。此过程通过遗忘门计算原理实现，见式（2-19）。

$$f_t = \sigma\big(w_f\left[x_t, h_{t-1}\right] + b_f\big) \qquad\qquad （2-19）$$

🔔**注意**：式（2-19）中的权值 w_f 不是共享的，该公式的完整形式应为 $f_t = \sigma\big(w_{fx}x_t + w_{fh}h_{t-1} + b_f\big)$，$x_t$ 为当前时刻输入，h_{t-1} 为上一时刻隐藏层，σ 为 Sigmoid 函数，在下面的公式中，σ 与各门计算原理中的权值 w_i、w_c、w_o 均如此。

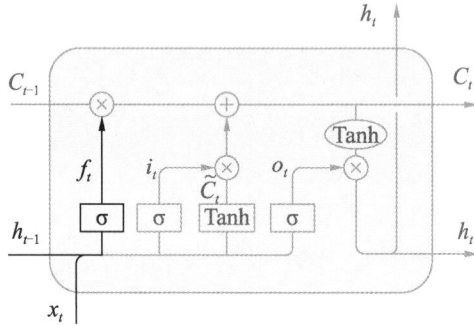

图 2-31　遗忘门

在遗忘门中，LSTM 先查看当前时间步的输入和前一个时间步的隐藏状态，然后通过一个 Sigmoid 函数输出一个 0～1 的数值，此数值表示每个单元的状态应该被保留还是遗忘。如果遗忘门的输出接近 1，那么对应的状态将被保留；如果接近 0，则该状态将被遗忘。数据经过遗忘门处理后进入输入门。

2．输入门

输入门由两部分组成：一个 Sigmoid 层和一个 Tanh 层，如图 2-32 所示。Sigmoid 层决定哪些值将被更新，而 Tanh 层创建一个新的候选值向量 $\tilde{C}_t$，这些值将被加入 Cell state 中。输入门控制着新信息的写入，它决定哪些新的信息是重要的，应该被存储到 Cell state 中。

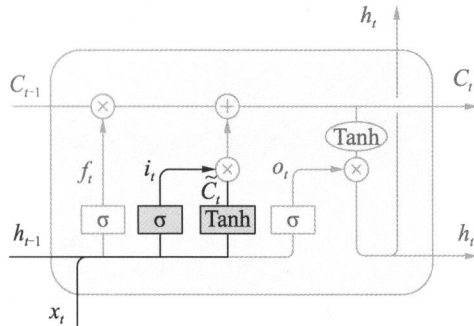

图 2-32　输入门

Sigmoid 层计算原理见式（2-20）。

$$i_t = \sigma\left(w_i\left[x_t, h_{t-1}\right] + b_i\right) \tag{2-20}$$

Tanh 层计算原理见式（2-21）。

$$\tilde{C}_t = \text{Tanh}\left(w_C\left[x_t, h_{t-1}\right] + b_C\right) \tag{2-21}$$

3．更新Cell state

数据经过遗忘门和输入门处理之后，进入 Cell state 中参与 C_{t-1} 的更新，如图 2-33 所示。即 C_{t-1} 更新为 C_t，此过程的实现方法见式（2-22）。

$$C_t = f_t \times C_{t-1} + i_t \times \tilde{C}_t \tag{2-22}$$

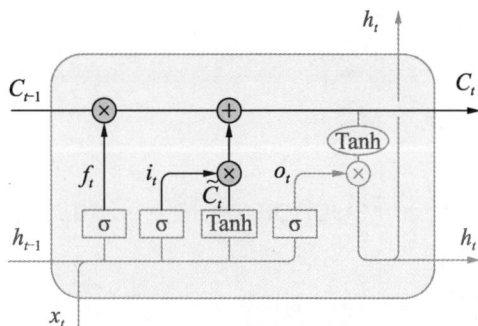

图 2-33　Cell state 流程

4．输出门

上一步完成了当前时刻 t 的信息更新并得到了 C_t，在 LSTM 中，单个块的输出是 h_t，LSTM 每一时刻输出的基础是 C_t，C_t 经过激活函数处理，再联合输出门 o_t 控制信息流出，如图 2-34 所示。其中，o_t 和 h_t 的计算过程为：

$$o_t = \sigma\left(w_o\left[x_t, h_{t-1}\right] + b_o\right) \tag{2-23}$$

$$h_t = o_t \times \text{Tanh}\left(C_t\right) \tag{2-24}$$

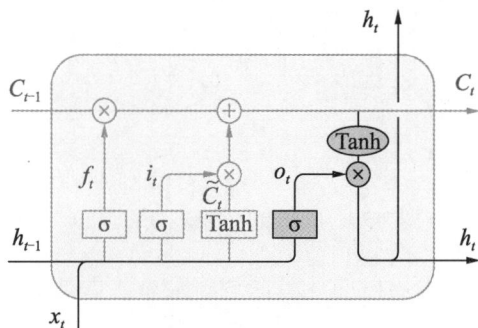

图 2-34　输出门

了解了 LSTM 的全过程，我们再来看经典的 LSTM 网络结构，如图 2-35 所示，其中的结构一目了然。

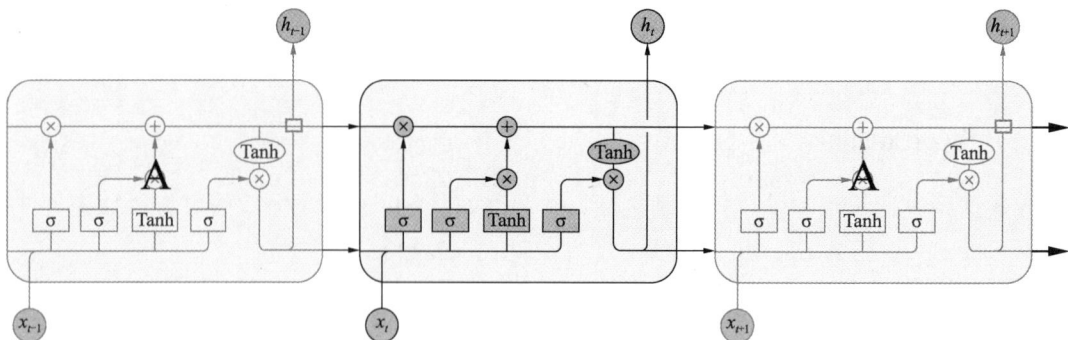

图 2-35　LSTM 网络架构

至此，LSTM 的基本概念介绍完毕。

2.3.5　LSTM 的变体——Peephole 连接、Coupled 和 GRU

到目前为止我们都在介绍正常的 LSTM。是否所有的 LSTM 都是一样的呢？实际上，几乎所有包含 LSTM 的论文都采用了微小的变体，这些变体之间的差异较小却特点鲜明，下面进行简要介绍。

1．Peephole连接

Peephole 连接简单理解就是将每个门层都接收一次 Cell state 的输入，如图 2-36 所示。

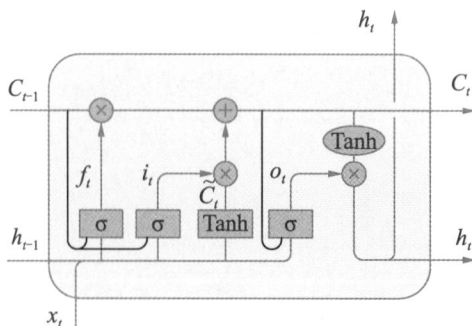

图 2-36　Peephole 连接（所有门）

因此遗忘门、输入门和输出门的计算原理将会发生改变，见式（2-25）～式（2-27）。
遗忘层：

$$f_t = \sigma\left(\boldsymbol{w}_f\left[x_t, h_{t-1}, C_{t-1}\right] + b_f\right) \tag{2-25}$$

输入层：

$$i_t = \sigma\left(\mathbf{w}_i\left[x_t, h_{t-1}, C_{t-1}\right] + b_i\right) \tag{2-26}$$

输出层：

$$o_t = \sigma\left(\mathbf{w}_f\left[x_t, h_{t-1}, C_{t-1}\right] + b_f\right) \tag{2-27}$$

2．Coupled

Coupled（耦合）实际上就是在遗忘门和输入门之间加了一步：将遗忘门和输入门合并为一个统一的门控机制，如图 2-37 所示。计算过程见式（2-28）。

$$C_t = f_t \times C_{t-1} + \left(1 - f_t\right) \times \tilde{C}_t \tag{2-28}$$

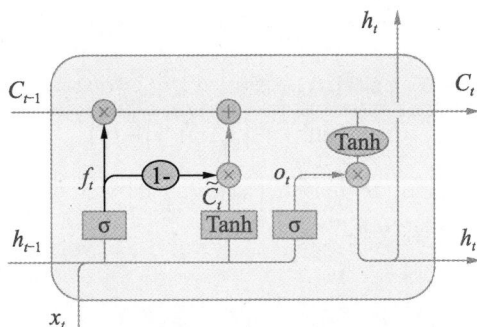

图 2-37　Coupled（遗忘门和输入门）

3．GRU

GRU 将忘记门和输入门合成了一个单一的更新门，同样还混合了 Cell state 和隐藏状态，和其他一些改动。最终的模型比标准的 LSTM 模型要简单，这也是非常流行的变体，如图 2-38 所示。

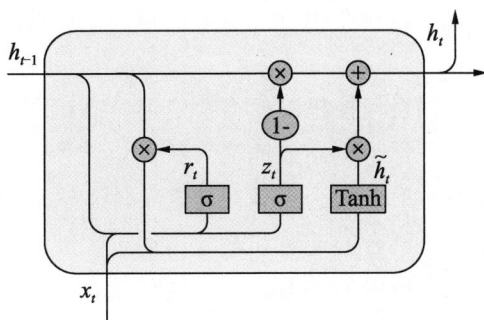

图 2-38　GRU 流程

4．更新门

更新门的输出见式（2-29）。

$$z_t = \sigma\left(\mathbf{w}_z\left[x_t, h_{t-1}\right] + b_i\right) \tag{2-29}$$

这里，z_t 是更新门的输出，w_z 是更新门的权重矩阵，$[h_{t-1}, x_t]$ 表示将上一时间步的隐藏状态 h_{t-1} 和当前时间步的输入 x_t 连接成一个更长的向量，b_z 是更新门的偏置项，σ 是 Sigmoid 激活函数。

5．重置门

重置门的输出见式（2-30）。

$$r_t = \sigma\left(w_r\left[x_t, h_{t-1}\right] + b_r\right) \tag{2-30}$$

这里，r_t 是重置门的输出，w_r 是重置门的权重矩阵，b_r 是重置门的偏置项。

6．候选隐藏状态

隐藏状态的计算过程见式（2-31）。

$$\tilde{h}_t = \text{Tanh}\left(w_i\left[x_t, r_t h_{t-1}\right] + b_i\right) \tag{2-31}$$

这里，$\tilde{h}_t$ 是候选隐藏状态，W 是候选隐藏状态的权重矩阵，b 是候选隐藏状态的偏置项，Tanh 是双曲正切激活函数。

7．最终隐藏状态

最终的隐藏状态计算过程见式（2-32）。

$$h_t = \left(1 - z_t\right) \cdot \tilde{h}_t + z_t \cdot h_{t-1} \tag{2-32}$$

这里，h_t 是最终的隐藏状态，$1-z_t$ 和 z_t 分别控制着候选隐藏状态和上一时间步隐藏状态在最终隐藏状态中的比重。

这种设计的主要意义和特点如下：

❑ 简化模型结构：耦合的遗忘和输入门通过减少独立的门控数量来简化 LSTM 模型的结构。在传统的 LSTM 中，遗忘门和输入门是分开的，各自独立决定要忘记的信息和要添加的新信息。而在耦合变体中，这两个门被合并，使得模型结构更为简洁。

❑ 提高信息更新效率：耦合门控机制使得决定何时忘记和输入新信息的过程是耦合的，这样可以在特定条件下更高效地输入新值。这种设计可以减少计算量，同时可以提高信息更新的效率，因为它只在特定条件下输入新值。

❑ 增强模型的学习能力：耦合的遗忘和输入门通过一起做出忘记和输入新信息的决定，增强了模型对长期依赖的学习能力。这种耦合机制允许模型在处理信息时更加灵活，能够更好地捕捉和利用时间序列数据中的长期依赖关系。

❑ 减少模型参数：由于耦合门控机制减少了独立的门控数量，这可能意味着模型参数的减少，从而在一定程度上降低了模型的复杂度和过拟合的风险。

综上所述，LSTM 的耦合变体通过简化模型结构，提高信息更新效率，提升了模型的性能和学习能力，尤其是处理时间序列数据时对长期依赖关系的捕捉能力。

2.3.6 简单的 RNN 代码示例

前面讲述了 RNN 的基本原理和经典变体。下面使用 PyTorch 实现一个简单的 RNN 程序, 用于预测正弦函数的下一个值, 接下来详细介绍实现过程。

1. 导入必要的库

下面这些代码表示导入必要的库:

```
1. import torch                          # troch 用于构建和训练神经网络
2. import torch.nn as nn                 # torch.nn 是 PyTorch 的神经网络模块
3. import numpy as np                    # NumPy 用于数据处理
4. import matplotlib.pyplot as plt       # matplotlib.pyplot 用于绘图
```

2. 定义RNN模型

定义一个名为 SimpleRNN 的类, 它继承自 nn.Module, 这是所有 PyTorch 模型的基类。

```
5. # 定义 RNN 模型
6. class SimpleRNN(nn.Module):
```

此处的 __init__ 是类的初始化方法, 用于初始化模型的隐藏层大小、RNN 层和全连接层。nn.RNN 是简单的循环神经网络层, batch_first=True 表示输入、输出张量的第一个维度是批次大小。nn.Linear 是一个全连接层, 用于将 RNN 的输出转换为最终的输出大小。

```
7.    def __init__(self, input_size, hidden_size, output_size):
8.        super(SimpleRNN, self).__init__()
9.        self.hidden_size = hidden_size
10.       self.rnn = nn.RNN(input_size, hidden_size, batch_first=True)
11.       self.fc - nn.Linear(hidden_size, output_size)
```

forward 方法定义了模型的前向传播过程。它接收输入 x 和隐藏状态 hidden, 通过 RNN 层和全连接层, 返回输出 out 和新隐藏状态 hidden。

```
12.   def forward(self, x, hidden):
13.       out, hidden = self.rnn(x, hidden)
14.       out = self.fc(out)
15.       return out, hidden
```

init_hidden 方法用于初始化隐藏状态。它返回一个全 0 的张量, 其形状为(1, batch_size, hidden_size)。

```
16.   def init_hidden(self, batch_size):
17.       return torch.zeros(1, batch_size, self.hidden_size)
```

3. 参数设置创建模型实例

下面这些行设置了模型和训练的参数。其中, input_size 是输入特征的数量, hidden_size 是隐藏层的大小, output_size 是输出特征的数量, learning_rate 是学习率, num_epochs 是训练的轮数, sequence_length 是序列的长度。

```
18.  # 参数设置
19.  input_size = 1
20.  hidden_size = 32
21.  output_size = 1
22.  learning_rate = 0.01
23.  num_epochs = 100
24.  sequence_length = 20
```

创建 SimpleRNN 模型实例并定义均方误差损失函数 nn.MSELoss()和 Adam 优化器。

```
25.  # 创建模型实例
26.  model = SimpleRNN(input_size, hidden_size, output_size)
27.  criterion = nn.MSELoss()
28.  optimizer = torch.optim.Adam(model.parameters(), lr=learning_rate)
```

4. 生成数据

完成模型实例创建后，生成用于训练模型的数据，这里生成的数据为 0～100，步长为 0.1 的时间数组，同时使用正弦波函数。

```
29.  # 生成数据
30.  time = np.arange(0, 100, 0.1)
31.  data = np.sin(time)                          # 使用正弦波作为数据
```

定义一个函数 create_inout_sequences，用于接收输入数据和时间窗口 tw，该函数返回一个序列列表，每个序列包含输入序列和对应的标签。

```
32.  # 数据预处理
33.  def create_inout_sequences(input_data, tw):
34.      inout_seq = []
35.      L = len(input_data)
36.      for i in range(L-tw):
37.          train_seq = input_data[i:i+tw]
38.          train_label = input_data[i+tw:i+tw+1]
39.          inout_seq.append((train_seq ,train_label))
40.      return inout_seq
```

5. 数据预处理

将数据转换为 torch.FloatTensor 并重塑，然后使用 create_inout_sequences 函数创建输入输出序列。

```
41.  plaintext41. train_data = torch.FloatTensor(data).view(-1)
42.  inout_seq = create_inout_sequences(train_data, sequence_length)
```

6. 训练模型

训练模型，对于每个训练轮次，遍历所有的输入、输出序列，执行前向传播、计算损失、反向传播和优化器步骤。

```
43.  # 训练模型
44.  for i in range(num_epochs):
45.      for seq, labels in inout_seq:
46.          optimizer.zero_grad()
47.          hidden = model.init_hidden(1)
48.          y_pred, _ = model(seq.view(1, -1, 1), hidden)
49.          # 确保输出和标签的形状匹配
50.          loss = criterion(y_pred[0, -1, :], labels)
```

```
51.        loss.backward()
52.        optimizer.step()
```

每 10 个训练轮次打印一次损失值。

```
53.    if i % 10 == 0:
54.        print(f'Epoch {i} Loss: {loss.item()}')
```

7. 预测

设置预测的未来点数并获取用于预测的输入数据。

```
55. # 预测
56. fut_pred = 100                        # 预测未来100个点
57. test_inputs = data[-sequence_length:].tolist()
```

设置模型为评估模式并进行预测，将预测结果添加到 test_inputs 列表中。

```
58. model.eval()
59. for i in range(fut_pred):
60. seq = torch.FloatTensor(test_inputs[-sequence_length:])
61. with torch.no_grad():
62. hidden = model.init_hidden(1)
63. y_pred, _ = model(seq.view(1, -1, 1), hidden)
64. test_inputs.append(y_pred[0, -1, :].item())  # 只取最后一个时间步的输出
```

8. 绘制结果

将实际数据和预测数据转换为列表，绘制实际数据和预测数据的图表并显示出来，结果如图 2-39 所示。

```
65. # 绘制结果
66. actual = data.tolist()
67. predicted = test_inputs[sequence_length:]
68. plt.figure(figsize=(14,5))
69. plt.title('Sine Wave Prediction')
70. plt.plot(range(len(actual)), actual, label='Actual Data')
71. plt.plot(range(len(actual), len(actual)+len(predicted)), predicted,
    label='Predicted Data')
72. plt.legend()
73. plt.show()
```

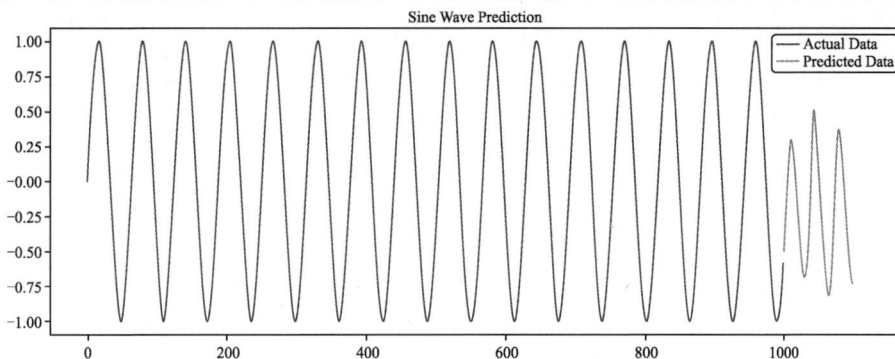

图 2-39　预测结果

预测结果不是很理想，原因是这个神经网络比较简单，但作为示例，其能够清晰展现 RNN 的基本框架并给出可视化内容，已经能够满足要求。

第 2 篇
Transformer 架构基础

第 3 章　编解码架构概述

编解码架构（Encoder-Decoder Architecture）是一种常用于处理序列到序列任务的深度学习模型结构。这种架构特别适合需要将输入序列转换成输出序列的场景，如机器翻译、文本摘要、语音识别等。

编解码架构主要由两部分组成：

❏ 编码器（Encoder）：负责读取输入序列并将其转换成一个固定大小的内部表示，通常称为上下文向量（Context Vector）。该向量捕获了输入数据的主要特征和语义信息。

❏ 解码器（Decoder）：使用编码器生成的上下文向量来生成输出序列。在训练阶段，解码器的目标是生成与目标序列尽可能相似的输出；在推理阶段，解码器生成新的序列。

接下来介绍几种不同的编解码架构，逐步学习 Auto encoder（AE）、VAE、GAN 和 Transformer 的相关知识。

3.1　数据处理的高效邮递员——Auto encoder

在深入探讨自编码器（Auto encoder，AE）的原理与应用之前，我们不妨先思考一下数据处理的核心目标：如何高效地提取数据中的关键信息并且尽可能减少冗余和噪声。在当今数据爆炸的时代，这一问题显得尤为重要。

自编码器作为一种强大的无监督学习模型，提供了一种独特的解决方案。它通过学习数据的压缩表示，不仅能够实现高效的特征提取，还能在需要时恢复原始数据的结构。这种能力使得自编码器在数据降维、特征学习、异常检测等多个领域展现出了巨大的潜力。接下来，我们将详细剖析自编码器的内部机制，探索其如何实现数据的高效编码与解码，并通过实际代码示例展示其在数据处理中的强大能力。

3.1.1　基本原理

Auto encoder 是一个由编码器和解码器组成的对称的神经网络结构，如图 3-1 所示。

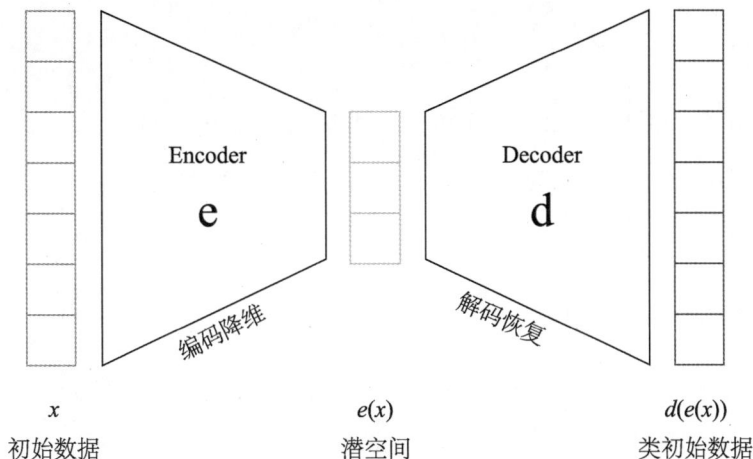

图 3-1 Auto encoder 概念示意

Auto encoder 实际上跟普通的神经网络没有本质区别，也分为输入层、隐藏层和输出层，唯一比较特殊的是输入层的输入 feature 的数量（也就是神经元的数量）要等于输出层，保证输入和输出相等。

Auto encoder 可以被比喻为一个高效的邮递员：

□ 编码器：邮递员在接收到一个包裹（输入数据）后，会检查包裹的内容并将其压缩成一个小包裹（降维），只保留最重要的物品（特征向量），以便于运输。这个过程就是邮递员将包裹中的物品精简到最必要的部分。

□ 中间层（Bottleneck 或 latent space）：这个小包裹代表原始包裹的精华（特征向量），它包含所有必须送达的重要物品。邮递员需要确保这些物品能够安全地通过狭窄的通道（瓶颈、潜空间）。

□ 解码器：当邮递员到达目的地后，他会将这个小包裹（压缩的数据）重新展开，恢复成原来的包裹（输入数据），尽量保持原样。这个过程就是邮递员将压缩后的物品重新整理，恢复成客户最初寄送的包裹。

在这个比喻中，邮递员的目标是尽可能地减少包裹的体积，同时确保包裹中最重要的物品能够安全送达，并且在目的地能够恢复原状。自编码器的训练过程也是类似的，它学习如何有效地压缩数据，同时确保能够准确地重建原始数据。

3.1.2 算法描述

下面从输入到输出详细介绍 AE 的算法流程。

1. 输入

准备训练数据集，确定编码维度 encoding_dim 和输入特征维度 input_dim。

2．初始化

（1）初始化编码器权重矩阵 weights_enc 和偏置向量 bias_enc，可以使用随机初始化或特定的初始化方法。

（2）初始化解码器权重矩阵 weights_dec 和偏置向量 bias_dec，同样使用随机初始化或特定的初始化方法。

3．前向传播和损失计算

（1）定义编码器函数 return 1 / (1 + np.exp(-x)> z，其中，x 是输入数据，z 是编码后的低维表示。

（2）定义解码器函数 return x · (1 - x)> x_recon，其中，z 是编码表示，x_recon 是重构的输入数据。

（3）定义损失函数 loss(x, x_recon)，通常使用均方误差（MSE）或其他相似度度量方式。

4．训练过程

在每一轮迭代中遍历所有数据，通过反向传播算法来更新权重和偏置，具体见下面的代码。

```
for epoch = 1 to max_epochs do
    for each batch in D do
        # 进行前向传播
        z = f_encoder(batch, W_enc, b_enc)
        # 计算重构数据
        x_recon = f_decoder(z, W_dec, b_dec)
        # 计算损失
        l = loss(batch, x_recon)
        # 使用反向传播算法计算梯度
        grads = backpropagate(l, W_enc, W_dec)
        # 更新权重和偏置
        W_enc, b_enc, W_dec, b_dec = update_params(W_enc, b_enc, W_dec,
b_dec, grads, lr)
    end for
end for
```

5．参数更新

定义参数更新函数 update_params(W_enc, b_enc, W_dec, b_dec, grads, lr)，根据梯度和学习率更新参数。

6．输出

返回训练好的编码器和解码器权重矩阵 W_enc 和 W_dec，以及偏置向量 b_enc 和 b_dec。

3.1.3　代码示例

下面用简单的 AE 代码示例来演示数据经过编码和解码后的变化过程，具体为输入一组连接成椭圆形的不连续坐标点，观察重构后的输出。

1. 定义神经网络

设置神经网络相关的变量如下：

❑ Input：为了处理二维平面的数据点，将输入特征的维度设置为 2。同时为了方便，将编解码的维度都设置为 1。

❑ weights_enc：编码器权重。这是一个二维数组，其形状为 (input_dim, hidden_dim)。权重矩阵用于将输入数据从输入维度 input_dim 转换到隐藏层维度 hidden_dim。在初始化时，通常使用从标准正态分布中随机采样的值填充这个矩阵。

❑ bias_enc：编码器偏置。这是一个一维数组，其形状为 (1, hidden_dim)。偏置项用于为编码器的输出添加一个常数，提供额外的灵活性，使网络能够更好地拟合数据。

❑ weights_dec：解码器权重。这是一个二维数组，其形状为 (hidden_dim, input_dim)。解码器权重矩阵负责将隐藏层的潜在表示映射回原始数据空间。与编码器权重类似，这些权重通常也是通过从标准正态分布中随机采样来初始化的。

❑ bias_dec：解码器偏置。这是一个一维数组，其形状为 (1, input_dim)。解码器的偏置项为重构的数据添加一个常数，帮助模型更准确地重建原始输入。

```
1    import numpy as np                                        # 导入 NumPy 库

     # 设置随机种子以获得可重现的结果
2    np.random.seed(42)                                        # 设置随机种子为 42
3    input_dim = 2                                             # 输入特征的维度
4    encoding_dim = 1                                          # 编码的维度
5    weights_enc = np.random.randn(input_dim, encoding_dim)    # 编码器权重
6    bias_enc = np.random.randn(encoding_dim)                  # 编码器偏置
7    weights_dec = np.random.randn(encoding_dim, input_dim)    # 解码器权重
8    bias_dec = np.random.randn(input_dim)                     # 解码器偏置
```

2. 激活函数与导数

定义 Sigmoid 激活函数及其导数，在反向传播中需要激活函数的导数来计算梯度。

```
9    def sigmoid(x):
10       return 1 / (1 + np.exp(-x))

11   def sigmoid_derivative(x):
12       return x * (1 - x)
```

3．损失函数

这里使用的是均方误差（Mean Squared Error, MSE）作为损失函数，计算预测值和真实值之间的差异平方的平均值。

```
13 def loss_function(y_true, y_pred):
14     return np.mean((y_true - y_pred) ** 2)
```

定义编码器和解码器，接收数据 x 和 z，分别将它们通过线性变换和 Sigmoid 函数进行转换和重构。

```
15 def loss_function(y_true, y_pred):
16     return np.mean((y_true - y_pred) ** 2)
17     return sigmoid(np.dot(x, weights_enc) + bias_enc)

18 def decode(z):
19     return sigmoid(np.dot(z, weights_dec) + bias_dec)
```

4．生成训练集并训练

❑ 第 20 行，generate_circle 函数用于生成椭圆形分布的数据点，作为模型的训练数据。

❑ 第 27 行，train 函数包含模型的训练循环，其中包括前向传播、损失计算、反向传播和参数更新。首先生成训练数据集，然后调用 train 函数训练模型。

❑ 第 28～33 行，使用训练好的模型对一个测试点进行编码和解码，以观察模型的性能。

```
    # 生成圆形数据集
20 def generate_circle(n_points):
21     X = np.zeros((n_points, 2))
22     angles = np.linspace(0, 2 * np.pi, n_points)
23     X[:, 0] = np.cos(angles)
24     X[:, 1] = np.sin(angles)
25     return X

    # 生成训练数据集
26 X_train = generate_circle(100)

    # 训练模型
27 train(X_train)

    # 测试模型
28 test_point = np.array([[0.1, 0.1]])          # 一个不在椭圆上的测试点
29 encoded = encode(test_point)
30 decoded = decode(encoded)
31 print("Original point:", test_point)
32 print("Encoded:", encoded)
33 print("Decoded point:", decoded)
```

5．训练结果展示

数据重构结果仍然为一个椭圆，如图 3-2 所示，表示在传输过程中数据未发生损失或损失不大。

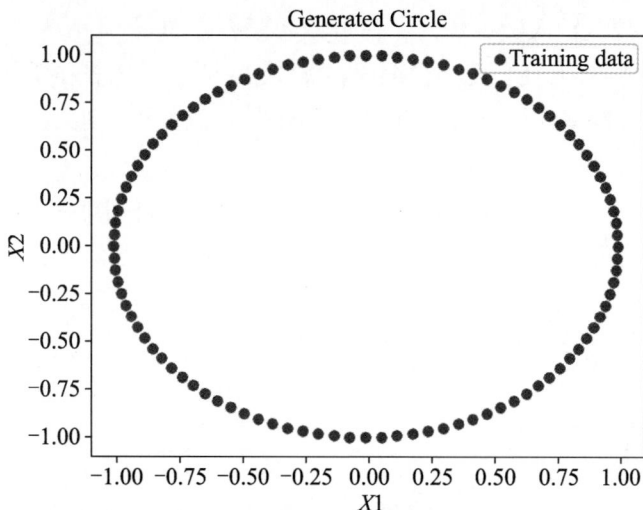

图 3-2　训练结果

自编码器是一种灵活的模型，能够适应各种数据类型和任务。通过适当的设计和训练，自编码器能够学习到数据的丰富特征表示，并在多种应用中发挥作用。

3.2　温故而知新——VAE

变分自编码器（Variational Autoencoder，VAE）是自编码器的变种，它结合了深度学习与概率图模型的概念。VAE 不仅能够学习数据的压缩表示，还能够生成新的数据样本。

3.2.1　基本原理

Auto encoder 可以还原训练过的数据，但是对于新数据的生成能力不足。为了提升 AE 对新数据的生成能力，研究者们基于 AE 提出了 VAE。

VAE 的工作流程如下：

❑ 编码器：接收数据，如图像或者文本，然后通过一系列隐藏层（通常是全连接层、卷积层或者循环层）提取特征向量，最终隐藏层输出潜空间的参数，这些参数通常是均值 μ 和标准差 σ（或对数方差 $\log(\sigma^2)$），这些参数定义了潜在空间中的正态分布。

❑ 中间层：利用编码器隐藏层输出的参数 μ 和 σ，生成潜空间的正态分布 $N(\mu, \sigma^2)$。同时，为了使模型可微，使用重参数化技巧。首先从标准正态分布 $N(0, I)$ 中采样噪声 ϵ，然后计算 $z = \mu + \sigma \cdot \epsilon$。这一步是可微的，允许梯度信息通过网络流动。

❑ 解码器：从隐藏层生成的正态分布中采样得到潜在变量 z，解码器接收到 z，并通过一系列的隐藏层重建原始数据的特征。接下来解码器的输出层生成重构数据 x 这通常是输入数据的一个估值或者概率分布。

相比传统的自编码器 AE，变分自编码器（VAE）的主要优势在于其能够生成新的数据样本，并提供数据概率建模框架，确保潜空间的连续性和正则化，允许在潜空间中进行插值和生成具有语义连续性的结果。

VAE 的无监督学习功能使其在缺少标记数据的场景下特别有用，同时，其架构的灵活性和稳定性更适用于多种类型的数据和任务，包括数据增强、异常检测和迁移学习。虽然 VAE 生成的样本可能在质量上存在一定的模糊性，但是其作为一种强大的生成模型，在机器学习和人工智能领域具有广泛的应用潜力。

3.2.2　算法描述

下面从输入到输出，详细介绍 VAE 的算法流程。

1．输入

生成训练数据集，潜空间维度 latent_dim，数据的特征数量 input_dim，学习率 lr，隐藏层节点数量 hidden_dim，迭代训练次数 epochs。

2．初始化

（1）初始化编码器参数（权重矩阵和偏置）。
（2）初始化解码器参数（权重矩阵和偏置）。

3．定义函数

（1）encoder(x)：定义编码器网络，输入 x，输出潜空间的参数 z_mean 和 z_log_var。
（2）reparameterization(z_mean, z_log_var)：实现重参数化技巧，即通过对随机输出潜在变量 z。
（3）decoder(z)：定义解码器网络，输入潜在变量 z，输出重构的数据 x_recon。
（4）binary_cross_entropy(y_true, y_pred)：定义二元交叉熵损失函数。
（5）kl_divergence(z_mean, z_log_var)：定义 Kullback-Leibler (KL)散度损失。

4．训练过程

训练过程如下：

```
for epoch = 1 to max_epochs do
    for each batch in D do
        # 调用编码器生成潜空间的参数
        z_mean, z_log_var = encoder(batch)
        # 使用重参数化技巧生成潜在变量
        z = reparameterization(z_mean, z_log_var)
        # 调用解码器生成重构的数据
        x_recon = decoder(z)
```

```
        # 计算重构损失
        recon_loss = binary_cross_entropy(batch, x_recon)
        # 计算 KL 散度损失
        kl_loss = kl_divergence(z_mean, z_log_var)
        # 计算总损失
        loss = recon_loss + kl_loss
        # 执行反向传播算法计算梯度
        grads = backpropagate(loss)
        # 使用梯度下降更新编码器和解码器的参数
        update_parameters(encoder, decoder, grads, lr)
    end for
end for
```

5. 输出

返回训练好的编码器和解码器参数。

3.2.3 代码示例

下面用简单的 GAN 代码示例来演示如何使用 PyTorch 框架，例子将使用 MNIST 数据集作为输入，并且能够可视化输入图像和判别为真的图像，具体步骤如下：

1. 导入必要的库

导入必要的库：

```
1 import torch                        # PyTorch 的核心库用于构建深度学习模型
2 import torch.nn as nn
3 import torch.optim as optim         # 包含各种优化算法
4 from torchvision import datasets, transforms # 用于加载数据集和数据预处理
5 from torchvision.utils import make_grid, save_image # 提供了图像处理工具
6 import matplotlib.pyplot as plt # 用于绘图
```

2. 超参数设置

定义超参数，批次为 64，图像尺寸为 28，潜空间维度为 100，训练轮数为 200，学习率为 0.0002，并且测试有无可用的 GPU。

```
7 batch_size = 64
8 image_size = 28
9 latent_dim = 100
10 epochs = 200
11 learning_rate = 0.0002
12 device = torch.device("cuda" if torch.cuda.is_available() else "cpu")
```

3. 数据加载

使用 torchvision.datasets.MNIST 加载 MNIST 数据集，并对其进行标准化处理。创建数据加载器 train_loader，用于在训练过程中迭代数据集。

```
13 transform = transforms.Compose([transforms.ToTensor(),
   transforms.Norm alize((0.5,), (0.5,))])
14 train_dataset = datasets.MNIST(root='./data', train=True,
```

```
     transform=transform, download=True)
15  train_loader = torch.utils.data.DataLoader(dataset=train_dataset,
     batch_size=batch_size, shuffle=True)
```

4．定义生成器

__init__ 方法中定义了生成器的网络结构，包括两个全连接层和激活函数。forward 方法定义了前向传播过程，最终输出形状为(batch_size, 1, 28, 28)的图像。

```
16  class Generator(nn.Module):
17    def __init__(self):
18        super(Generator, self).__init__()
19        self.main = nn.Sequential(nn.Linear(latent_dim, 256), nn.Leaky
          ReLU(0.2), nn.Linear(256, image_size * image_size), nn.Tanh())
20    def forward(self, x):
21        return self.main(x).view(-1, 1, image_size, image_size)
```

5．定义判别器

__init__ 方法中定义了判别器的网络结构，包括两个全连接层、激活函数和 Dropout 层。forward 方法定义了前向传播过程，最终输出为(batch_size, 1)的概率值。

```
22  class Discriminator(nn.Module):
23    def __init__(self):
24        super(Discriminator, self).__init__()
25        self.main = nn.Sequential(nn.Linear(image_size * image_size,
          256), nn.LeakyReLU(0.2), nn.Dropout(0.3), nn.Linear(256, 1),
          nn.Sigmoid())
26    def forward(self, x):
27        return self.main(x.view(-1, image_size * image_size))
```

6．初始化模型

在选定的设备上实例化生成器和判别器。

```
28  generator = Generator().to(device)
29  discriminator = Discriminator().to(device)
```

7．损失函数和优化器

定义二元交叉熵损失函数，用于计算预测输出与真实标签之间的误差，在 GAN 中，此损失函数常用于评估判别器（discriminator）的表现，即判断输入数据是来自训练集的真实数据还是由生成器（generator）产生的假数据。

初始化 Adam 优化器，专门用于更新生成器的参数。

```
30  criterion = nn.BCELoss()
31  optimizer_g = optim.Adam(generator.parameters(), lr=learning_rate)
32  optimizer_d = optim.Adam(discriminator.parameters(),
     lr=learning_rate)
```

8．训练过程

训练模型，外层循环针对每个训练轮次遍历每个训练周期。内层循环遍历每个批次的数据，判别器将输入的真实数据和生成器生成的假数据进行判别，最后进行输出。

```
33 for epoch in range(epochs):
34     for i, (images, _) in enumerate(train_loader):
35         # 获取当前批次的实际大小
36         current_batch_size = images.size(0)
37         # 真实图像和标签
38         real_images = images.to(device)
39         real_labels = torch.ones(current_batch_size, 1).to(device)
40         # 生成器产生的图像和标签
41         noise = torch.randn(current_batch_size, latent_dim).to(device)
42         fake_images = generator(noise)
43         fake_labels = torch.zeros(current_batch_size, 1).to(device)
44         # 训练判别器
45         optimizer_d.zero_grad()
46         outputs = discriminator(real_images)
47         d_loss_real = criterion(outputs, real_labels)
48         real_score = outputs
49         outputs = discriminator(fake_images.detach())
50         d_loss_fake = criterion(outputs, fake_labels)
51         fake_score = outputs
52         d_loss = d_loss_real + d_loss_fake
53         d_loss.backward()
54         optimizer_d.step()
55         # 训练生成器
56         optimizer_g.zero_grad()
57         outputs = discriminator(fake_images)
58         g_loss = criterion(outputs, real_labels)
59         g_loss.backward()
60         optimizer_g.step()
61     print(f'Epoch [{epoch+1}/{epochs}], d_loss: {d_loss.item():.4f},
       g_loss: {g_loss.item():.4f}, D(x): {real_score.mean().item():.4f},
       D(G(z)): {fake_score.mean().item():.4f}')
62     # 每个epoch保存生成的图像
63     if (epoch + 1) % 10 == 0:
64         with torch.no_grad():
65             noise = torch.randn(batch_size, latent_dim).to(device)
66             generated_images = generator(noise).detach().cpu()
67             save_image(generated_images, f'generated_{epoch+1}.png',
                 nrow=8, normalize=True)
```

9. 可视化最后一个训练轮次生成的图像

调用 visualize_reconstruction 函数展示最后一个训练轮次生成的图像。

```
68 def visualize_reconstruction(generator, train_loader):
69     with torch.no_grad():
70         noise = torch.randn(batch_size, latent_dim).to(device)
71         generated_images = generator(noise).detach().cpu()
72         img_grid = make_grid(generated_images, nrow=8, normalize=True)
73         plt.figure(figsize=(10, 10))
74         plt.imshow(img_grid.permute(1, 2, 0).numpy(), cmap='gray')
75         plt.axis('off')
76         plt.show()
77 # 调用可视化函数
78 visualize_reconstruction(generator, train_loader)
```

10．结果展示

结果如图 3-3 所示，可以看出，图像较为模糊，可能是训练轮次不足，但总体结果还不错，存在较多的清晰数字。

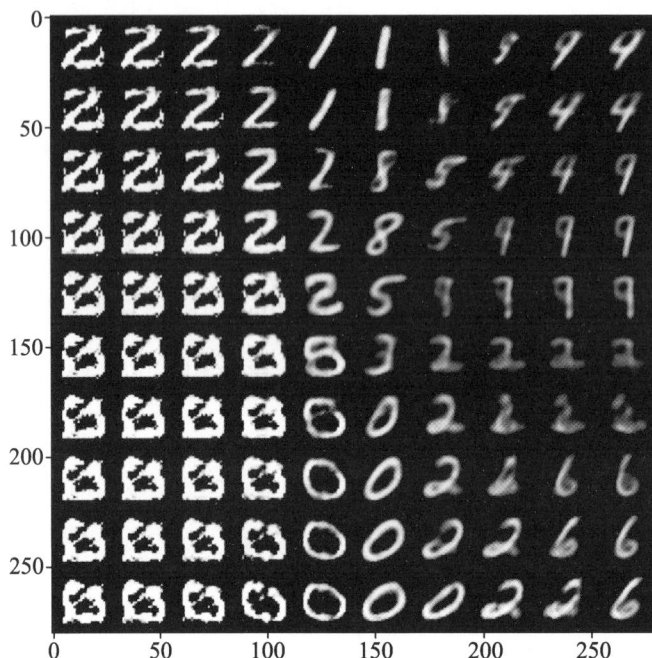

图 3-3　VAE 的训练结果

3.3　深度学习中的猫鼠游戏——GAN

生成对抗网络（Generative Adversarial Networks，GAN）是一种著名的基于编解码架构的深度学习模型，由 Ian Goodfellow 等在 2014 年提出。GAN 的核心思想是通过两个网络的对抗训练来生成新的、与真实数据相似的数据，如图 3-4 所示。

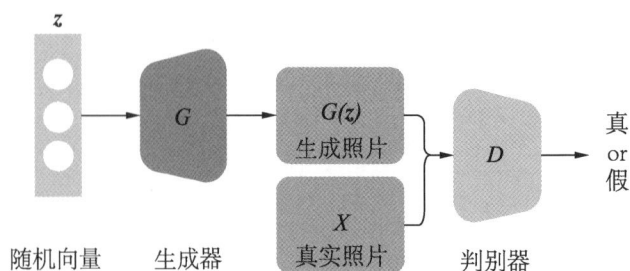

图 3-4　GAN 示意

3.3.1　基本原理

GAN 的工作流程主要分为以下两个部分。

❏ 生成器：生成器的主要任务是创造新的数据样本，这些样本在理论上应该与真实数据不可区分。首先通常从随机噪声开始，这些噪声是高斯分布或均匀分布的随机向量。然后采用不同类型的神经网络结构如全连接层、卷积层、反卷积层（Transposed Convolution Layer）等，逐步将低维的噪声向量转换成高维的数据样本。

❏ 判别器：判别器的作用是区分输入样本是来自生成器的假数据还是来自训练集的真实数据。首先通常采用神经网络结构，如卷积神经网络（CNN）来提取输入样本的特征并进行分类，然后判别其是真实的还是伪造的。

GAN 在图像生成、风格迁移、数据增强、超分辨率及各种计算机视觉和自然语言处理任务中都有广泛的应用。然而，GAN 的训练过程极具挑战性，需要仔细调整网络结构和训练策略以避免出现模式崩溃（生成器开始生成重复或质量下降的样本）等问题。

虽然 GAN 存在一些问题，但是由于其具备强大的生成能力和灵活性，仍然是深度学习领域的一个重要研究方向。随着研究的深入，GAN 及其变体在理论和应用方面将会取得显著进展。

3.3.2　算法描述

下面从输入到输出介绍 GAN 的算法流程。

1．输入

输入生成训练数据集、生成器和判别器的参数维度、迭代次数 epochs，学习率 lr。

2．初始化

（1）初始化生成器 G 的参数（权重矩阵和偏置）。

（2）初始化判别器 D 的参数（权重矩阵和偏置）。

3．定义函数

❏ generator(z)：定义生成器网络，输入噪声向量 z，输出生成的假数据。

❏ discriminator(x)：定义判别器网络，输入数据 x，输出数据为真的概率。

❏ binary_cross_entropy(y_true, y_pred)：定义二元交叉熵损失函数。

❏ update_parameters(parameters, grads, lr)：使用梯度下降法更新网络参数。

4. 训练过程

在每轮迭代中遍历所有数据，通过反向传播算法计算判别器的梯度。

```
for epoch = 1 to max_epochs do
    for each mini-batch in D do
        训练判别器 D
        从训练数据集中采样真实数据 batch_real
        生成与真实数据相同维度的噪声向量 z
        使用生成器 G 生成假数据 batch_fake
        计算判别器对真实数据的预测 D_real = discriminator(batch_real)
        计算判别器对假数据的预测 D_fake = discriminator(batch_fake)
        计算判别器在真实和假数据上的损失：
        d_loss = binary_cross_entropy([1] * batch_real.size, D_real) +
binary_cross_entropy([0] * batch_fake.size, D_fake)
        执行反向传播算法计算判别器的梯度 d_grads = backpropagate(d_loss, D)
        更新判别器的参数 D = update_parameters(D, d_grads, lr)
        # 训练生成器 G
        重新生成噪声向量 z
        使用生成器 G 生成新的假数据 batch_fake
        计算判别器对新生成的假数据的预测 D_fake_new = discriminator(batch_fake_new)
        计算生成器的损失：
        g_loss = binary_cross_entropy([1] * batch_fake_new.size,
D_fake_new)
        执行反向传播算法计算生成器的梯度 g_grads = backpropagate(g_loss, G)
        更新生成器的参数 G = update_parameters(G, g_grads, lr)
    end for
end for
```

5. 输出

输出训练好的生成器和判别器的参数。

3.3.3　代码示例

下面用简单的 GAN 代码示例进行演示，使用 PyTorch 框架，使用 MNIST 数据集作为输入，并且能够可视化输入图像和判别为真的图像，具体步骤如下：

1. 导入必要的库

导入必要的库如下：

```
1 import torch                      # PyTorch 的核心库，用于构建深度学习模型
2 import torch.nn as nn
3 import torch.optim as optim       # 包含各种优化算法
4 from torchvision import datasets, transforms # 用于加载数据集和数据预处理
5 from torchvision.utils import make_grid, save_image # 提供了图像处理工具
6 import matplotlib.pyplot as plt   # 用于绘图
```

2．超参数设置

定义超参数，批次为 64，图像尺寸为 28，潜空间维度为 100，训练轮数为 200，学习率为 0.0002，并且测试有无可用的 GPU。

```
7 batch_size = 64
8 image_size = 28
9 latent_dim = 100
10 epochs = 200
11 learning_rate = 0.0002
12 device = torch.device("cuda" if torch.cuda.is_available() else "cpu")
```

3．数据加载

使用 torchvision.datasets.MNIST 加载 MNIST 数据集并对其进行标准化处理。创建数据加载器 train_loader，用于在训练过程中迭代数据集。

```
13 transform = transforms.Compose([transforms.ToTensor(),
   transforms.Norm alize((0.5,), (0.5,))])
14 train_dataset = datasets.MNIST(root='./data', train=True,
   transform=transform, download=True)
15 train_loader = torch.utils.data.DataLoader(dataset=train_dataset,
   batch_size=batch_size, shuffle=True)
```

4．定义生成器

__init__ 方法中定义了生成器的网络结构，包括两个全连接层和激活函数。forward 方法定义了前向传播过程，最终输出形状为(batch_size, 1, 28, 28)的图像。

```
16 class Generator(nn.Module):
17     def __init__(self):
18         super(Generator, self).__init__()
19         self.main = nn.Sequential(nn.Linear(latent_dim, 256), nn.Leaky
           ReLU(0.2), nn.Linear(256, image_size * image_size), nn.Tanh())
20     def forward(self, x):
21         return self.main(x).view(-1, 1, image_size, image_size)
```

5．定义判别器

__init__ 方法中定义了判别器的网络结构，包括两个全连接层、激活函数和 Dropout 层。forward 方法定义了前向传播过程，最终输出形状为(batch_size, 1)的概率值。

```
22 class Discriminator(nn.Module):
23     def __init__(self):
24         super(Discriminator, self).__init__()
25         self.main = nn.Sequential(nn.Linear(image_size * image_size,
           256), nn.LeakyReLU(0.2), nn.Dropout(0.3), nn.Linear(256, 1),
           nn.Sigmoid())
26     def forward(self, x):
27         return self.main(x.view(-1, image_size * image_size))
```

6．初始化模型

在选定的设备上实例化生成器和判别器。

```
28 generator = Generator().to(device)
29 discriminator = Discriminator().to(device)
```

7. 损失函数和优化器

定义二元交叉熵损失函数，用于计算预测输出与真实标签之间的误差，在 GAN 中，此损失函数常用于评估判别器的表现，即判断输入数据是来自训练集的真实数据还是由生成器产生的假数据。

初始化 Adam 优化器，专门用于更新生成器的参数。

```
30 criterion = nn.BCELoss()
31 optimizer_g = optim.Adam(generator.parameters(), lr=learning_rate)
32 optimizer_d = optim.Adam(discriminator.parameters(),
   lr=learning_rate)
```

8. 训练过程

训练模型，外层循环针对每个训练批次遍历每个训练周期。内层循环遍历每个批次的数据，判别器将输入的真实数据和生成器生成的假数据进行判别，最后进行输出。

```
33 for epoch in range(epochs):
34   for i, (images, _) in enumerate(train_loader):
35     # 获取当前批次的实际大小
36     current_batch_size = images.size(0)
37     # 真实图像和标签
38     real_images = images.to(device)
39     real_labels = torch.ones(current_batch_size, 1).to(device)
40     # 生成器产生的图像和标签
41     noise = torch.randn(current_batch_size, latent_dim).to(device)
42     fake_images = generator(noise)
43     fake_labels = torch.zeros(current_batch_size, 1).to(device)
44     # 训练判别器
45     optimizer_d.zero_grad()
46     outputs = discriminator(real_images)
47     d_loss_real = criterion(outputs, real_labels)
48     real_score = outputs
49     outputs = discriminator(fake_images.detach())
50     d_loss_fake = criterion(outputs, fake_labels)
51     fake_score = outputs
52     d_loss = d_loss_real + d_loss_fake
53     d_loss.backward()
54     optimizer_d.step()
55     # 训练生成器
56     optimizer_g.zero_grad()
57     outputs = discriminator(fake_images)
58     g_loss = criterion(outputs, real_labels)
59     g_loss.backward()
60     optimizer_g.step()
61   print(f'Epoch [{epoch+1}/{epochs}], d_loss: {d_loss.item():.4f},
     g_loss: {g_loss.item():.4f}, D(x): {real_score.mean().item():.4f},
     D(G(z)): {fake_score.mean().item():.4f}')
```

```
62      # 每个 epoch 保存生成的图片
63      if (epoch + 1) % 10 == 0:
64          with torch.no_grad():
65              noise = torch.randn(batch_size, latent_dim).to(device)
67              generated_images = generator(noise).detach().cpu()
68              save_image(generated_images, f'generated_{epoch+1}.png',
                    nrow=8, normalize=True)
```

9. 可视化最后一个epoch生成的图片

调用 visualize_reconstruction 函数展示最后一个批次生成的图像。

```
69  def visualize_reconstruction(generator, train_loader):
70      with torch.no_grad():
71          noise = torch.randn(batch_size, latent_dim).to(device)
72          generated_images = generator(noise).detach().cpu()
73          img_grid = make_grid(generated_images, nrow=8, normalize=True)
74          plt.figure(figsize=(10, 10))
75          plt.imshow(img_grid.permute(1, 2, 0).numpy(), cmap='gray')
76          plt.axis('off')
77          plt.show()
78  # 调用可视化函数
79  visualize_reconstruction(generator, train_loader)
```

10. 结果展示

结果如图 3-5 所示，可以看到，图像较为模糊不清，可能是假数据的干扰较大，混入了部分假数据，但总体结果不错，存在较多的清晰数字。

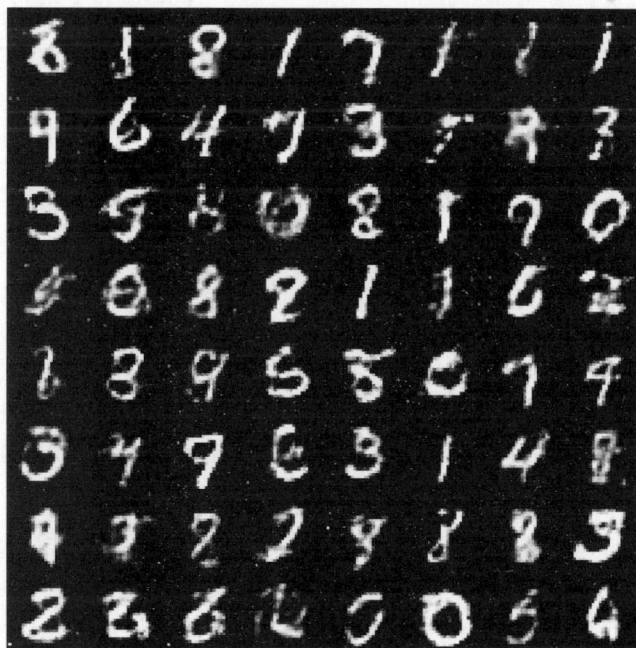

图 3-5　GAN 训练结果

3.4　变形金刚——Transformer

Transformer 是一种基于自注意力机制的深度学习模型架构，由 Ashish Vaswani 等在 2017 年的论文 Attention Is All You Need 中提出，它在自然语言处理（NLP）领域取得了显著成果，特别是机器翻译等序列到序列的任务。

Transformer 已成为当前人工智能领域的主流架构，GPT 等大语言模型正是基于 Transformer 架构开发的，Transformer 的简略架构如图 3-6 所示。

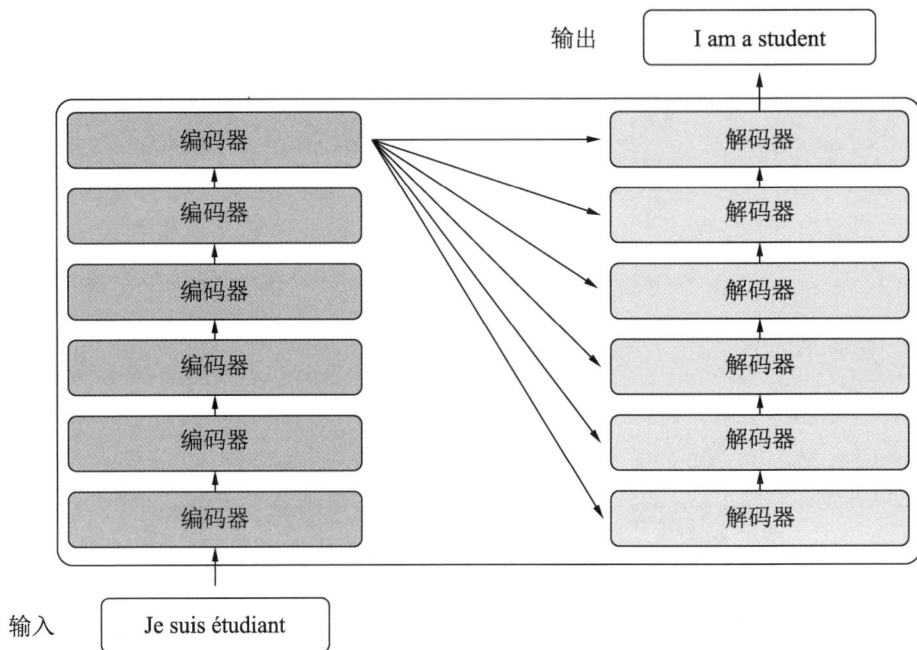

图 3-6　Transformer 的简略架构

3.4.1　基本原理

Transformer 架构主要由 Encoder 和 Decoder 两个大部分构建而成，该架构最早用于语言翻译模型。例如中英互译，分别输入中文及其对应的英文句子，使模型学习中英文之间的对应关系。Transformer 作为自回归模型的架构，参数规模通常高达数十亿乃至千亿级别。

❑ Encoder 编码器：输入序列经过多个编码层，每层都包含自注意力机制和前馈神经网络。自注意力机制能够捕捉序列中任意位置的依赖关系。

❑ Decoder 解码器：解码器和编码器类似，通常是对编码器输入的序列进行处理并生成输出序列，预测出每个位置的下一个词。

Transformer 作为现在主流的大模型架构之一，具有以下特点：

❑ 并行化处理能力：与循环神经网络（RNN）相比，Transformer 可以并行处理序列中的所有元素，这大大加快了训练速度。

❑ 长距离依赖捕捉：通过自注意力机制，Transformer 能够有效地捕捉序列中的长距离依赖关系，这在处理长文本时尤为重要。

❑ 灵活性和通用性：Transformer 可以轻松应用于不同的任务，如机器翻译、文本摘要、问答系统等，只需要对其进行少量的调整。

❑ 可扩展性：Transformer 可以通过简单地堆叠更多的层或增加模型的宽度来扩展，以提高模型的容量和性能。

❑ 减少参数冗余：由于共享权重的自注意力机制，Transformer 在参数数量上通常比 RNN 更高效。

3.4.2　算法描述

下面从输入到输出介绍 Transformer 的算法流程。

1．输入

❑ 训练数据集：dataset；
❑ 编码器层数：num_encoder_layers；
❑ 解码器层数：num_decoder_layers；
❑ 嵌入维度：d_model；
❑ 多头注意力头数：num_heads；
❑ 编码器/解码器的前馈网络维度：d_ff；
❑ 迭代次数：epochs；
❑ 学习率：lr。

2．初始化

❑ 初始化位置编码矩阵 positional_encoding；
❑ 初始化编码器的参数（权重矩阵和偏置）；
❑ 初始化解码器的参数（权重矩阵和偏置）；
❑ 初始化优化器，如 Adam(lr=lr)。

3．定义函数

❑ function multi_head_attention(query, key, value, mask)：使用多头注意力机制计算注意力输出；
❑ function feed_forward_network(x)：使用前馈神经网络处理输入；
❑ function layer_norm(x, scale, shift)：应用层归一化；

❑ function positionwise_feed_forward(x)：应用位置无关的前馈网络；

❑ function encoder_layer(x, mask, hparams)：定义编码器层；

❑ function decoder_layer(target, memory, source_mask, target_mask, hparams)：定义解码器层。

4. 训练过程

在每轮迭代中遍历所有数据，通过反向传播算法计算判别器的梯度。

```
for epoch = 1 to epochs do
  for each batch in dataset do
        从 batch 中提取输入序列 input_seq 和目标序列 target_seq。
        计算编码器的输出：
        encoder_output = encoder(input_seq, mask, hparams)
        计算解码器的输出：
        decoder_output = decoder(target_seq, encoder_output, source_mask,
target_mask, hparams)
        计算解码器输出和目标序列之间的损失：
        loss = compute_loss(decoder_output, target_seq)
        执行反向传播算法计算梯度。
        使用优化器更新模型参数。
  end for
end for
```

5. 输出

返回训练好的编码器和解码器的参数。

3.4.3　代码示例

由于在后续 Transformer 实战中将会详细介绍实现代码，因此这里不再赘述。

第 4 章 Tokenization 基础

在训练大模型时，经过矩阵运算、函数变换后，输入文本被表示为计算概率的数字。然后计算机才能进一步学习各字符之间的关系。那么输入文本如何转变为用于计算的数字？为了解决这个问题，研究者们提出了 Tokenization。

在第 3 章中，我们介绍了几种不同的编解码架构，接下来将从 Tokenization 开始，逐步熟悉 Transformer 架构，整体架构参考了 bilibili 站 UP 主 LLM 张老师与王木头学科学两位老师的讲解视频。

4.1 文字转数字

在传统的机器翻译中，NLP 算法无法像人类一样通过实物等方式学习语义对应关系，只能依赖大量文本的上下文来确定词与词之间的关系。以中英文互译为例，尽管两种语言的符号可能在发音上完全不同，但相同语义的词在不同语境下的上下文关系应该是相似的。

编码和解码的过程实质上是将语言中的各种形式（符号、发音等）剥离，留下纯粹的语义关系，以便计算机能够理解和处理不同语言之间的对应关系。

如果让我们去设计一个纯粹的、能让计算机理解的语义关系码，该考虑哪些要素？虽然现在我们毫无头绪，但至少可以确定以下两点要素：

❑ 因为需要计算机来处理，所以这个语义关系应该是数字化的。

❑ 因为需要表示语义之间的关系，语义关系码数字化后的数值要能体现出语义之间的关系。

上面的第一点容易理解，第二点才是关键。

例如，用一个高维空间的坐标去表示语义关系码对应的数字化结果。我们假定该高维空间中胡萝卜对应的点为(1,0,0,0)，由于兔子和胡萝卜的语义关系比较紧密，兔子对应的点应该与胡萝卜对应的点距离较近，如(0,1,2,0)，如图 4-1 所示。

而像外星人、抹布、书包等词与胡萝卜语义关系不强，这些词对应的点应距离胡萝卜较远。其中，外星人与胡萝卜关联度最低，其对应的点可能为(0,1000,300,32)。显然，外星人与胡萝卜的距离可以表示为点(0,1000,300,32)与点(1,0,0,0)之间的模。在图 4-1 中，外星人与胡萝卜两点之间的距离非常大，远大于点(1,0,0,0)与点(0,1,2,0)之间的距离，表示外星人与胡萝卜之间的语义远没有兔子与胡萝卜之间的语义关系强。

$$\overrightarrow{胡萝卜}=(1, 0, 0, 0)$$

$$\overrightarrow{兔子}=(0, 1, 2, 0)$$

$$\overrightarrow{外星人}=(0, 1000, 300, 32)$$

$$\|\overrightarrow{兔子-胡萝卜}\|=\|(-1, 1, 2, 0)\|=\sqrt{6}$$

$$\|\overrightarrow{外星人-胡萝卜}\|=\|(-1, 1000, 300, 32)\|=\sqrt{1091015}$$

图 4-1　位置坐标示意

上面通过简单的例子帮助读者理解如何用距离来表示语义关系。在后续的注意力机制运算中，我们可以使用与上面相似的高维向量码来表示语义以及语义之间的关系。

那么，如何获得高维向量码呢？在机器学习中，有两种工具可以启发我们：

❑ 标记器（tokenizer）：该工具可将文本分割成基本语义单元。

❑ 独热编码（one hot encoding）：该工具可将文本中的基本语义单元转换为数字。

Tokenization 用于将语言文本进行数字化，上面两个工具是 Tokenization 的重要方法，可将文本中最基本的语义单元进行数字化。其中，基本语义单元可以是字母、单词甚至是介于字母和单词之间的词根。在中文中，基本语义单元可以是字或者词。接下来分别介绍这两种方法。

4.1.1　标记器

标记器采用简洁的方法，为各独特的基本语义单元分配唯一 ID，实现其在一维数轴上的映射。经数字化处理后，这些 ID 可直观表达为：1 对应糯米，2 对应小米，3 对应大米，如图 4-2 所示。

前面提到，在编码和解码过程中，语义关系码有两个标准，即数字化及数字化之后的数值，此数值可以体现语义之间的相对关系。

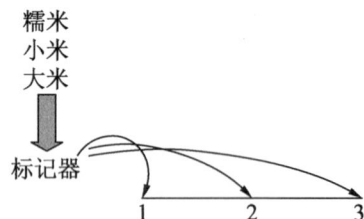

图 4-2　标记器示意

在标记器中会把所有 token 都投射到一维空间上。此做法会导致该一维空间里的信息过于密集，难以表达出一些复杂的语义。

在前例中，糯米是 1，小米是 2，大米是 3，它们都是粮食，这 3 个词对应的数值很接近。如果小米表示的是手机，则此处小米的 ID 数值未能表达出手机小米与食物小米的差异。另外，如果想表达糯米和小米这一组合语义，按照习惯，该组合语义应该是 1 加 2，但是 3 这个数值已经被大米占用了，也会发生冲突，因此，标记器有较大的局限性。

4.1.2　独热编码

独热编码是一种将类别数据转换为数值形式的方法。它通过为每个类别分配一个唯一的二进制向量来实现。在此向量中，只有一个位置是 1，表示当前的类别，其余位置都是 0。继续以糯米、小米和大米为例，其对应的独热编码可以分别用向量(0,0,1)、(0,1,0)和(1,0,0)来表示，如图 4-3 所示。

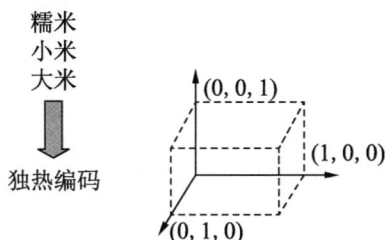

图 4-3　独热编码示意

独热编码会导致特征空间的维度很高，尤其是类别数量很多的时候。这种高维度性会导致信息的稀疏性，因为大多数特征值都是 0，只有少数是 1。在稀疏的独热编码中，可以轻松表示出糯米和小米之间的组合语义。糯米是(0,0,1)，小米是(0,1,0)，糯米和小米就是(0,1,1)。

但独热编码缺陷明显，除了维度过高外，由于所有的 token 都拥有独立维度，故所有的 token 之间互相正交，难以体现 token 互相之间的语义联系。为了说明这一点，仍然以糯米、小米、大米这 3 个 token 为例，其二进制的每一位相当于向量的一个维度，这些独热编码是一个三维空间里的向量。在三维空间中，因为它们两两之间的内积都是 0，所以这些 token 之间的相关度为 0。

上述分析表明，独热编码的问题在于空间维度过高，它表示的不同 token 之间的语义关系全部以维度之间的关系去体现，并没有充分利用空间的长度。然而，标记器则把所有语义都变成了长度问题，完全没有利用维度关系去表示语义信息。

4.2　词　嵌　入

在完成了文字转数字的过程后，下一步就是进行词嵌入，词嵌入在 NLP 领域十分重要，其能够将词汇的语义信息编码到数值型的向量中，使机器学习算法能够处理文本数据。接下来具体介绍什么是词嵌入及词嵌入的流行方法——Word2Vec。

4.2.1　词嵌入简介

编码是将文本中的 token 转换为独热码，然后进行降维的过程。这个过程相当于将输入的句子根据语义映射到一个潜空间中，将高维空间中的对象映射到一个定域空间，这个过程称为嵌入。

嵌入的数据可以是图像或者语音，不一定是单词。但在语言处理领域，主要针对单词或短语，因此这个过程通常称为词嵌入。

由于嵌入是通过矩阵乘法实现的，因此将 token 投射到潜空间的矩阵称为嵌入矩阵。

潜空间是一个纯粹的语义空间，不包含符号、发音等形式上的差异。因此，在潜空间的基础上可以实现不同语言的翻译。以中英文翻译为例，在潜空间中实现翻译过程一般有两种方法。

❑ 中文和英语可以分别嵌入两个独立的潜空间中，然后通过某些算法将这两个潜空间融合，实现翻译。

❑ 将中文和英文放入一个大的词汇表中进行统一训练，最终得到一个统一的潜空间。

无论是先嵌入后统一，还是一开始就统一嵌入，目标都是获得两种语言共享的潜空间。通过这个共享的潜空间，可以将中文编码为潜空间中的对象，然后解码为英文，以确保两种语言的语义一致。

尽管翻译只是自然语言处理的一个应用领域，一旦将文本编码到潜空间，对潜空间中的操作就是纯粹的数学计算。接下来举例介绍在数学计算中各个数字代表的含义？

潜空间是一个纯粹的语义空间，将每个 token 嵌入后会变成多维向量，其中每个维度代表一个独立的语义，如图 4-4 所示。

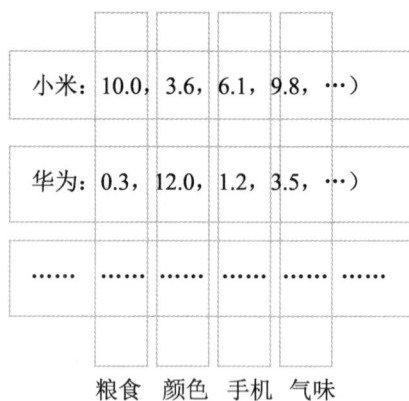

图 4-4　token 关系

在图 4-4 所示的潜空间中，对苹果进行向量化表示为(10.0, 3.6, 6.1, 9.8)，在该向量中，每个维度可能代表一个独立的语义：

❑ 第一个维度可能表示食物类；

❑ 第二个维度可能表示颜色相关类；

❑ 第三个维度可能表示手机相关类；

❑ 第四个维度可能表示气味等。

小米 token 的具体语义取决于在各个维度上的数值的分布。在自然语言处理领域，这些维度通常称为基础语义。

同样，在图像处理中，每个维度可以看作一个通道。一幅图像通常由 R、G、B 3 个通道组成，只有将这些数据叠加在一起才能呈现出完整的图像语义，如图 4-5 所示。

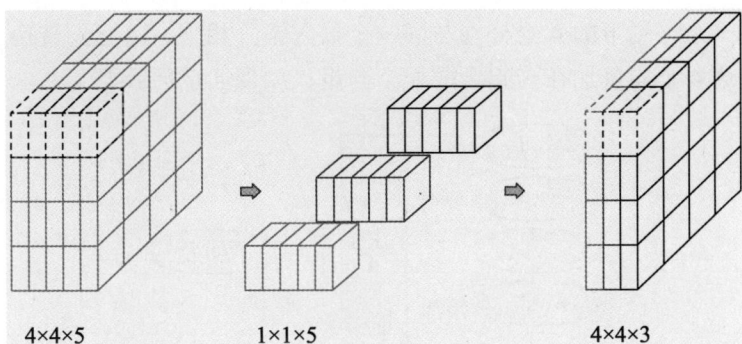

图 4-5　图像处理示意

同样，一个完整的语义表示需要将潜空间中所有维度的数据整合在一起才具有意义。值得注意的是，虽然算法可以为每个维度分配特定的语义，但是这些语义对人类来说可能并不直观或容易解释。

4.2.2　Word2Vec 词嵌入方法

2013 年提出的 Google Word2Vec 是一种独特的词嵌入方法。该方法的独特之处在于其目标与常见的机器学习模型的目标有所不同。通常，机器学习模型的目标是在训练后能够完成特定的任务。

例如，在早期的图像识别任务中会给定一张照片，让机器学习模型去判断其中是狗还是猫。然而，Word2Vec 的目标是获得嵌入矩阵，不是模型的输出结果，而是模型的参数。训练出的嵌入矩阵相当于获得了一种将 token 映射到嵌入空间的方法。

我们可以做出这样的类比：传统模型就像作家培训班，训练出来的目标是培养出能按要求写作的作家，而 Word2Vec 的目标更像编写词典供作家使用，这两个目标的差别较大。

训练目标的不同使得 Word2Vec 无须激活函数，因此计算更简单。具体而言，在 Word2Vec 中，编码和解码的原理是：输入一个 token，经过矩阵编码成词向量，然后解码回去，再转换回 token，如果参数正确，则解码后的词与之前应该没有差异。

在传统的机器学习中，当训练模型时，先计算出一个预测结果，与真实值进行比较获得误差，然后通过反向传播来优化参数进而减少误差，使模型尽可能做出准确预测。在 Word2Vec 中无法按照传统思路进行训练，因为无论输入的向量是什么，只要前后两个矩阵之间存在唯一逆关系，相乘后会得到单位矩阵，导致输入和输出必定相等。

因此，为了成功训练 Word2Vec 模型，需要在传统思路上做出调整。一般采用 Google 论文中提到的两种方法，即 CBOW 和 Skip-gram。

1．CBOW方法

在 CBOW 中，输入不再是单个 token，而是一组奇数个 token。例如，取 5 个 token，然后去掉中间一个，剩下的 4 个分别与同一个嵌入矩阵相乘，将它们转换为潜空间中的向量，之后把这 4 个向量加在一起合成一个向量，如图 4-6 所示。

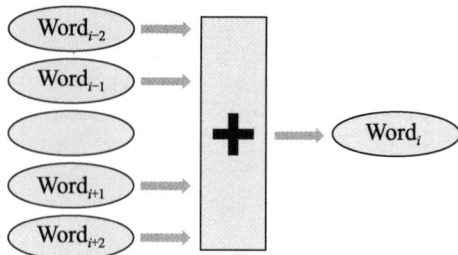

图 4-6　CBOW 执行流程

　　然后对这个合成向量进行解码。在这种情况下，损失函数会量化地检查合成向量解码后得到的 token 与挖掉的中间 token 是否相同，如果不同，就需要调整参数。在调整参数时需要注意一些细节，具体将在后续内容中介绍。

　　为什么将上下文中的 4 个单词向量相加应该得到中间单词的向量？可以通过高中物理学中受力分析的原理来理解这个问题，将其与力的合成和力的分解对应起来就十分形象了。

　　如果只能从文本中理解一个 token 的语义，那么只能根据其上下文来判断、理解。反过来，有了上下文，也能够推断出缺失的 token 的语义。在这个问题中，每个 token 都是一个向量。因此，可以将已知的词向量视为分力，将缺失的中间 token 所对应的词向量视为已知分力的合力。

　　这个观点是合理的。缺失的 token 由上下文决定，因此缺失的 token 所对应的词向量应该与已知的词向量相关。同样，中间缺失的 token 的词向量在通过向量分解后，其分量应该对应到上下文的词向量上。当然，分解出的向量组合存在多种可能性，比如一段话中出现"这是一个（　）苹果"，那么（　）中应该填什么呢？可以填红、绿、甜、便宜等形容词，这些都是正确的。

　　模型预测出来的结果取决于上下文的范围和训练数据的丰富程度。训练的目的不是让模型具备"完形填空"的预测能力，而是为了训练词嵌入矩阵。即使在训练数据中同时出现"这是一个红苹果""这是一个绿苹果""这是一个甜苹果"，下次输入类似的句子时，模型仍然可能无法给出期望的答案。

　　然而这并不重要，因为模型的目标不是给出正确答案。重要的是经过训练后，在模型的潜空间中，红、绿、甜等词的语义之间会有一定的关联。至少从语法角度来看，它们都是形容词。模型更像是一个词典，用其他词来解释目标词的含义。

　　训练完成后，生成的潜空间是通过其他词向量合成目标词向量得到的。这种形式训练出的潜空间中的词向量对应的词义是客观的，不依赖于作者的主观意图。该客观性与整个语言环境相关联。作者根据主观意图组合词汇时才具有主观性，这体现在不同词的选择和顺序上。要让模型理解这种体现作者主观性的语义，就需要注意力机制。关于注意力机制，将在后面详细讲解。

2．Skip-gram方法

Skip-gram 则是将 CBOW 的原理反过来，根据已知的 token，利用其子向量来推断上下文对应 token 的分量，以检查是否与训练数据一致，如图 4-7 所示。

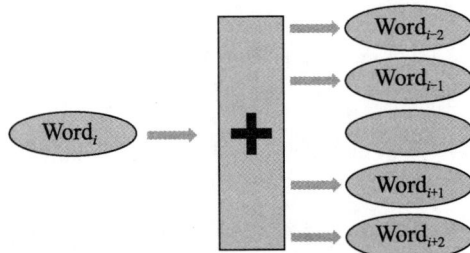

图 4-7　Skip-gram 执行流程

Skip-gram 与 CBOW 两种方法均可实现自监督学习，无须手动标记数据。只需要提供文本数据，程序即可自动创建缺失部分并进行训练。

我们以图 4-8 为例，在该神经网络中缺乏偏置系数和激活函数。基于前面的原理，左右两个矩阵（即 $W_{V \times N}$ 和 $W_{N \times V}$）似乎只需要训练一个即可，因为 $W_{V \times N}$ 将独热码映射到潜空间，而 $W_{N \times V}$ 则将潜空间中的向量还原为独热码。此时，隐藏层的双向变换实际上是一个降维和升维的过程，使得 $W_{V \times N}$ 和 $W_{N \times V}$ 相乘后应得到一个单位矩阵。

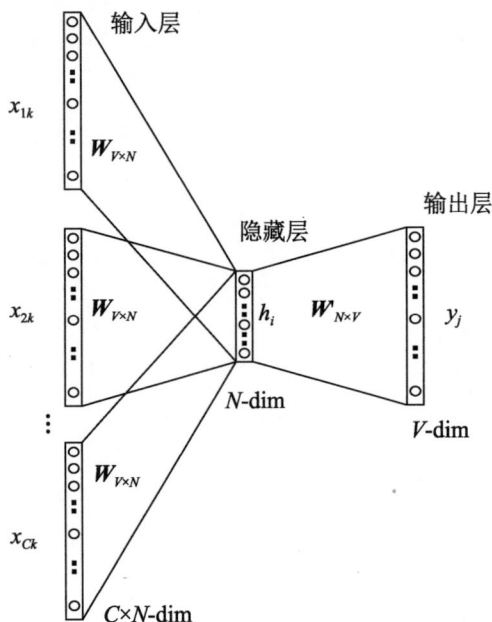

图 4-8　示例神经网络

由于涉及降维和升维，因此 $W_{V \times N}$ 和 $W_{N \times V}$ 的行列数不同，它们之间是一种伪逆关系，而非标准逆矩阵。总体而言，只要了解其中一个矩阵，就可通过解析解直接求解，无须再去学习。

　　然而在实际训练模型时，$W_{V\times N}$ 和 $W_{N\times V}$ 通常被视为独立的矩阵，分别进行学习和训练，如图 4-8 所示。在反向传播训练过程中，它们各自学习。这或许与矩阵求逆的高计算复杂度有关，梯度反向传播的计算复杂度约为 $O(N)$，而矩阵求逆则是 $O(N^3)$。因此，使用梯度下降法进行训练更简单。

　　此外，隐藏层和输出层的神经元没有激活函数，因为这里实际上进行的是向量求和与分解操作，不存在非线性需求。在该 Word2Vec 方法中，重点在于训练出一个词典，即嵌入矩阵 W 针对单个词的语义进行训练。若要将单词组合成具有准确含义的句子，那么此处的模型过于简单，能力不足。

　　尽管使用矩阵和向量等数学方式进行表达，但在建立模型时，通常将 Skip-gram 网络视为单隐藏层的神经网络进行操作。

第 5 章　Transformer 架构的
数学基础

要理解 Transformer 架构，需要具有一定的数学基础，主要涉及向量变换中运用空间变换的思维。本章将从向量和矩阵相乘的变换、空间变换的性质和层归一化三个方面进行介绍。

5.1　向量和矩阵相乘的变换

第 4 章介绍了 token 数字化的降维处理，该过程常涉及线性代数中的矩阵运算。在进行矩阵运算时，如果将向量与矩阵相乘视作空间变换的一种形式，则有助于深入理解 Transformer 架构。

如果从空间变换这一几何角度看，向量的每个元素与矩阵的每一列进行逐项相乘并相加，得到的结果代表什么？能否从几何角度给出直观的解释？接下来我们从向量坐标系的转换和向量与坐标系之间的关系进行深入讲解。

5.1.1　向量坐标系的转换

原始的二维向量变换成三维向量，其原本的信息如何被表达出来呢？接下来举例进行说明。

任意给定一个向量 T，其中，每个元素代表该向量在对应坐标系上的坐标值。此时，可以将 T 向量在标准正交基 e_1 和 e_2 上的分量表示为 ae_1 和 ae_2，如图 5-1①所示。

假定新坐标系的坐标轴分别为 e_1'、e_2'、e_3'，如图 5-1②所示。经过矩阵计算后，向量 T 在新坐标系上的表示将会发生变化。此时的关键在于将 T 向量从二维坐标系转换为三维坐标系。在此坐标系转换过程中，实际的向量 T 并不重要，重要的是坐标系之间的关系。坐标系之间的关系实际上可以看作它们在坐标轴上的关系，而坐标轴可以简单地视为单位向量。

在新坐标系上，设 e_1 在 3 个坐标轴上的分量分别是 $W_{1,1}$、$W_{1,2}$ 和 $W_{1,3}$。原来 T 向量的分量在新坐标系上可表示为：$aW_{1,1}$、$aW_{1,2}$、$aW_{1,3}$，如图 5-1③所示。原来的坐标系有两个，所以 e_2 也要用相同的方式表达出来。

同理，e_2 向量对应 T 向量在新坐标系上可表示为：$bW_{2,1}$、$bW_{2,2}$、$bW_{2,3}$。$ae_1 + ae_2$ 是 T 在旧坐标系下的数值，如图 5-1④所示。

获得上述两个表达式后，T 向量在新坐标系上可以表示为新的形式，如图 5-1⑤所示。

那么，上面反复提到的 W 系数是什么呢？它代表原坐标轴和新坐标轴之间的变换关系。同时，a 和 b 体现的是原向量的信息。如果用向量和矩阵相乘的方式去计算，则如图 5-1⑤所示。

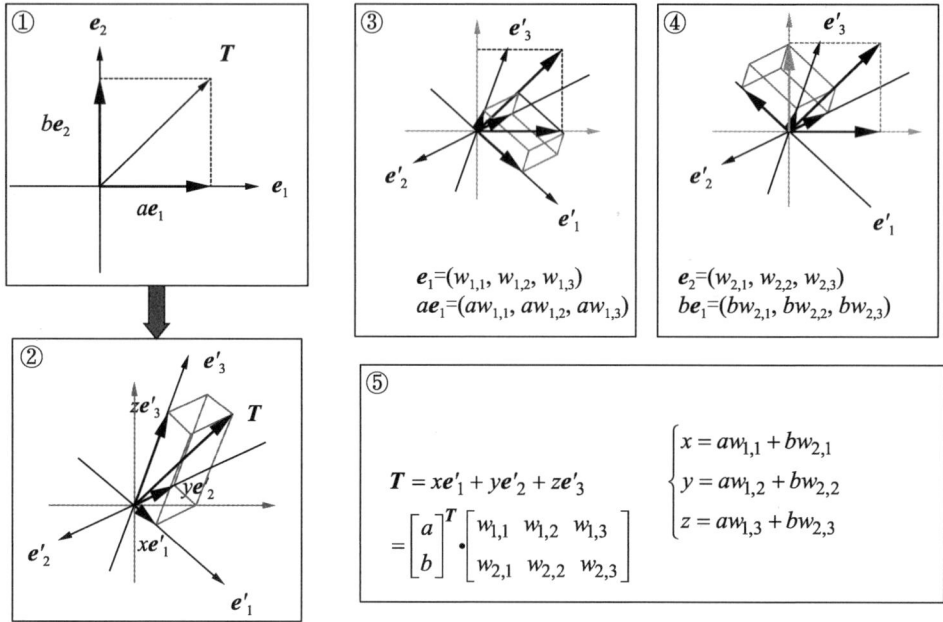

图 5-1　空间变换示意

从空间变换的角度看，矩阵代表旧坐标系和新坐标系之间的关系。因此，一个矩阵的行数代表旧坐标系有多少个维度，列数代表新坐标系有多少个维度。理解了矩阵和坐标系之间的关系后，向量和坐标系之间的关系又是什么呢？

5.1.2　向量与坐标系的关系

图 5-1 中的例子给人一种错觉，即 T 向量本身没有变化，变化的是坐标系。因为上面是二维的，下面是三维的，很容易想到改变的是坐标系。但是向量和坐标系的关系是相对的，很难区分改变的到底是坐标系还是向量，尤其是在维度未发生变化的情况。

我们可以在不改变维度的情况下，通过矩阵乘法将原始向量进行旋转和拉伸，如图 5-2 所示。也就是说，该矩阵实际上并非改变坐标系的维度，而是改变了向量的方向和大小。然而，这个过程是相对的，图 5-2 中的操作也可以理解为坐标轴发生了旋转，坐标轴上的刻度经历了拉伸或收缩。

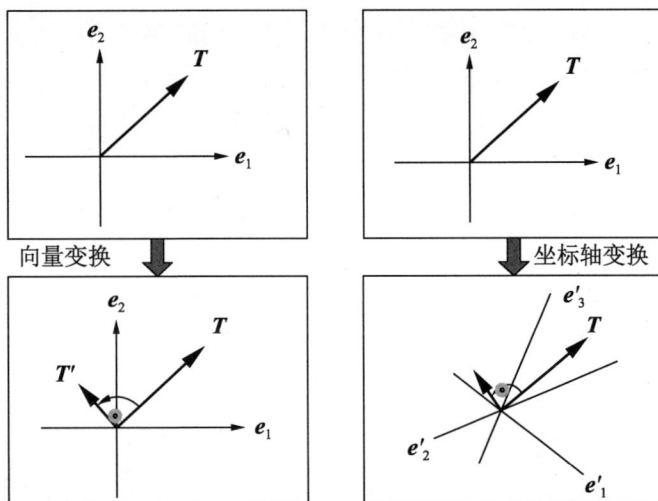

图 5-2　向量旋转和拉伸

目前，我们看到的是两种特殊情况：

❑ 向量保持不变，坐标系发生了变化。

❑ 坐标系保持不变，向量发生了变化。

如果将上面两种情况结合起来，结果就是一个新的向量和描述该向量的新的坐标系。需要注意的是，目前讨论的仅涉及乘法关系。因此，在原始向量和新向量之间，可能存在旋转、拉伸或收缩的变化，但不会发生向量的平移。因为向量的平移需要依靠向量加法来实现，而非向量和矩阵的乘法。

另外，由于向量和矩阵直接相乘是线性变换，因此原始坐标系中每一个点都与新坐标系中的点一一对应。所有的变化只可能是旋转、拉伸或收缩，无法进行其他操作。

5.2　空间变化的性质

5.1 节讲述了向量与矩阵相乘之后的变化，向量在经过操作后仍保持直线，那么是否存在向量经过矩阵操作之后变成曲线的情况呢？只使用向量和矩阵相乘无法实现直线变曲线，此时需要利用二次型进行表达，如图 5-3 所示。

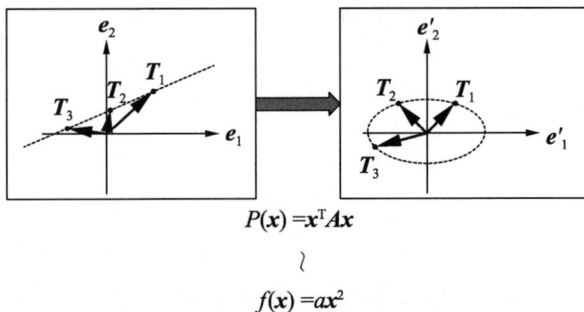

$$P(\boldsymbol{x}) = \boldsymbol{x}^{\mathrm{T}} \boldsymbol{A} \boldsymbol{x}$$

$$f(\boldsymbol{x}) = a x^2$$

图 5-3　二次型变换

在图 5-3 中，**x** 可以被视为数据，在矩阵的两侧同时存在。如果 **x** 是一个向量，则它就是一个单一变量的集合，对应一个二次型。单一变量可以直接平方，但向量无法直接平方。要表示向量的平方，需要将矩阵系数放在中间，左右各一个。单向相乘得到的结果类似于二次型。

进行类似二次型变换的意义是什么？接下来从二次型空间变换和特殊情况行列式介绍。

5.2.1　二次型空间变换

在几何中，二次型可将直线转变为非直线，如椭圆、抛物线或双曲线。向量和矩阵相乘永远无法得到曲线的结果。矩阵乘法和加法是线性变换，在几何中是空间变换，即坐标系改变。向量和矩阵相乘是空间变换，表示原坐标系到新坐标系的变换。向量经过矩阵操作后，在新空间中有对应的图像，并且是一一对应关系，如图 5-4 所示。

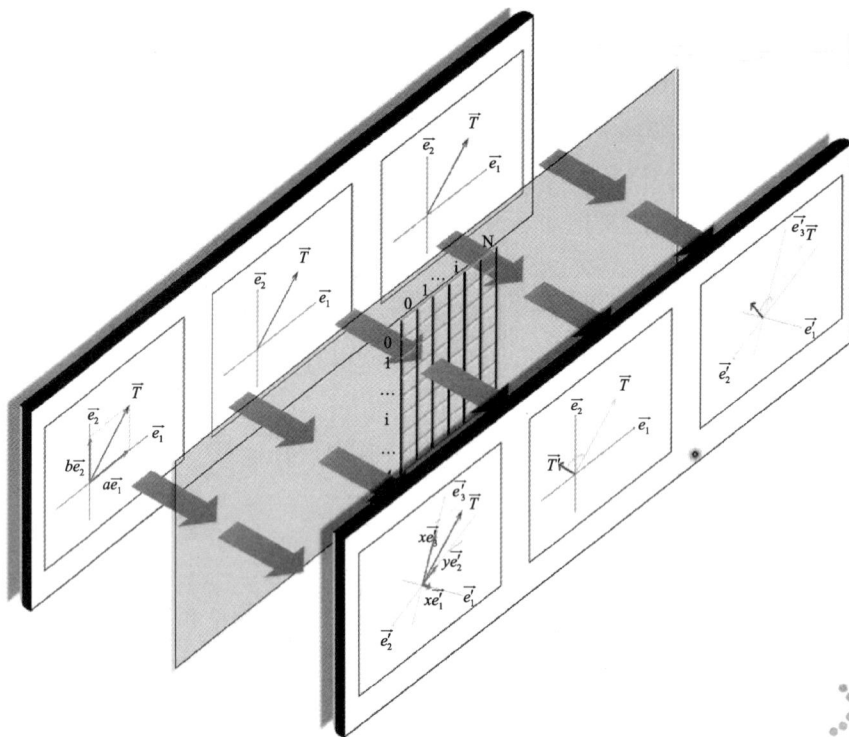

图 5-4　空间对应关系

多个向量经过矩阵变换后仍然是多个向量，只是维度发生了变化。

矩阵乘法中的两个矩阵相互独立，如图 5-5 所示。如果将 **A** 看作空间里的一组向量，那么 **M** 就表示空间变换的规则。这表示，空间变换的具体准则只和矩阵 **M** 有关，和前面具体的向量是没有关系的，即怎么操作数据、数据操作的规则和数据本身是没有关系的。矩阵 **M** 具有的性质是空间变换前后所变化的性质。

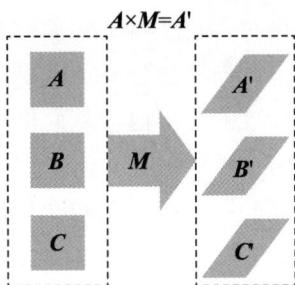

图 5-5　矩阵变换示意

5.2.2　特殊情况下的行列式

行列式是专门针对方阵的，方阵即行数和列数相等的矩阵，这表示变换前后的空间维度保持不变，例如平面变换前后仍然是平面。

矩阵的行列式的值决定变换后平面的面积是被拓宽还是缩小，该值取决于引起空间变化的矩阵。方阵列作为特殊的矩阵，从几何角度看，在二维平面上其代表变换前后面积的拉伸比例，在三维空间中，其代表体积的拉伸比例。

5.3　层 归 一 化

层归一化（Layer Normalization，简称 Layer Norm）是一种数字缩放技术，通过调整结果的大小来保持计算的稳定性，它在神经网络中起着重要作用。

在神经网络的每一步之后应用层归一化，有助于确保计算过程不会发散并能提高神经网络的训练效率，如图 5-6 所示。

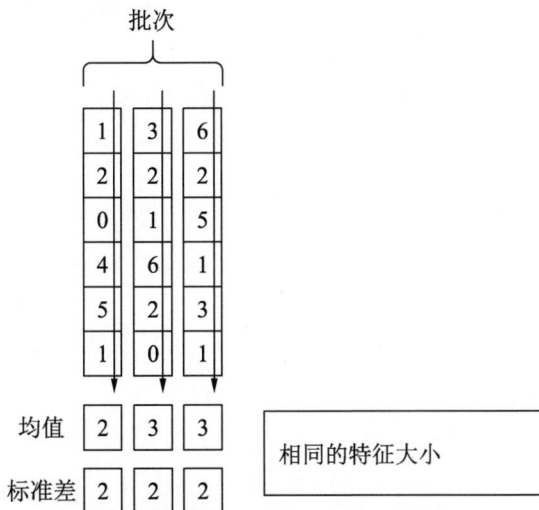

图 5-6　层归一化示意

　　层归一化对数字进行缩放操作时，旨在将数字调整到接近 0 的范围内，同时保持它们之间的相对大小关系。具体而言，层归一化会使数字的平均值为 0 且方差为 1。这个过程有助于确保数字分布在一个标准的范围内，从而提升模型的训练效果。

　　在层归一化的过程中会涉及两个可训练参数，即缩放因子（gamma）和偏置项（beta）。

　　❑ 缩放因子：可以保证所处理的数字序列在同一尺度上，并且避免出现过拟合现象（即模型只能学习到所给的文本关系，不能泛化到其他环境中）。

　　❑ 偏置项：是函数的截距，可更好地拟合数据。

　　通过乘以缩放因子和加上偏置项，可以对数字进行进一步的调整，以满足模型训练的需要。上述参数在训练过程中会自动更新，用于调整数字的缩放变换。

　　在后面讲解大模型架构时将会深入介绍层归一化和 Softmax 函数的概念，以及其在文本预测过程中的应用。

第 3 篇
Transformer 模型剖析

第 6 章 Transformer 架构概述

Transformer 是一种基于自注意力机制（Self Attention）的深度学习模型架构，由 Vaswani 等在 2017 年的论文 *Attention Is All You Need* 中首次提出。

Transformer 架构最初是为机器翻译任务设计的，但后来被广泛应用于各种自然语言处理（NLP）任务，如文本分类、问答系统、文本生成等，现今许多主流的大模型都采用 Transformer 架构。

6.1 大语言模型概述

大语言模型（Large Language Model，LLM）通常指参数规模较大的预训练 NLP 模型，如 ChatGPT、Gemini、文心一言等，是当前人工智能领域的热点研究方向。

大语言模型是通过海量文本数据训练数十亿甚至数千亿参数的深度学习模型，模型通过学习语言的复杂模式和结构，可以理解和生成人类语言。下面从参数规模、大语言模型优化两个方面进行介绍。

6.1.1 参数规模

大语言模型的参数从几百万到数千亿不等，以著名的 Facebook 开源大语言模型 llama-3-70b 为例，70b 代表该模型拥有 700 亿参数，包含一个 140GB 的参数文件 parameters 和一个推理程序 run.c。

大语言模型的参数影响着模型的训练，模型的训练需要大量算力资源，如 700 亿参数的模型需要多台 GPU 集群同时进行训练。上述例子 llama-3-70b 大约需要 120GB 显存的 GPU 才可流畅运行，并且大模型参数越多，其推理成本也越大。

随着大语言模型的发展，为满足更多应用场景的实际需求，大语言模型的参数越来越大，涉及的领域也越来越多，复杂性也在不断增加。为了实现大语言模型的高效训练和预测推理，目前有以下 3 种方案：

- ❑ 直接改变底层模型架构，将原来的 Transformer 架构改成基于状态空间模型（SSM）的 mamba 架构。
- ❑ 基于 Scaling Law，继续推进提升参数规模，训练万亿参数规模的大语言模型。
- ❑ 对模型大而化之，使用基于门控网络的混合专家模型（Mixture of Experts，MoE）。

6.1.2　大语言模型的优化

大语言模型的优化是为了提高效率、降低成本、减少环境影响、提升用户体验等。优化方式主要包括文档补充模型、模型微调和强化训练、RAG、提示词工程等。下面详细介绍这 4 种大语言模型的优化方式。

1．文档补充模型

大语言模型可基于文档补充模型（document completer model）进行优化，具体怎么优化呢？下面，以用户输入信息为例进行阐述。

用户输入：中华人民

模型输出：共和国（输出概率较大）

当用户输入一个提示语给模型时，模型根据循环运行输出的训练结果，预测提示语最后一个字符的下一个概率最高的字符，类似于文档补充。

在训练模型时，模型通过对海量数据样本的学习，总结不同词之间的关联度，从而能根据关联度完成文档补充，这就是文档补充模型的大致工作原理。因此，在上述例子中，当用户输入"中华人民"时，模型根据训练得到的关联度自动补充最相关的（概率最大的）"共和国"。

大语言模型优化与上述例子类似，通过大量的例子（不同语境）去训练模型，使模型学会分析不同语境下的逻辑关系，从而完善输出。

总体来说，大语言模型的训练原理为：将大量的数据输入通过神经网络层的学习运算，使模型能够输出位于各位置字符的下一个字符概率，再将输出的结果与预先设定的正确结果对比，得到损失，再通过前馈神经网络不断修正输出结果，使得机器能够正确输出预测的结果。

在上述基础上，对模型进行微调（fine tuned）和强化，即人工输入大量涉及各个领域的问答数据对模型进行训练，并通过模型测试人员人为反馈输出结果，提升模型不同语境下的问答功能。

2．基于文档补充模型的微调和强化

模型微调和强化训练是提高大型模型回答问题的质量的关键步骤。微调可定制模型以适应特定场景，强化训练可通过人类反馈不断优化模型的表现。

微调模型可将国外开源模型引入特定场景进行优化，如中文问答系统。通过微调，模型可适应不同行业和公司需求，从而提升工作流效率。

完成上述步骤之后，基于人类反馈的强化训练（Reinforcement Learning From Human Feedback，RLHF）可进一步提升模型回答的质量。通过模型测试人员的反馈（即人工对预调模型输出的回答进行筛选），使得模型不断更新参数以输出更优质的答案，从而提升模型输出质量。

如果模型没有经过预调和强化训练，可能会出现让人啼笑皆非的回答。

3．RAG

RAG（Retrieval Augmented Generation，检索增强生成）为大语言模型提供了从特定数据源检索信息的能力，并以此为基础生成回答。

简而言之，RAG 结合了信息检索技术和大语言模型的提示功能，模型根据搜索算法找到的信息作为上下文来查询回答问题。无论是查询还是检索的上下文，都会被整合到发给大语言模型的提示中。

RAG 的架构如图 6-1 所示。它既不是一个特定的开源代码库，也不是某个特定的应用，是一个开发框架。

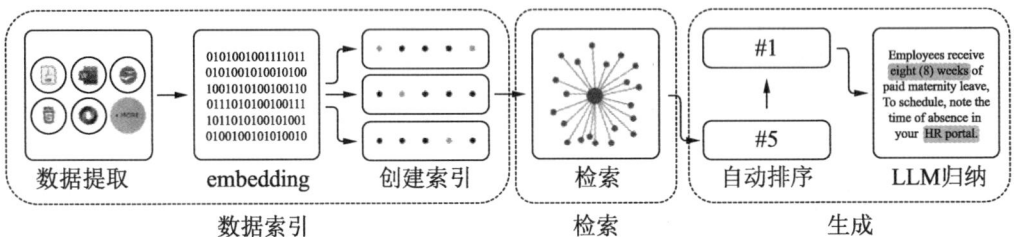

图 6-1　RAG 架构

完整的 RAG 应用流程主要包含两个阶段：

❑ 数据准备阶段：数据提取→分块（Chunking）→向量化（Embedding）→数据入库。
❑ 检索生成阶段：问题向量化→根据问题查询匹配数据→获取索引数据→将数据注入 Prompt→LLM 生成答案。

4．提示词工程

ChatGPT 爆火之后，提示词工程师（Prompt Engineer）应运而生。提示词工程指通过结构化文本等方式来完善提示词，引导模型输出我们期望的结果。通过提示词工程，可以在不更新模型权重的情况下让模型更加准确地完成不同类型的任务，显著改善模型输出，从而使输出结果更加精确、完善等。

例如，如果仅用简单提示词"请写一篇关于环境保护的文章。"，其输出的结果可能只从几个方面介绍保护环境的重要性，内容过于简单，达不到期望的结果。

若应用提示词工程，其提示词可能为：

你好，我需要帮助创作一篇针对年轻读者的环境保护博客文章。文章应该包含以下几个要点：

1. 环境保护的重要性。

2. 年轻人如何在日常生活中实践环保。

3. 介绍三个简单的环保小贴士。

4. 鼓励读者采取行动，参与环境保护。

请用通俗易懂的语言撰写，长度大约为 1000 字，并包含一个吸引人的开头和结论。

在优化后的提示词中，指定了受众群体是年轻读者，明确列出了文章需要包含的关键点，要求语言风格通俗易懂，并且指定了文章的长度和包含的结构元素，这样输出的结果会更接近期望的结果。

6.2　Transformer 架构基础

ChatGPT 掀起 AIGC 高潮后，研究者开始聚焦其背后的 Transformer 架构。Transformer 架构最早出现在著名论文 *Attention is All You Need* 中，是 Google 于 2017 年提出来的算法框架，其使用了 Self Attention 的结构，即自注意力机制。自注意力机制取代了以往 NLP 任务中的 RNN 网络结构。

同年，OpenAI 团队发现 Transformer 架构更适用于字符预测，推测模型只要训练的样本足够多，就有可能理解任何语义，并像人类一样完成任何句子。基于上述认知，OpenAI 团队开发出了第一代 GPT 模型。

在此回顾一下 Transformer 架构，在 3.4 节中我们提到，Transformer 架构包括编码器和解码器两大部分，更加详细的架构如图 6-2 所示。

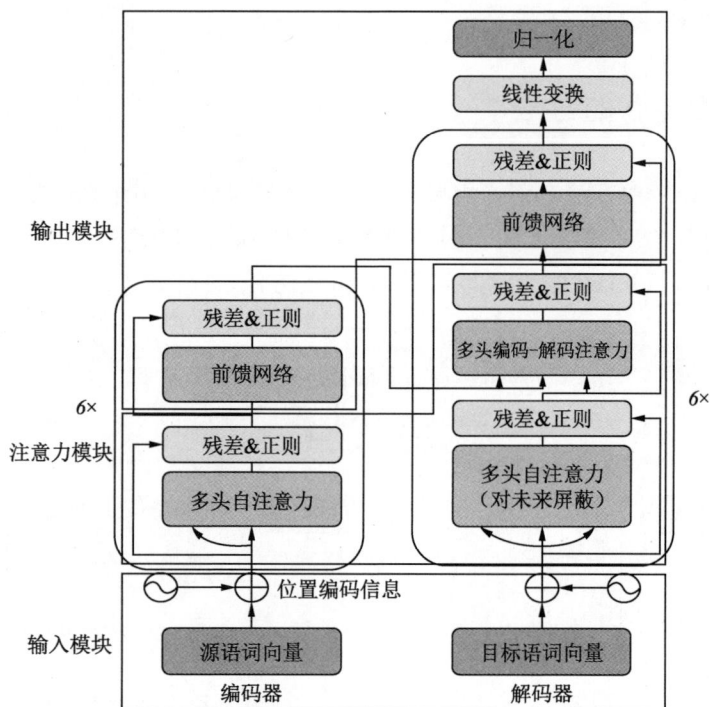

图 6-2　Transformer 架构

可以看出，编码器和解码器都包含输入模块、注意力模块和输出模块，后面的内容将会从这三方面进行详细介绍。

第7章 词汇输入模块

Transformerl 架构的编码器和解码器所做的第一步都是词汇输入，虽然输入的词汇不同，但是处理方法是相同的。具体的词汇输入是如何实现的呢？本章将介绍词汇输入的两个步骤：Tokenization 方法和位置编码。

7.1 Tokenization 方法

在第 4 章中我们简单介绍了 Tokenization 及相应的几个分词器，但具体的方法与步骤仍然是未知的，为解决此疑惑，接下来我们将介绍 Tokenization 中 token 转换的方法以及转换后的词嵌入。

7.1.1 转换 token 的方法

在学习 token 转换方法之前，需要先了解一个知识点，如图 7-1 所示。输入样本文字"他不会参加"，然后需要把输入转换成数字，即 token 才能进入下一步计算。在此之前，我们先了解一下 token 的来源与转换 token 的方法。

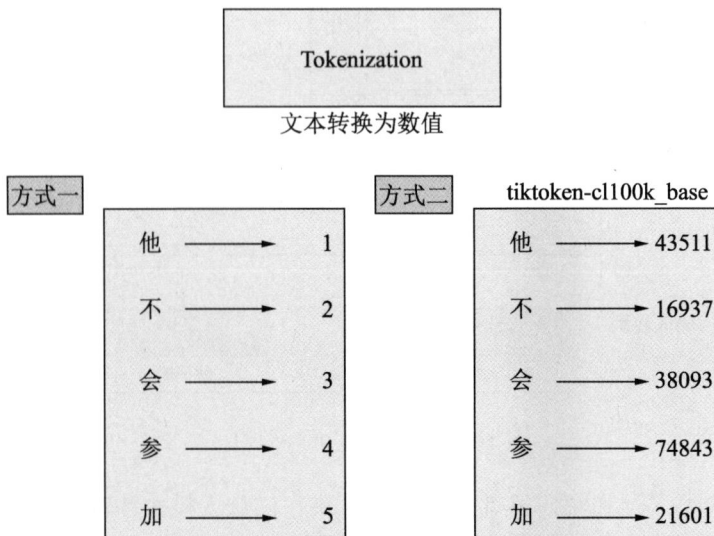

图 7-1　Tokenization 示例

1．token的来源

可以将转换 token 的过程看作查英语字典进行翻译的过程。输入样本文本就是需要翻译的单词或句子，每个需要翻译的单词都有其对应的英文版本，英文版本单词就相当于需要转换的文本所对应的 token。字典是人为定义的，token 库同样是人为定义的，为便于理解，这里 token 库被称为数据库。

大模型无法直接通过汉字来学习其文字间的关系，毕竟不是所有的大模型工作者都是以汉语为母语的，因此需要将输入文字转换成所有人都能看懂的字符，于是数据库应运而生。在数据库中存在海量学习样本，包含众多不同字符。在大模型训练过程中，每次随机抽取连续的字符序列作为训练样本。

知道了 token 的来源之后，我们就来学习如何将文字转换为 token。

2．转换方法示例

我们先假设一个通俗的方法，即如图 7-1 所示的方式一。

方式一分词原理：假定样本数据集里有 10 000 个不同的文字，那么可以将 10 000 个不同的文字逐一列举，对应成 1、2、3 一直到 10 000。

如图 7-1 方式一所示，"他"对应 1，"不"对应 2，以此类推，每个字都有其对应的字符，将所有字符集中起来，就得到了我们自己建立的数据库（vocabulary size，vocab size）。当下一次找其他样本数据如"中华人民"时，"中"可能对应 99 或者其他数字，其他字同理，每个字对应不同的数字。例如，库的大小 vocab size 等于 10 000，表示样本里有 10 000 个不同的 token。

但在实际的模型训练中，并不是用直接对应关系的方式而是使用第三方库。例如，ChatGPT 使用的 tik token 是 GPT3 的版本，此版本的 vocab size 等于 100256，即在互联网上我们所知道的中文、英文、法文、日文包括标点符号、数字等全部的词汇表量是100256。

那么 tick token 的对应关系是什么呢？如图 7-1 中方式二所示。

方式二分词原理：将输入文本与 tik token 库对比查阅，最终输出对应的 token。

tiktoken 中"0"对应的是"！"，"'"对应的是"1"，"10225"对应的是中文的"请"，最后的数字"100255"对应单词 Conveyor。

若使用 tik token 数字化上述样本文字，如图 7-1 中的方式二"他"对应"43511"，其余字符也采用同样的编码方式进行编码。

在大部分情况下 token 与数字是一一对应的关系，但有时一个 token 可能对应多个数字。用英文举例，如 tik token，可以将其从中间切开，因为 token 是一个经常复用的单词，可能是独立的单词，也可能是跟其他单词组合成新的单词。

将输入文本使用合适的编码方式编码成相应的数字之后，还需要对其进行词嵌入处理。下面将举一个简单的例子帮助大家理解。

7.1.2　词嵌入

以"小猫爱吃鱼"这 5 个字为例，观察具体过程，此处以四维为例。

首先将"小猫爱吃鱼"使用方式二转换 token，得到的结果为[3,1,809],[163,234,104], [76,207, 109], [7,305, 225], [165, 109, 120]。

如图 7-2 所示为"小猫爱吃鱼"的词嵌入矩阵，此处的词嵌入矩阵为随机生成的，在后续的训练过程中会逐步学习优化这些值，此样本数据的 token 总数称为 context length。

小　[-0.3631, -0.7916, -0.7438, -0.0844]

猫　[-1.9772, -0.3829, -0.1093, 0.2001]

爱　[-0.8396, -2.7955, 0.7992, 0.4879]

吃　[0.0937, 0.7490, -0.1024, 1.1950]

鱼　[-1.3367, -0.2113, 0.8604, 0.3574]

图 7-2　词嵌入矩阵

上述过程为第一部分，即 Tokenization，旨在将文本转换为数字形式。随后，基于这一数字表达还需要进行嵌入向量转换，即加上位置编码信息。

7.2　位　置　编　码

7.1 节介绍了如何将训练样本文字转为数字，并且得到了一个数字矩阵。在将数字矩阵输入模型让其学习之前，还需要加入位置信息编码。

如果样本文字有 10 个字，那么要让模型知道每个字分别出现在第几个位置。例如"他"对应第一个位置，"不"对应第二个位置，那么最后一个字对应第 10 个位置。这 10 个字就分别对应"1，2，3，…，10"。

接下来从位置编码的意义、具体实现过程、编码方法三个方面进行介绍。

7.2.1　位置编码的意义

输入的样本文字中总会有重复的字，其处于不同的位置，如果仅用语义关系转换成的 token 输入大模型中去学习，将会出现字与字之间语义关系混乱的现象。

例如，"他不会"与"参加会议"中的"会"虽同字，其 token 相同，但若不附加位置信息，模型将无法区分两者在文中的具体位置。这可能导致模型混淆不同位置的"会"字与其他文字的关联度。

因此，加入位置信息旨在训练模型时，既理解语义也明确文字在句中的确切位置。将语义与位置信息融合，是模型训练的必要前提。

位置编码的意义主要有以下 3 点：

❑ 模型能够识别每个单词 token 所蕴含的位置信息，即每个 token 均标记了其在序列中的具体位置。

❑ 模型能识别文字间的距离，即如"小猫"与"鱼"作为主宾关系，模型能计算并理解二者间相隔的字符数，这是位置编码的功能之一，使模型感知文字间的相对距离。

❑ 模型可以看懂并学习到位置编码的规则。

7.2.2　位置信息加词嵌入向量

清楚了位置编码的意义后，接着学习位置编码具体是如何实现的。下面仍然延续前面"小猫爱吃鱼"的例子进行介绍。

前面提到了 token 对应的数字经过词嵌入之后得到数字矩阵，此处以四维为例，如图 7-3 所示，行对应向量表中查询到的数值，图中的五个字同理。若维度较高，如 64 维，则对应 token 的数字有 64 个，每个字在每个维度下都有其对应的初始化数值。

小	[-0.3631, -0.7916, -0.7438, -0.0844]	小	[1, 1, 1, 1]
猫	[-1.9772, -0.3829, -0.1093, 0.2001]	猫	[2, 2, 2, 2]
爱	[-0.8396, -2.7955, 0.7992, 0.4879]	**+**　爱	[3, 3, 3, 3]
吃	[0.0937, 0.7490, -0.1024, 1.1950]	吃	[4, 4, 4, 4]
鱼	[-1.3367, -0.2113, 0.8604, 0.3574]	鱼	[5, 5, 5, 5]

语义信息　　　　　　　　　　　　　　　**位置信息**

图 7-3　位置编码与词嵌入向量相加

如何有效地将位置信息融入词嵌入向量中，即实现位置信息与词嵌入值的逐位相加呢？以初始化值-0.3631 为例，在第一个维度，该值与对应每个位置的偏移量逐项相加，如第一个位置加 1 得-0.3631+1，完成第一个字"小"的嵌入，第二个位置加 2 得-1.9772+2，完成第二个字"猫"的嵌入，以此类推至最后一个位置如-1.3367+5，完成"鱼"字的嵌入。这个过程确保了每个文字的数字表示既包含其初始语义嵌入，也融入了位置信息。随后将该数字信息作为输入传递给模型。

上面的操作同样适用于嵌入向量的其他维度，即每个维度均独立进行位置信息与初始值的加法运算。最终，在构建出的矩阵中，每行代表一个文字 token，每列则反映不同维度的信息，每个数字精确表征了文字在多维空间中的综合信息，融合了语义与位置双重特征。

经过上面的操作后就完成了 7.2.1 节中的第一点，模型现在能够识别 token 的位置信息，但此处的位置编码存在问题，接下来介绍顺序编码问题。

7.2.3　顺序编码的问题

前面使用"1，2，3，…"来编码位置信息是为了举例说明，实际情况则跟此情况不同，因为其存在一个隐含的问题会影响我们的计算结果。这个隐含问题主要体现在真实语义难以被捕捉以及不同维度的语义难以体现两个方面，下面分别进行介绍。

1．真实语义难以被捕捉

此处举例说明，若样本文字较长（如 600 字），直接按序编号（1～600）作为位置信息，将因初始化向量值域狭窄（接近 1）而导致显著偏差。初始向量微小（如 0.62 加 1 仍小），而末端则可能极大（如 0.98 加 600 为 600.98），造成数值间巨大差距（如 1.62 与 600.98）。数值之间的差距会影响哪个部分呢？主要是注意力机制部分。

因为 Transformer 架构的多头注意力机制是在做这些数字的乘法，大的数字和大的数字相乘得出来更大的数字，小的数字和小的数字相乘仍很小，如此差距就会很大。差距太大，文字之间的关注度就会受到影响。

上下文字间的关注度可简化为其乘积的衡量，乘积越大，关注度越高。然而，此方式易导致模型注意力分散。若两文字本应高度相关，但因其初始化值小且位置靠前，整体数值偏低，则乘积变小，从而模型难以有效捕捉其真实语义关系。为了解决此问题，我们需要找到一种方式，把我们的位置信息由"1,2,3,…,600"转换成最大值是 1、最小值是-1 的[-1,1]的位置信息编码。取在此区间之内不重复的连续数字来组成它的位置信息编码。

2．不同维度的语义难以体现

在各维度起始，位置编码均设为 1，此设定本身无误。然而，在处理如关注度等复杂计算时问题显现。以"猫"为例，其需要与其他字词（如"鱼"）跨维度计算相关度，若"鱼"在各维度中的位置编码均固定（如始终为 4），则模型难以区分不同维度下"鱼"的具体语义背景。简而言之，位置信息的一致性掩盖了文字在不同维度中的语义差异。

因此，关键在于实现位置编码的维度差异化，确保各维度内位置编码唯一且具备连续性与关联性，同时限制其值在[-1,1]区间内，以适应数值模型的敏感性，此即 7.2.1 节中第三点的核心：模型需具备识别并学习位置编码规则的能力。

为了解决上面两个问题，学者们提出了一个天才的技术，即采用正余弦函数。

7.2.4　正弦和余弦的位置编码

采用正弦和余弦函数作为位置编码很好地解决了前面的问题，接下来介绍正弦、余弦的位置编码原理，并通过一个简单的例子加深理解。

1. 正弦、余弦的位置编码原理

论文 *Attention Is All You Need* 中的理论设计精妙，简而言之，其应用核心为正弦（sin）与余弦（cos）函数。中学数学已阐释，正弦与余弦均表现为在[-1,1]区间内周期性波动的连续曲线，如图 7-4 所示，具体代码细节参考 12.2.2 节。

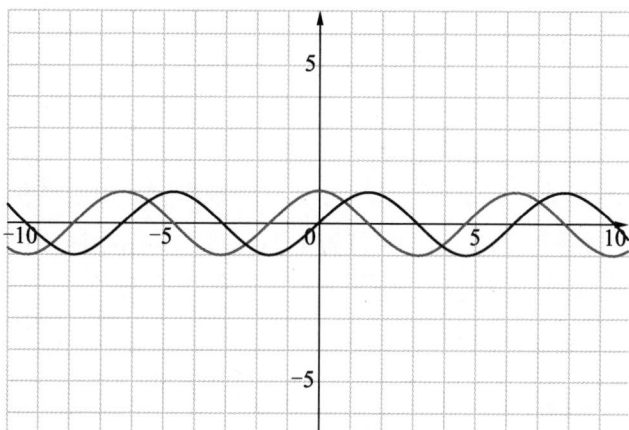

图 7-4　正弦、余弦函数示例

因此正弦与余弦函数适用于位置信息的编码。通过在相应曲线上连续取值，确保每个位置编码唯一，且值域限制在-1～1，从而有效解决了位置编码的信息表示问题。具体实现上，原论文设定：在偶数维度采用正弦函数编码，而在奇数维度则采用余弦函数编码。

2. 位置编码案例

例如，将位置信息由传统的 1、2、3、4 编码替换为正余弦函数值（如 0.00、0.84等），则对于"小猫爱吃鱼"等文本，其位置编码将呈现为一系列在-1～1 变化的唯一值且各维度间互不相同。

上述编码方式确保了位置信息的连续性、唯一性和维度间的差异性，原因是利用了正弦和余弦曲线的不同趋势。

使用正弦、余弦函数值代替位置编码之后，"小猫爱吃鱼"这几个字符的位置信息与词嵌入向量相加后的最终值变为图 7-5 所示，我们构建了一个既包含文本内容又融合位置信息的数字矩阵。

小　　[0.5987, 0.5697, -0.7157, 1.8689]

猫　　[1.3878, -0.0711, -0.1930, 0.1784]

爱　　[2.1346, -1.4784, -1.8563, 1.4897]

吃　　[0.2102, -1.6049, 0.2446, 0.4900]

鱼　　[-0.6769, 0.7149, -1.4735, -0.1137]

图 7-5　采用正弦、余弦函数位置编码加词嵌入向量结果

矩阵的每一行代表训练样本中的一个字，而列数则定义了学习语义信息的维度数（即 d_model）。此矩阵作为输入被送入 Transformer 模块中进行深入的语义学习。

此处有两个问题值得思考：

❏ 为什么原有 token 加位置信息的数字得到的结果还能表现其之前的位置信息？

❏ 为什么通过正弦、余弦编码后，模型就能学习到编码规律？

第二个问题可以直接给出答案。通常的解释是由于神经网络层数很多，随着其不断重复，神经网络学习到文字的变化。其通过文字能学习到曲线的变化，并且根据曲线的变化自然而然就学习到每个文字在不同位置上的信息。根据不同的位置改变与其他文字的关联度，这是一个笼统的答案，但是目前唯一能给出的答案。

为了解决第一个问题，我们还需要继续深入理解词嵌入与位置信息，接下来就带领读者进行深入学习。

7.3　深入理解词嵌入与位置信息

接 7.2 节中提到的第一个问题：把原有 token 加位置信息的数字得到的结果为什么还能表现其之前的位置信息？

为了解决此问题，我们先对前几节输入的文本进行语义信息和位置信息相加，如图 7-6 所示。

将“小猫爱吃鱼”这 5 个字的语义信息与位置编码相加后，得到定义 5 个文字的四维矩阵。即文字嵌入向量矩阵，如图 7-7 所示。

关于文字的位置编码，前面已详细介绍了其获取方法，即利用正弦与余弦函数，将位置编码标准化至[-1,1]区间。

获取语义与位置信息后，进行向量加法运算，融合成新向量，该向量集成了文字的语义与位置信息的双重特征。在大语言模型训练中，实际输入是此融合后的新向量。对于多文字文本，则形成包含多个新向量的矩阵，作为嵌入向量矩阵输入模型。

	小	[-0.3631, -0.7916, -0.7438, -0.0844]
	猫	[-1.9772, -0.3829, -0.1093, 0.2001]
语义信息	爱	[-0.8396, -2.7955, 0.7992, 0.4879]
	吃	[0.0937, 0.7490, -0.1024, 1.1950]
	鱼	[-1.3367, -0.2113, 0.8604, 0.3574]

＋

	小	[0.5987, 0.5697, -0.7157, 1.8689]
	猫	[1.3878, -0.0711, -0.1930, 0.1784]
位置信息	爱	[2.1346, -1.4784, -1.8563, 1.4897]
	吃	[0.2102, -1.6049, 0.2446, 0.4900]
	鱼	[-0.6769, 0.7149, -1.4735, -0.1137]

‖

	小	[-0.3631+0.5987, -0.7916+0.5697, -0.7438-0.7157, -0.0844+1.8689]
	猫	[-1.9772 1.3878, -0.3829-0.0711, -0.1093-0.1930, 0.2001+0.1784]
输入信息	爱	[-0.8396+2.1346, -2.7955-1.4784, 0.7992-1.8563, 0.4879+1.4897]
	吃	[0.0937+0.2102, 0.7490-1.6049, -0.1024+0.2446, 1.1950+0.4900]
	鱼	[-1.3367-0.6769, -0.2113+0.7149, 0.8604-1.4735, 0.3574-0.1137]

图 7-6 词嵌入向量与位置信息

下面具体回答前面的问题，主要分为以下两点：

1．Transformer词嵌入＋位置信息原理

Transformer 通过为每个单词的词嵌入向量添加一个位置编码来理解序列中的单词信息。位置编码可以是绝对位置编码，也可以是相对位置编码。绝对位置编码通常是模型通过学习得到的，而相对位置编码则通过正弦和余弦函数的不同频率来计算。这样，即使模型并行处理单词，也能够保留单词在序列中的相对位置信息。

2．理解语义且记住顺序原理

位置编码向量与词嵌入向量通常是相加关系，这样做相当于在输入数据和位置信息数据之间做了矩阵叠加而不改变词嵌入向量的原始语义信息，即每个位置编码都是一个

与词嵌入向量具有相同长度的向量，它的每个元素都是一个实数，用于表示该位置的位置信息。

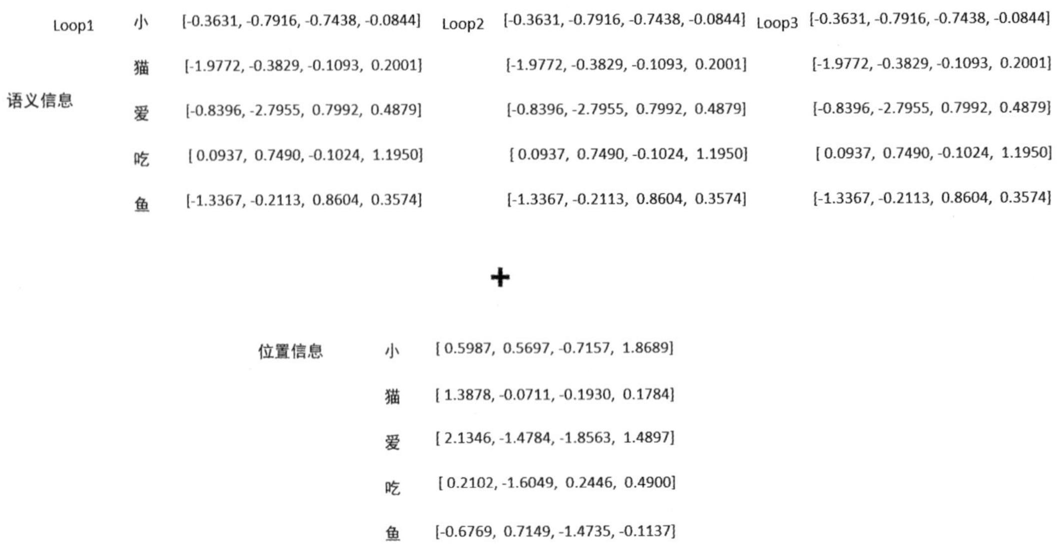

Loop1	小	[-0.3631, -0.7916, -0.7438, -0.0844]	Loop2	[-0.3631, -0.7916, -0.7438, -0.0844]	Loop3	[-0.3631, -0.7916, -0.7438, -0.0844]
	猫	[-1.9772, -0.3829, -0.1093, 0.2001]		[-1.9772, -0.3829, -0.1093, 0.2001]		[-1.9772, -0.3829, -0.1093, 0.2001]
语义信息	爱	[-0.8396, -2.7955, 0.7992, 0.4879]		[-0.8396, -2.7955, 0.7992, 0.4879]		[-0.8396, -2.7955, 0.7992, 0.4879]
	吃	[0.0937, 0.7490, -0.1024, 1.1950]		[0.0937, 0.7490, -0.1024, 1.1950]		[0.0937, 0.7490, -0.1024, 1.1950]
	鱼	[-1.3367, -0.2113, 0.8604, 0.3574]		[-1.3367, -0.2113, 0.8604, 0.3574]		[-1.3367, -0.2113, 0.8604, 0.3574]

+

位置信息	小	[0.5987, 0.5697, -0.7157, 1.8689]
	猫	[1.3878, -0.0711, -0.1930, 0.1784]
	爱	[2.1346, -1.4784, -1.8563, 1.4897]
	吃	[0.2102, -1.6049, 0.2446, 0.4900]
	鱼	[-0.6769, 0.7149, -1.4735, -0.1137]

图 7-7　词嵌入向量与位置信息相加

上述相加的方式不会破坏词嵌入的语义信息，而是在其基础上增加了位置信息，使得模型在处理序列时能够考虑到单词的顺序。

因此，即使在词嵌入向量中加入了位置编码，模型仍然能够保留和理解原始的词义信息，同时获得了处理序列数据时所需的位置信息。接下来我们深入探讨大语言模型训练循环的内部机制，主要从词嵌入向量的更新和位置信息的作用与效果两个方面进行介绍。

7.3.1　词嵌入向量的更新

如图 7-7 所示，有 3 次循环（training loop），每一次循环都是在更新词嵌入向量，寻找最佳的坐标点以及值的取值空间。

第一次循环结束之后，会更新词嵌入向量中的数值并将这些值传回词嵌入板块进行第二次循环。

第二次循环继续更新，直至数值较为精确。实际上，不断更新的是词嵌入向量表中的值，即每个词对应其专属值持续迭代优化。在后续循环中，均采用前次更新后的值进行新一轮运算，如此循环往复，确保值持续得到优化。

每次更新并输入模型训练前，需要融入位置信息，该位置信息表固定不变，一经设定即长期使用。因此，在词嵌入向量结合位置信息输入模型计算时，位置信息恒定，仅词嵌入向量部分发生变动。鉴于位置信息的稳定性，我们需要了解其在实际应用中的具体作用与效果。

7.3.2　位置信息的作用和效果

位置信息的作用和效果单从理论上讲可能较为抽象，我们通过一个具体案例以大模型中的平行四边形法则来体会其作用和效果。

1. 案例："小猫爱吃鱼"

例如"小猫爱吃鱼"这 5 个字，去除第三、第四维度，只保留一、二维度，如图 7-8 所示，方便通过平面直角坐标系来直观地感受。这里我们单独拿出"小"来学习位置信息的作用与效果。

小　[-0.3631, -0.7916]　　　　小　[0.5987, 0.5697]

猫　[-1.9772, -0.3829]　　　　猫　[1.3878, -0.0711]

爱　[-0.8396, -2.7955]　　✚　爱　[2.1346, -1.4784]

吃　[0.0937, 0.7490]　　　　吃　[0.2102, -1.6049]

鱼　[-1.3367, -0.2113]　　　　鱼　[-0.6769, 0.7149]

图 7-8　保留一、二维度的词嵌入＋位置信息

如图 7-9 所示，设"小猫爱吃鱼"的第一个字"小"的初始化向量为(1,3)，代表其语义信息。设"小"在文本中的位置向量为(2,1)，代表其位置信息，则得到两个向量：词嵌入向量(1,3)与位置向量(2,1)。

小　　[1，3]

✚　　＝　[3，4]

小　　[2，1]

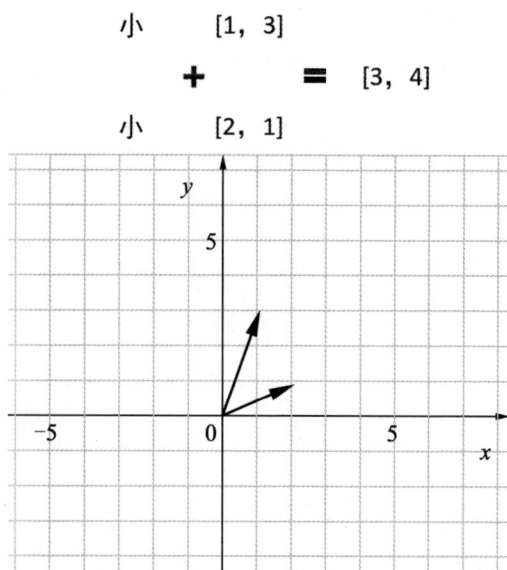

图 7-9　放到同一个坐标系中

通常情况下位置信息不变。每次模型更新时，通过向量相加的形式把语义信息和位置信息进行相加。

"小"的语义信息向量与位置信息向量相加用坐标表示，两者相加得(3,4)，即语义信息向量与位置信息向量的融合向量，如图 7-10 所示。

小　[1，3]

\+ 　　　= 　　[3，4]

小　[2，1]

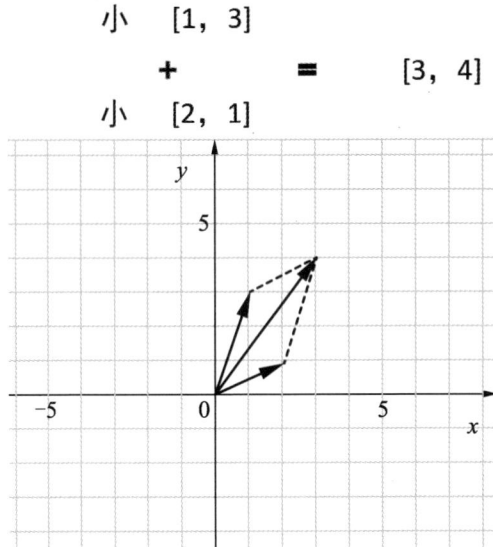

图 7-10　词嵌入向量和位置信息在平面直角坐标系中的变换

2. 大语言模型中的"平行四边形法则"

在大语言模型中，向量均自原点延伸，故向量之和表现为平行四边形的对角线，如图 7-11 所示。在大语言模型训练循环中，更新的是语义向量，而位置向量固定不变，因此平行四边形一边变化而另一边保持不变。在此情况下，对角线（即模型输入向量）与变化边之间存在特定关系。模型通过学习更新的语义权重（如(1,3)）结合固定位置向量(2,1)生成新的输入向量(3,4)。

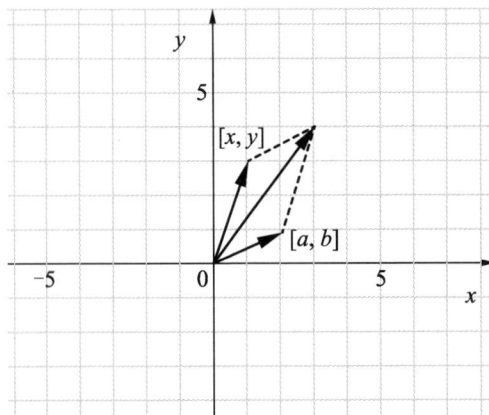

图 7-11　抽象理解向量之间的关系

将上述例子用坐标来形象地表示。如图 7-11 所示，(a, b) 为固定位置信息向量，而 (x, y) 为模型训练中动态变化的词嵌入向量权重。每次词嵌入向量更新时，需要与位置向量相加，作为模型输入（对角线）。

在模拟训练过程中，(x, y) 持续变动，而 (a, b) 保持恒定，构成平行四边形结构。直观上，斜边（位置向量）与对角线（输入向量）存在同比变化关系。在一象限内（不考虑负数），词嵌入向量的变化始终遵循一定的规律。

上述内容比较抽象，不好理解，现在来看具体的例子，如图 7-12 所示。

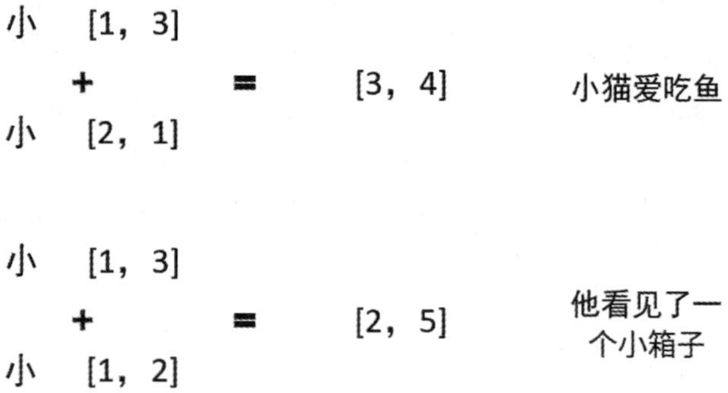

```
小    [1，3]
        +        =        [3，4]        小猫爱吃鱼
小    [2，1]


小    [1，3]
        +        =        [2，5]        他看见了一
小    [1，2]                            个小箱子
```

图 7-12　词嵌入+位置信息实例解释

首先有两段样本文字："小猫爱吃鱼"和"他看见了一个小箱子"，这是一批训练样本文字，中间都出现了"小"这个字。可以看到，这两段样本文字里都有小且其语义不一样。

如果模型已经训练好，那么"小"的 token 所对应的词嵌入向量是固定的。无论在什么语言语境里，"小"都是(1,3)。

🔔**注意**：这里的(1,3)是前面的举例说明，此处的意思是语义信息编码都是从同一个数据库里取值的，也就是前文说的 Tik-token 数据库。

模型如何分析这两个不同文本中的"小"呢？训练时，模型纳入不同的位置信息，此信息实际为相对距离。跳出此概念，审视 Transformer 架构，其核心在于 Attention 机制。它非孤立学习文字，而是探究文字共现的概率，即文字间的关联度。

计算 token 间的关联度时，下面两个关键信息尤为重要：

❑ 包含语义信息和位置信息的综合向量。

❑ 词嵌入向量和"小"字的向量乘积。

在用于大语言模型训练的样本中，"小"在该段文本中包含语义信息和位置信息的向量为(3,4)，此编码通过 sin 和 cos 函数结合，不仅反映了(2,1)的具体位置，还融入了文本中如"爱"等其他元素的位置信息，从而构成了一个相对位置关系。简而言之，这种编码机制使得"小"与"爱"之间虽间隔两个字，但它们在模型中的关联度得到了明确。

那么如何计算文字之间的距离呢？就是通过嵌入位置信息来计算的。

由于它们的嵌入向量部分相同，但位置信息各异，导致计算出的关注度存在差异。

例如，在图 7-12 中，向量(2,5)与"小箱子"中的"子"字的词嵌入向量进行计算，在样本文本中显示出计算结果的概率极高，这证实了(2,5)所代表的"小"与"箱子"这两个字关联度高。

根据上面两个例子表明，同一词语的词嵌入向量相同，其差异通过位置信息来区分。位置信息包含两方面：

❑ 一是词语间的相对位置，如"小猫爱吃鱼"中"小"与"爱"的相对邻近。

❑ 二是加入位置信息后，计算两词嵌入向量的乘积，结果越大表示关联度越高。

模型利用复杂的多层神经网络，自然学习到并应用了融合位置信息的词嵌入向量关系。对于开发垂直领域应用或训练模型而言，此步骤已足够，研究者可进一步探索。至于位置信息嵌入，除 sin/cos 方法外，尚存变种，但这些变种仅调整位置信息向量，未触动语义信息与位置信息的结合方式及其相对位置的固定性。

第 8 章　注意力机制模块

在完成样本训练文本的 token 化及位置信息嵌入后，我们获得了作为模型输入及后续计算基础的数字矩阵。接下来，需要对数字矩阵进行注意力机制运算。注意力机制是 Transformer 架构最核心的部分，本章将从三个方面介绍注意力机制。

❑ 注意力机制运算：阐述注意力机制的详细计算过程，了解注意力机制是如何计算文字之间的权重关系的。

❑ 交叉注意力。将目标文字与解码器的上下文进行交互，从而使模型的预测更加准确。

❑ 多头注意力。提升注意力层的性能，使模型更好地理解和处理数据。

8.1　注意力机制的运算

注意力机制是深度学习中的一种技术，它允许模型在处理信息时能够聚焦于数据中最重要的部分。注意力机制的核心思想在于计算输入序列中每个元素的重要性权重，然后根据计算出的权重对输入进行加权求和，以生成输出。接下来将从 Q、K、V 图解和手推 Q、K、V 两方面进行介绍。

8.1.1　Q、K、V 图解

注意力机制中的运算都是围绕 Q、K、V 这 3 个量进行的。它们分别代表查询（Query）、键（Key）、值（Value）。

在注意力机制的运算过程中，第一步是 3 个关键量的生成。模型首先将输入数据（如句子中的单词）映射为 3 个量：Q、K 和 V，如图 8-1 所示。这 3 个量通常通过不同的线性变换得到。

Q、K、V 就是矩阵，它是由输入值 X 分多批经过一系列转换（Tokenization）得到的，X 转换后的信息与各个权重矩阵相乘，最终将经过权重矩阵处理后的输入特征用于机器学习，如图 8-1 所示。

例如"老鼠爱大米"转换之后的上下文长度为 18（token 化后的输入值具有一定的长度，称为上下文长度），由于 Transformer 架构采用的是多头注意力机制，所以将转换

后的输入信息复制、粘贴成多个相同的批次去运算，通过将每个 X 与 W_Q、W_K、W_V 相乘，得到了 Q、K、V 矩阵。

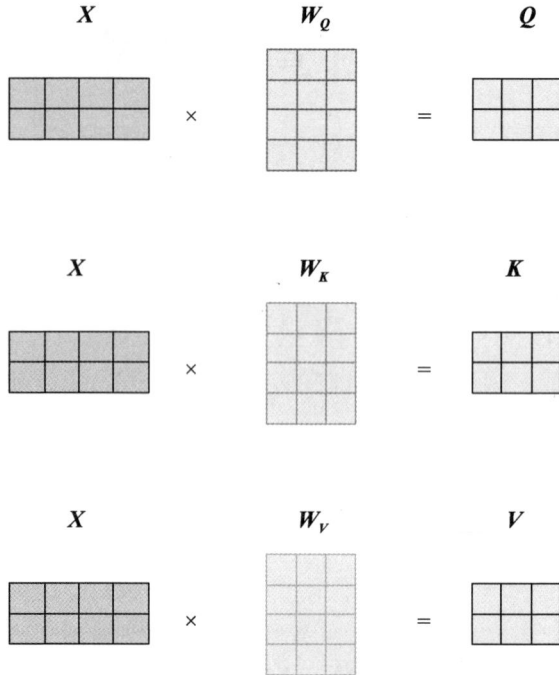

图 8-1　Q、K、V 计算示例

权重矩阵的定义是什么？它又是从何而来的呢？这些矩阵的具体定义如下：

☐ 权重矩阵：$W*$ 权重矩阵就是模型训练的目的，即找到合适的 $W*$。$W*$ 是函数 nn.Linear 初始化的，默认为随机数。经过不断的训练和更新，最终获得比较好的结果，能够帮助模型更好地聚焦重要的信息。

☐ W_Q：用于将输入序列中的每个元素（如句子中的单词）映射到查询向量空间。查询向量代表当前处理的元素（如在序列到序列模型中的下一个词）。

☐ W_K：用于将输入序列中的每个元素映射到键向量空间。键向量代表输入序列中的每个元素，它们将被用来计算注意力分数。

☐ W_V：用于将输入序列中的每个元素映射到值向量空间。值向量代表输入序列中的每个元素，它们用于计算注意力分数。

了解了定义后，接下来将从 Q、K、V 计算过程，多头切分，注意力分数计算和 Softmax 计算 4 个步骤逐步介绍注意力机制的运算过程。

1. Q、K、V 矩阵计算过程

我们单独以一个 Q 矩阵来看其是如何进行矩阵相乘的。假设有一个原始矩阵 X，它的形状为 4×16×512，将其与一个 512×512 的矩阵（称为 d_model）相乘，如图 8-2 所示。此处关键是理解如何将三维矩阵与二维矩阵相乘。

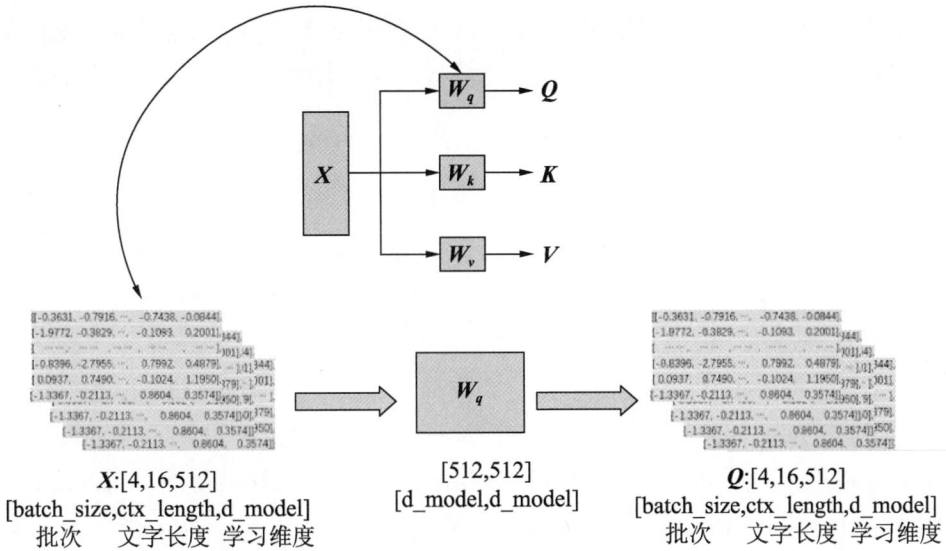

图 8-2　Transformer 架构中 Q、K、V 的准备过程

在多数语言模型训练特别是在基于 Transformer 架构中，矩阵乘法遵循后两维相乘的原则。因此将 $4 \times 16 \times 512$ 矩阵拆解为 4 个 16×512 子矩阵，各自与 512×512 矩阵相乘。此过程需要做 4 次矩阵乘法，随后整合结果，维持最终形态为 $4 \times 16 \times 512$。

接下来探讨 16×512 矩阵与 512×512 矩阵相乘。依矩阵乘法规则，需要确保前者列数等于后者行数。相乘后，结果矩阵形状为 16×512，即前者行数乘以后者列数。鉴于有 4 个批次，因此最终矩阵形态为 $4 \times 16 \times 512$，如图 8-3 所示。

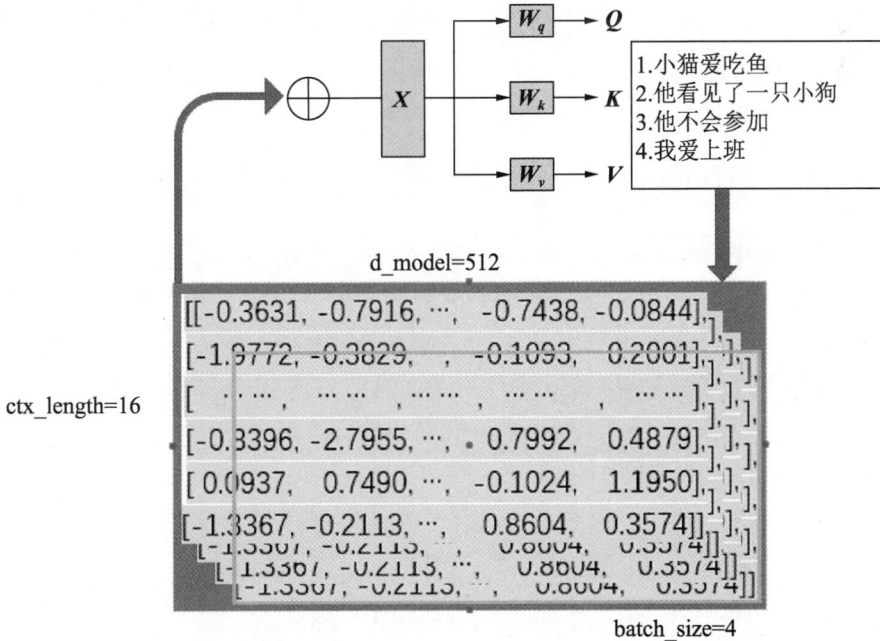

图 8-3　Transformer 架构中的矩阵中数字的含义

上面的过程表明，经权重矩阵处理后，Q 矩阵与原始 X 矩阵保持相同形状，即 4×16×512，值变而形不变。同理，K 与 V 矩阵亦经相同操作处理。下一步进行多头切分过程。

2. 多头切分过程

现在得到了 Q、K、V 矩阵，其格式都是 4×16×512，虽然格式相同，但是其内部所包含的权重数字完全不同。接下来需要将 3 个矩阵切分成多个头部，这是多头注意力机制的核心概念。

首先，通过图 8-4 所示的切分方法，我们得到了一个 4×16×4×128 的矩阵。接下来，需要进行矩阵变换，因为在 Transformer 架构中，矩阵相乘是针对最后两个维度进行的，所以需要调整矩阵的顺序，将头部数量移到前面，将上下文长度移到后面，得到新的形状，即 4×4×16×128。

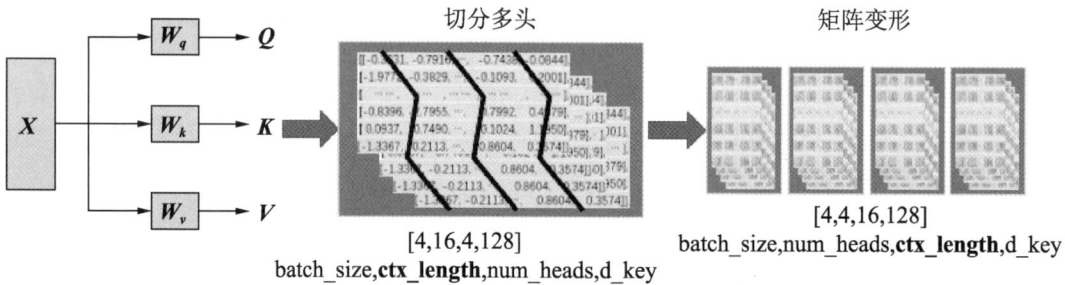

图 8-4 切分多头处理输入信息

然后观察具体的切分情况。在图 8-4 中有 4 个批次，每个批次有 4 个头部，每个头部包含一个 16×128 的小块。

接下来进入注意力分数的计算阶段。

3. 注意力分数计算过程

在注意力机制中，输入序列中的每个元素首先通过 W_q 和 W_k 进行线性变换，得到对应的 Q 和 K。然后，这些向量参与注意力分数的计算过程中进行点积运算。

例如，有一个输入序列 X，其中 x_i 表示序列中的第 i 个元素的向量，那么查询向量 Q 和键向量 K 的计算过程见式（8-1）。

$$Q_i = X \cdot W_q \quad K_i = X \cdot W_k \tag{8-1}$$

□ 此处的 · 表示矩阵乘法。每个 Q_i 和 K_i 分别是序列中第 i 个元素的查询向量和键向量。

□ 权重矩阵的形状为（d_model,d_model），d_model 代表模型运算的维度。

□ Q、K、V 的形状为（batch_size,ctx length,d_model）。

在原文 Attention is all you need 中，注意力机制的计算过程见式（8-2）。

$$\text{Attention Score} = Q \times K^{\mathrm{T}} \tag{8-2}$$

继续用上面的例子来计算，$\boldsymbol{Q}[4,4,16,128]$、$\boldsymbol{K}[4,4,16,128]$、$\boldsymbol{K}^{\mathrm{T}}[4,4,128,16]$。$\boldsymbol{Q}\times\boldsymbol{K}^{\mathrm{T}}$ 的结果为 16×16 的矩阵，重复此过程 4 次，每个头部每个批次各一次，总共进行了 16 次计算。因此，最终得到的形状是 4×4×16×16。此矩阵也代表输入文本中各字符之间的权重关系，如图 8-5 所示。

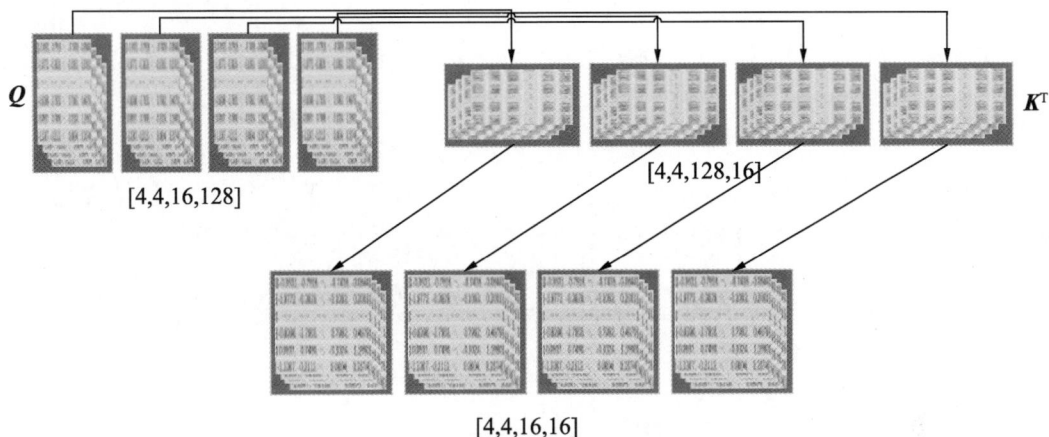

图 8-5　注意力分数计算

在上述过程中，采用点积的方式处理 $\boldsymbol{Q}$、$\boldsymbol{K}$ 的原因如下：

在空间中，两个向量越相似，其彼此之间的投影重合度就越高，则代表文字之间的相似度越高。投影的计算使用点积形式，如图 8-6 所示，所以此处使用点积处理 $\boldsymbol{Q}$ 和 $\boldsymbol{K}$。

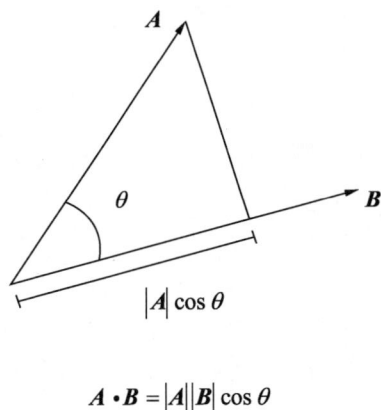

$$\boldsymbol{A}\boldsymbol{\cdot}\boldsymbol{B}=\left|\boldsymbol{A}\right|\left|\boldsymbol{B}\right|\cos\theta$$

图 8-6　点积

通过上述步骤，将每个批次的文字分成 4 个头部，总共进行了 16 次计算。这一步的结果基于 $\boldsymbol{Q}$ 和 $\boldsymbol{K}$ 的计算，换句话说，这一步已经得到了每个文字对其他文字的权重关系。此步将为后续的步骤奠定基础。

4．Softmax计算

得到 Attention Score 即注意力分数之后，某些值被放大到很大，某些值却很小，为了避免点积结果过大导致的数值不稳定问题，此时就需要对分数进行缩放处理，缩放因子通常是 K 的维度 $1\big/\sqrt{d_K}$。

在 Transformer 架构中，注意力分数的点积计算结果经过缩放操作的目的是避免维度过大导致梯度消失或爆炸的问题。

此处使用任何维度的平方根分之一都可以，在原论文训练过程中使用的键向量，用来防止模型训练过程中出现维度过大的情况。在我们训练过程中，可能会根据实验结果对缩放因子进行微调，以获得更好的模型性能。原论文中 Softmax 计算过程见式（8-3）。

$$\text{Attention}\left(\boldsymbol{Q},\boldsymbol{K},\boldsymbol{V}\right)=\text{Softmax}\left(\frac{\boldsymbol{Q}\boldsymbol{K}^{\text{T}}}{\sqrt{d_K}}\right)\boldsymbol{V} \tag{8-3}$$

Softmax 函数用于归一化点积结果，使得每一行的和为 1，表示在每个位置的注意力分布，其具体的计算过程见式（8-4）。

$$\text{Softmax}\left(z_i\right)=\frac{\exp\left(z_i\right)}{\sum\limits_j \exp\left(z_j\right)} \tag{8-4}$$

即缩放结果为某个元素值 e 的幂次方与所有元素值 e 的幂次方之比。

8.1.2　手推 $\boldsymbol{Q}$、$\boldsymbol{K}$、$\boldsymbol{V}$

下面我们用一个简单的例子来带领大家推导 $\boldsymbol{Q}$、$\boldsymbol{K}$、$\boldsymbol{V}$。

此处，我们设输入的句子为 $\boldsymbol{X}$。对于输入的句子 $\boldsymbol{X}$，通过向量化得到该句子中每个字的字向量，同时通过 Positional Encoding 得到所有字的位置向量，将其相加（维度相同可以直接相加），得到该字真正的向量表示。第 t 个字的向量记作 $\boldsymbol{X}_t$。

接着定义 3 个矩阵 $\boldsymbol{W}_Q$、$\boldsymbol{W}_K$、$\boldsymbol{W}_V$（随机生成），使用这 3 个矩阵分别对所有的字向量进行三次线性变换，于是所有的字向量又衍生出三个新的向量 $\boldsymbol{q}_t$，$\boldsymbol{k}_t$，$\boldsymbol{v}_t$。将所有的 $\boldsymbol{q}_t$ 向量拼成一个大矩阵，记作查询矩阵 $\boldsymbol{Q}$，将所有的 $\boldsymbol{k}_t$ 向量拼成一个大矩阵，记作键矩阵 $\boldsymbol{K}$，将所有的 $\boldsymbol{v}_t$ 向量拼成一个大矩阵，记作值矩阵 $\boldsymbol{V}$，如图 8-7 所示。

为获取第一个字的注意力权重，需要使用第一个字的查询向量 $\boldsymbol{q}_1$ 乘以键矩阵 $\boldsymbol{K}$，如图 8-8 所示。

$$[1,0,2]\times\begin{bmatrix}0,4,2\\1,4,3\\1,0,1\end{bmatrix}=[2,4,4]$$

再将得到的值经过 Softmax 计算，使其和为 1，即 $\text{Softmax}\left([2,4,4]\right)=[0.0,0.5,0.5]$（此处做近似计算，方便观察）。更新了权重之后，将其权重分别乘以对应字的值向量 $\boldsymbol{v}_t$，如图 8-9 所示。

$$0.0\times[1,2,3]=[0.0,0.0,0.0]$$
$$0.5\times[2,8,0]=[1.0,4.0,0.0]$$
$$0.5\times[2,6,3]=[1.0,3.0,1.5]$$

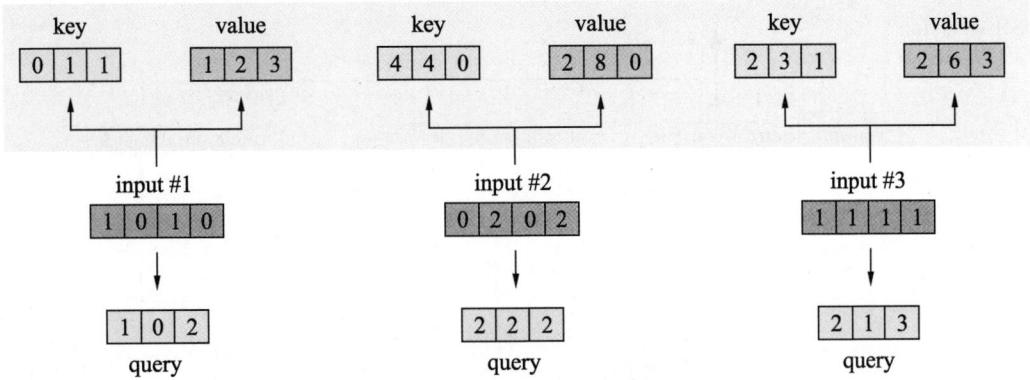

图 8-7　获得 Q、V、K 矩阵

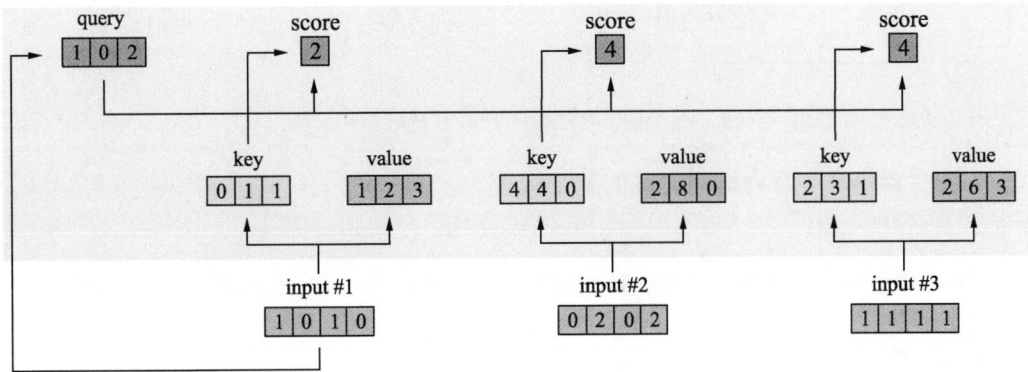

图 8-8　获得注意力权重

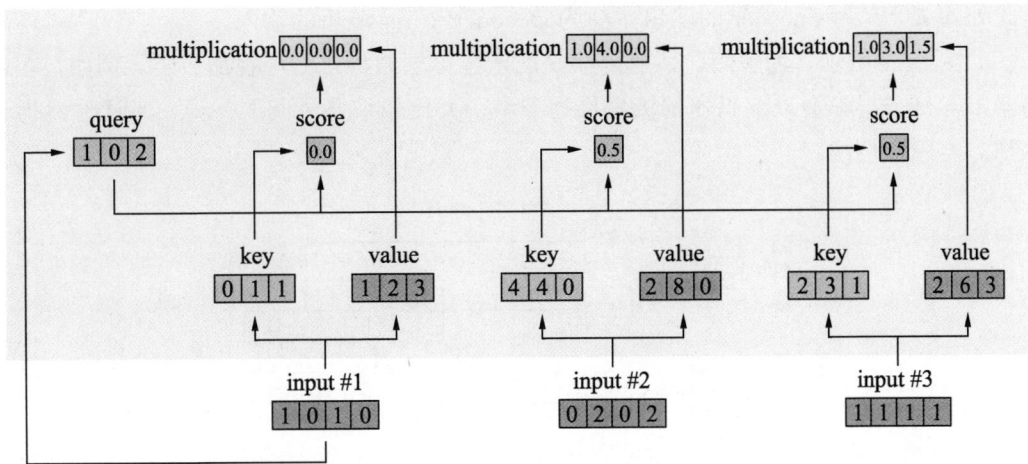

图 8-9　权重化值向量

最后将权重化的值向量求和，就能得到第一个字的输出。对其他输入向量执行同样的操作，即可以得到 Self Attention 后的所有输出，如图 8-10 所示。

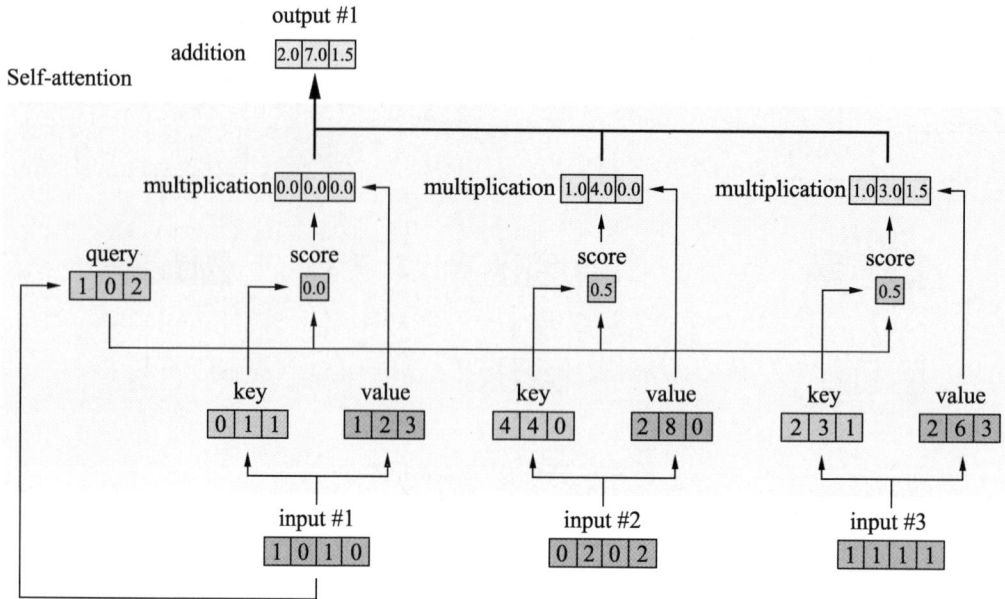

图 8-10　Self Attention 的最终输出

上述内容便是注意力机制运算的整个流程。

8.2　交叉注意力

解码器中的注意力机制结构更为复杂，在完成注意力计算后，还会经历一个交叉注意力过程。交叉注意力的计算流程和前文中的计算流程相似，结构也类似，唯一不同的是此处的 K、V 为 Encoder 的输出。Q 为 Decoder 中 mask 后的输入。

如图 8-11 所示，为了简化，解码器仅展示了单层结构，但可叠加多层。例如，在解码器中，每一层都会以编码器的输出作为参考，并比较彼此之间的差异，每次注意力计算都需要进行校准。

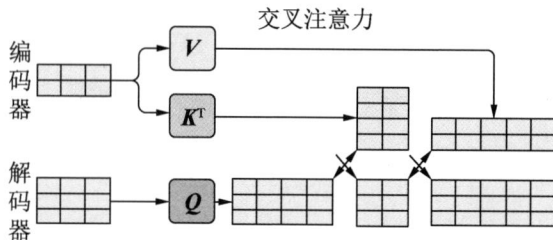

图 8-11　解码器中的交叉注意力

自注意力机制和交叉注意力机制的核心都是基于 Q、K、V 3 个矩阵的计算。然而，在自注意力机制中，用于生成 Q、K、V 的数据是相同的，而在交叉注意力机制中，生成 Q、K、V 的数据是不同的。

可以将两种注意力机制看作学习的两种方式：

❑ 自注意力机制类似于自学，所有的想法和经验都是从原有材料中总结出来的，需要理解材料中的设定语义，然后根据设定语义理解并表达语义。

❑ 交叉注意力机制类似于参考资料，省去了理解设定语义的过程，由参考资料直接提供。然而，此学习方式相对被动，只能在表达语义的层次上获取新知识。虽然可以记住答案，但是当遇到不同题目或语境时可能无法灵活运用，甚至在面对与预期不同的情况时，可能会坚持认为问题出在题目上而非自身。

若模型用于翻译任务，交叉注意力机制反而能起到校准作用。掌握了上述概念后，再去理解 Transformer 架构中编码器和解码器部分的不同，会更容易理解其工作原理。

8.3　多头注意力

为了进一步完善注意力机制，研究者们增加了一种称为多头注意力的机制，它从两个方面提高了注意力层的性能：

❑ 扩展了模型关注不同位置的能力。

❑ 为注意层提供了多个"表示子空间"。

使用多头注意力机制时，不仅有一组 Q、K、V 权重矩阵，而是有多组，如图 8-12 所示。例如 Transformer 架构使用 8 个注意力头，因此每个编码器和解码器设置了 8 组。

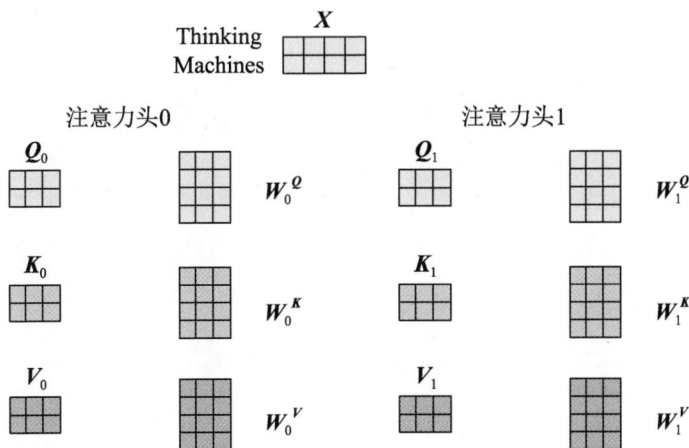

图 8-12　多头注意力机制的形式

多头注意力机制的计算过程与前文类似，需要注意的是，每个头的 Q、K、V 权重矩阵不同，从而得到的 Q、K、V 矩阵也是不同的。需使用不同的权重矩阵进行 8 次不同的计算，最终会得到 8 个不同的 Z 矩阵，如图 8-13 所示。

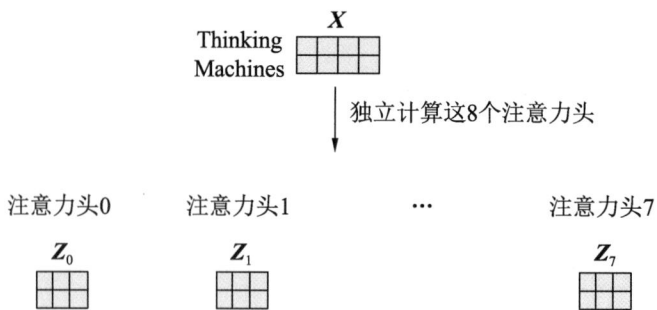

图 8-13　多头计算得到 8 个不同矩阵

但执行下一步即进入前馈层前，并不期望输入 8 个矩阵，而是期望输入 1 个矩阵。所以需要将 8 个矩阵连接起来，然后乘以附加权重矩阵 W_0，如图 8-14 所示，最终得到输出 Z。

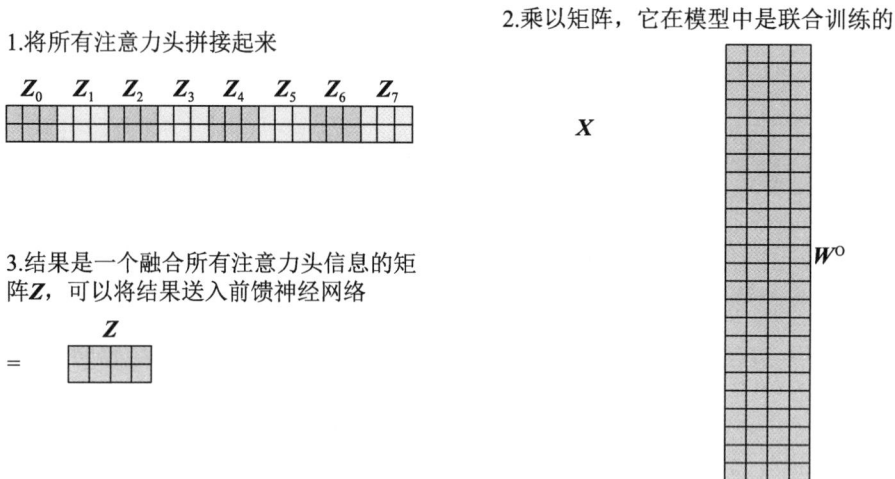

图 8-14　多个矩阵连接并与权重矩阵相乘后输出

上述过程即为多头注意力的概念，完成注意力机制后，下一步就是进入前馈层。

第9章 输 出 模 块

在上一章中，我们完成了对输入数据的注意力机制运算，接下来，我们开始准备数据输出。在进行数据输出之前，我们首先要完成残差连接、Norm 处理、前馈层、掩码处理、Softmax 等计算过程。下面我们将依次介绍以上步骤。

9.1 残差连接和 Norm 处理

数据在经过注意力机制的运算后，需要进行残差连接和 Norm 处理。在 Transformer 架构中，Add&Norm（残差连接和层归一化）是两个重要的组成部分，其共同作用于模型的各个层中，以提高模型的训练效率和性能，接下来分别介绍这两个步骤。

1. 残差连接

在介绍残差连接（Add）之前，先了解为何要进行残差连接。

在深度学习中有一个常见的现象，特别是构建深层神经网络时更为显著，那就是网络退化现象。网络退化现象指模型在能够收敛的情况下，随着网络层数的增加，模型的性能（如准确率）并未得到提升，反而出现下降的现象。这种性能下降并不是由于过拟合（overfitting）导致的，因为在训练集上，深层网络的表现同样不如浅层网络。例如，一个 56 层的深层网络在测试集上的错误率有时会高于一个 20 层的浅层网络，且这并非数据原因，如图 9-1 所示，即使在训练集上深层网络的表现也不如浅层网络。

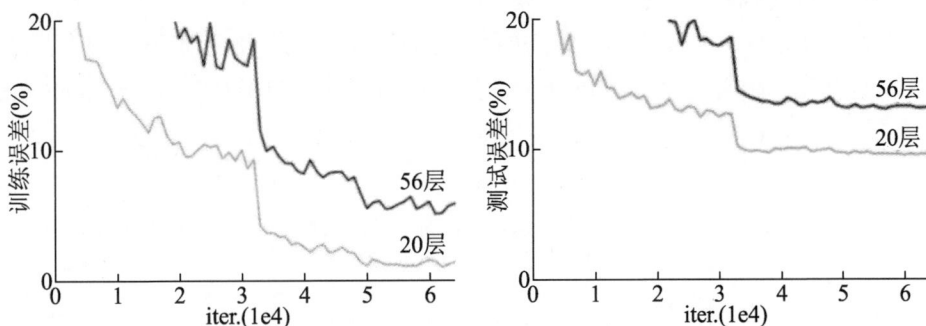

图 9-1　训练集与测试集结果

为了解决上面的问题，我们需要使用残差连接（Residual Connection）。

残差连接在构建深层网络结构时被视为有效的兜底策略。当网络已经达到或接近其性能的最优解时，若继续增加网络深度（即添加更多的层），则这些新增的层（被视为冗余层）不应该对网络的性能产生负面影响。

残差连接的实现方式通常是将某一层的输出直接加到下一层（或更深层）的输出上，从而缓解了深层网络中的梯度消失和梯度爆炸问题，使得网络可以扩展到更深的层数。

2. Norm处理

Norm 是对输入或网络层的输出进行线性或非线性的缩放处理，将其映射到一个特定的范围或分布内，以便提高网络的训练稳定性和性能的操作，如图 9-2 所示。

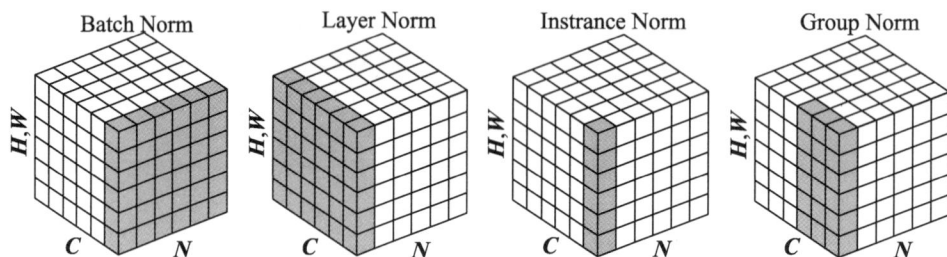

图 9-2　归一化的几种方式

在神经网络中，常见的归一化方法包括：

❑ Batch Norm（批归一化）：在每个批次中对输入数据进行规范化，使其均值为 0、方差为 1，从而加速网络的收敛过程，降低网络对初始化和学习率的敏感性，同时也有一定的正则化效果。

❑ Layer Norm（层归一化）：与批归一化不同，它在每层中对所有样本的输出进行规范化，而不是对每个批次进行规范化。层归一化在处理序列数据等不适合批处理的情况下可以作为替代方案。

❑ Group Norm（组归一化）：是一种介于批归一化和层归一化之间的方法，它将输入数据分成多个小组，然后对每个小组内的样本进行归一化，从而减小小组之间的相关性，提高网络的学习能力。

❑ Instance Norm（实例归一化）：其和 Batch Norm 本质上是相同的，但是 Instance Norm 作用于单张图片（对单个图像的所有像素求均值和标准差），Batch Norm 作用于一个 batch（对一个 batch 里的所有图像的所有像素求均值和标准差）。

Transformer 架构使用的是层归一化，用于调整神经网络中每一层的激活值的分布，使得模型的训练更加稳定并提升性能。基本上所有规范化技术都可以概括为如下公式：

$$h_i = f(a_i) \tag{9-1}$$

$$h_i = f\left(\frac{g_i}{\sigma_i}(a_i - u_i) + b_i\right) \tag{9-2}$$

其中，g_i 为缩放因子，b_i 为偏置项，两个参数都是可训练的，会随着模型的训练而更新。

对于隐层中某个节点的输出，即激活值 a_i，进行非线性变换后得到 h_i。

层归一化的过程就是先计算这一层所有激活值的均值 μ_i 和方差 σ_i^2，然后使用这些统计量对 h_i 进行分布调整。

9.2　全连接前馈神经网络

数据在经过残差连接和 Norm 处理后，再流经前馈层进行两次线性变换，如图 9-3 所示。

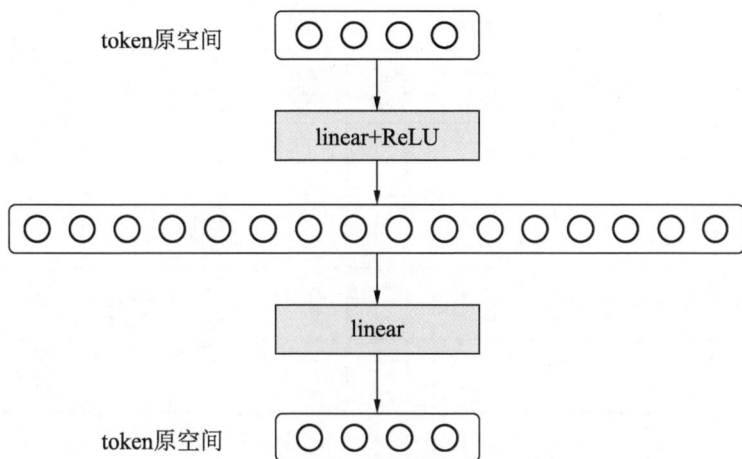

图 9-3　前馈层

从图 9-3 中可以看到，先对数据进行线性计算，再对线性计算的结果运用非线性激活函数 ReLU，最后对 ReLU 计算的输出再次进行线性计算。引入非线性激活函数的目的是增强模型的表达能力。

在 Transformer 架构的注意力机制中主要进行矩阵乘法，都是线性变换，而线性变换的学习能力没有非线性变换强。所以引入非线性变换，将数据映射到高维空间再映射回低维空间，提取了更深层次的特征。论文 *Attention Is All You Need* 中的具体公式如下：

$$\text{FFN}(\boldsymbol{x}) = \max\left(0, \boldsymbol{x}\boldsymbol{W}_1 + b_1\right)\boldsymbol{W}_2 + b_2 \tag{9-3}$$

其中，max 相当于 ReLU，其余参数都为可学习的网络参数。在前馈层后同样要进行残差连接和 Norm 处理，此处不再赘述。

9.3　mask 处理

在注意力机制中，需要关注后面的词是否会影响前面的词，避免后面的词泄露接下来的"答案"。因此，在进行 Softmax 计算前，通常会进行 mask 处理。

mask 最终期望的结果如图 9-4 所示，即左下角方框部分被强制变为 0。但如何实现此目标呢？若将其直接设为 0，每列总和就不再为 1，即不是归一化的。

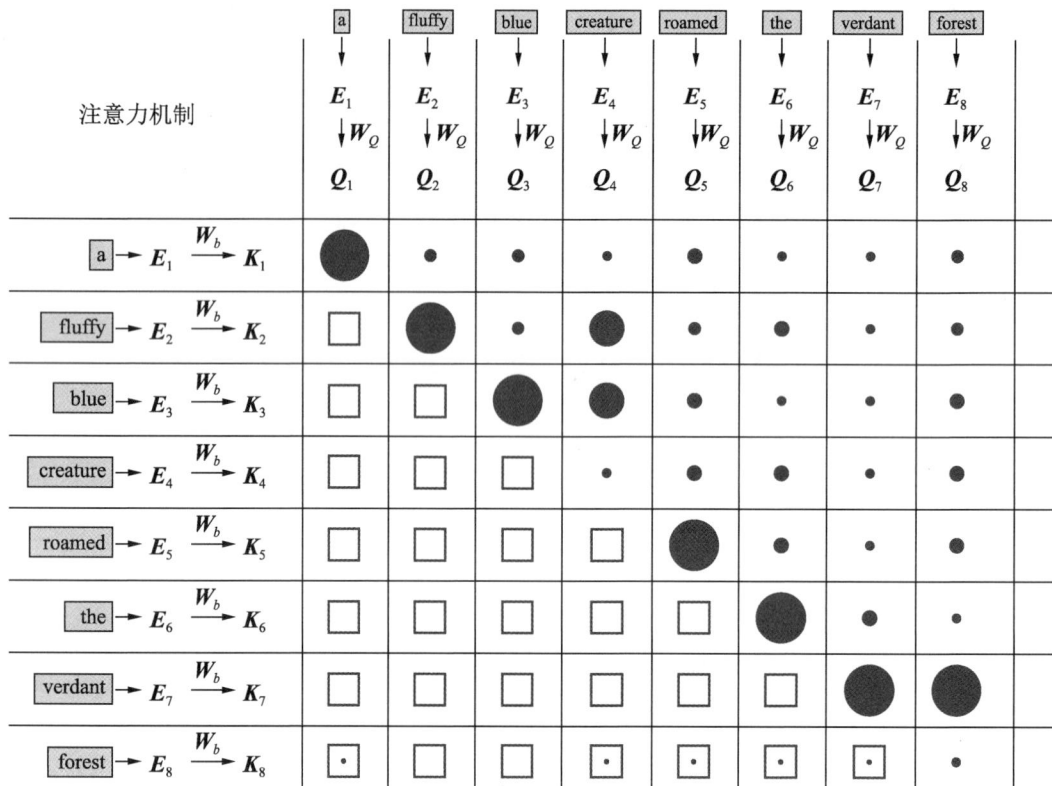

图 9-4　掩码示意图

常见的方法为：将图 9-4 左下角的方框部分设为负无穷，在经历 Softmax 计算后，其结果都为 0，但仍然保持归一化，这个过程就称为掩码，如图 9-5 所示。

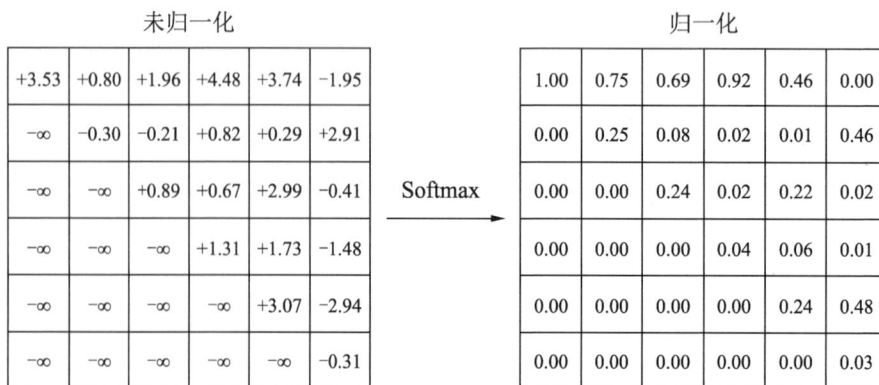

未归一化

+3.53	+0.80	+1.96	+4.48	+3.74	-1.95
$-\infty$	-0.30	-0.21	+0.82	+0.29	+2.91
$-\infty$	$-\infty$	+0.89	+0.67	+2.99	-0.41
$-\infty$	$-\infty$	$-\infty$	+1.31	+1.73	-1.48
$-\infty$	$-\infty$	$-\infty$	$-\infty$	+3.07	-2.94
$-\infty$	$-\infty$	$-\infty$	$-\infty$	$-\infty$	-0.31

Softmax →

归一化

1.00	0.75	0.69	0.92	0.46	0.00
0.00	0.25	0.08	0.02	0.01	0.46
0.00	0.00	0.24	0.02	0.22	0.02
0.00	0.00	0.00	0.04	0.06	0.01
0.00	0.00	0.00	0.00	0.24	0.48
0.00	0.00	0.00	0.00	0.00	0.03

图 9-5　掩码之后的结果

从图 9-4 中可知，解码端掩码之后的数据仍要经过一系列处理后才会输出。接下来介绍最终输出逻辑及参数量。

9.4 最终输出逻辑及参数量

数据经过上述各种模块的处理后，最终的输出结果为预测出的下一个文字，最终输出过程如图 9-6 所示。假设运行 N 次，最终输出结果如何变成预测出的文字呢？接下来从线性变换、反向更新和参数存储三个方面进行介绍。

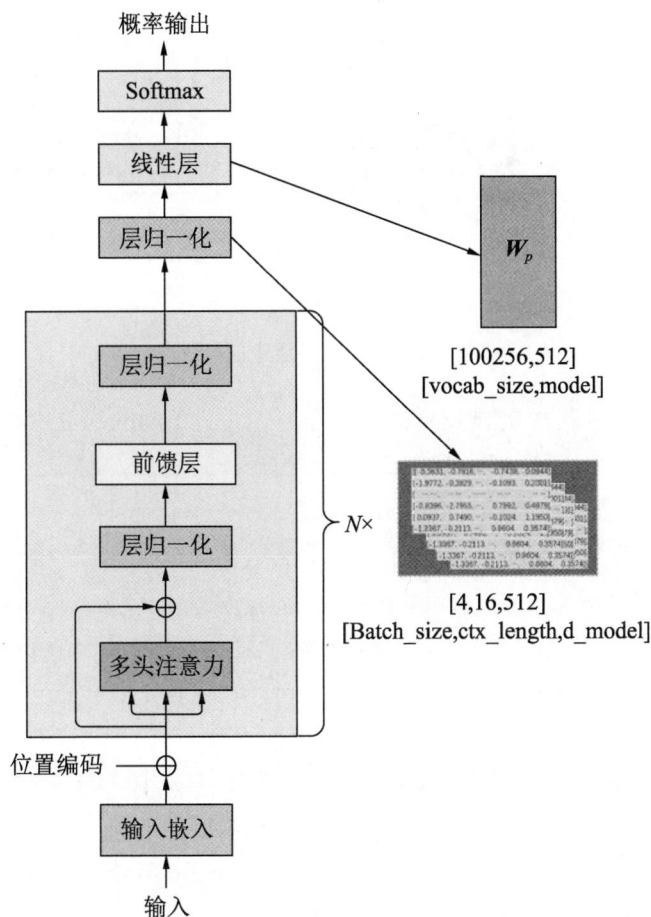

图 9-6 最终概率输出前经过线性变换和层归一化

最终输出一共有 3 个步骤：

（1）层归一化：利用层归一化对数字进行缩放。4 个批次的 16×512 矩阵进行层归一化，其比例和形状都未发生改变。

（2）线性层：对数字进行缩放后，使用该层对输入数据进行线性变换。

（3）Softmax：在线性变换完成后，与多头注意力机制的 Softmax 一样，将一行的数字换成百分比。一行中的所有数字加起来等于 1，再把百分比最高的数字输出的 token 值转换成对应的文字。

1．线性变换

上述步骤（1）和步骤（3）已经在前面介绍过，关键在于线性变换层。简而言之，该层基于前一步得到的 4×16×512 形状（代表四个批次中每个样本的 512 维概率输出），通过乘以可学习的权重矩阵 W_P 进行变换，如图 9-7 所示。

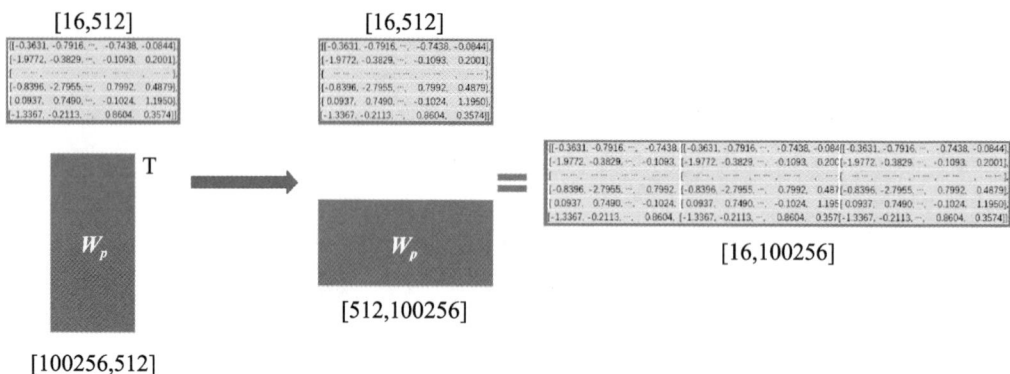

图 9-7　线性变换层中的计算

上述权重矩阵的形状由字典长度决定，在此例中为 tik token 的 100256 行与 512 列。此变换实则是将原输出矩阵乘以 100256×512 的矩阵。随后，对乘积结果进行归一化处理，转换为百分比形式，得到最终的预测输出。

让我们考虑这两个变量是如何进行矩阵乘法运算的以及其背后的含义。首先，它们相乘的过程如下：

选取其中一个批次，例如 16×512 的矩阵，然后将其乘以一个可学习的权重矩阵。在初始阶段，这些权重值是随机初始化的。每一行代表词汇表中的一个单词，每一列对应 d-model 的 512 个维度。

为了符合矩阵乘法的运算规则，需将其转置为 512×100256 的形状，运算结果为 16×100256 的巨大矩阵。该矩阵的每一行对应样本数据中的一个字，如"他不会去参加这场会议"。因此，第一行对应文字"他"，包含 100 256 个数字，这 100 256 个数字对应 tik token 中的 100 256 个 token。

因此，每一行对应输入数据中的一个字，每一列对应 100 256 个字，其交叉点的数字代表两个字之间的关联度，模型将会选择关联度最高的文字进行输出，输出结果就是预测的下一个字。

2．反向更新

通过另一种方式来优化这段内容。假设长度为 100 256，共有 16 行（如图 9-8 所示），每行代表样本数据中的一个单词。以单词"他"为例，它可能对应其中某个单词的最高概率。该单词被选中后，即成为模型预测的下一个单词。

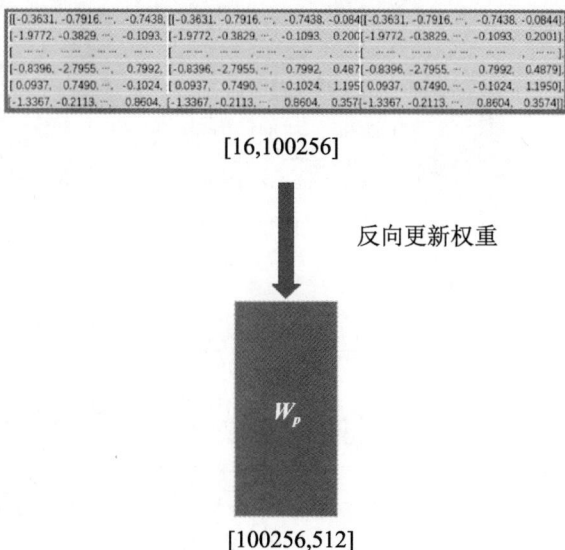

[[-0.3631, -0.7916, …, -0.7438, [[-0.3631, -0.7916, …, -0.7438, -0.084[[-0.3631, -0.7916, …, -0.7438, -0.0844]]
[-1.9772, -0.3829, …, -0.1093, [-1.9772, -0.3829, …, -0.1093, 0.200[-1.9772, -0.3829, …, -0.1093, 0.2001],
[…, …, …, …, …, […, …, …, …, …, […, …, …, …, …,
[-0.8396, -2.7955, …, 0.7992, [-0.8396, -2.7955, …, 0.7992, 0.487[-0.8396, -2.7955, …, 0.7992, 0.4879],
[0.0937, 0.7490, …, -0.1024, [0.0937, 0.7490, …, -0.1024, 1.195[0.0937, 0.7490, …, -0.1024, 1.1950],
[-1.3367, -0.2113, …, 0.8604, [-1.3367, -0.2113, …, 0.8604, 0.357[-1.3367, -0.2113, …, 0.8604, 0.3574]]

[16,100256]

反向更新权重

W_P

[100256,512]

图 9-8　反向更新权重

　　然而，下一个 token 实际是什么？我们知道下一个是"不"，而模型预测的可能不是"不"。此时，就会使用反向更新或交叉熵损失函数的机制来计算。计算完成后，会得出需要更新多少比例的权重，并告知模型更新权重。更新过程实际上是更新矩阵 W_P，即进行线性变换的权重更新。

　　例如，若下一个单词是"不"，而预测出的可能是"中华"，则需要计算"中"和"不"这两个词的交叉熵损失函数，并更新 W_P 权重。在一个批次中有 16 个样本单词，因此会进行 16 次计算，批量更新每个单词对应的线性变换权重关系。此外，我们有 4批样本，每批有 16 个 token 的样本，因此同时进行了 4 批乘以 16 个单词的预测，共 64次权重更新循环。

　　若要进一步优化上述内容，则要理解 W_P 矩阵，可以这样考虑：对于每个可能的输出特征（例如，在"他不会"的情况下，预测下一个单词），若词典中的每个单词都有一个 512 维权重向量，则意味着对于每个单词都有一个 512 维向量与之对应。此 512 维向量的值通过交叉熵损失函数进行更新。这是最后一步所做的事情，以一种新的形式来看待批量样本数据集的输出。逐行输出结果，通过 W_P 矩阵相乘后输出"不"，然后验证"不"是否正确，如果不正确，则更新权重。对第二行输出"不会"的情况也是如此。总共输出 16 次，每次输出 16 个单词，分别更新 16 次权重。

3．参数存储

　　回顾整个 Transformer 架构，采用的做法是将一批样本文字输入，加入位置信息后进行一系列计算，经过 N 层计算后，预测下一个可能的输出文字。在训练的过程中，如果预测不准确，特别是在训练初期，会通过交叉熵损失函数计算后更新所有涉及的权重，然后进入下一个循环。随着不断遇到各种文字组合关系，进行成千上万次循环后，这些权重值会变得非常准确，如图 9-9 所示为字与字之间的学习权重更新。

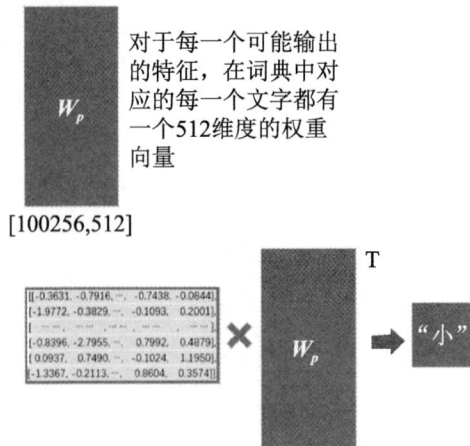

图 9-9　字与字之间的学习权重更新

　　上述过程涉及参数的积累和更新，这些参数包括嵌入矩阵、多头注意力机制中的 W_Q、W_K、W_B 和输出 W_O 及前馈网络中的参数。前馈网络中的参数量是扩展 4 倍后再缩小到原始维度的 d_model 乘以 4，然后再乘以 2。最后一步是词汇表的线性变换向量，其大小为词汇表乘以 d_model。每一层都有自己的参数。总体来看，样本数据越大，训练次数越多，层数越多，参数量就越大。现在大型模型的参数量达到了千亿级别。

　　以上便是 Transformer 输出模块的基本流程，以及该模块与 Transformer 整体架构的关系。

第 10 章　基于 Transformer 架构的模型训练、推理与优化

通过前面的章节，我们已经了解了 Transformer 架构的工作流程。那么从编码器和解码器的大架构上来说，基于 Transformer 架构的模型是如何进行工作的呢？接下来从训练、推理与 Seq2Seq 的优化三个方面介绍 Transformer 模型的宏观工作流程。

🔔注意：为了简化表述，后续讲解中将基于 Transformer 架构的模型统称为 Transformer 模型。

10.1　训 练 过 程

在训练阶段，Transformer 模型的编码和解码部分可以并行训练。例如，要进行中英文翻译，输入"我想吃饭"对应英文翻译为"I want to eat"，即将"我想吃饭"输入编码器，"I want to eat"输入解码器，如图 10-1 所示。

在此阶段，数据按照 Transformer 模型的编码和解码过程逐步进行计算和执行。其中，交叉注意力机制用于互相匹配，以检查它们之间的相似性，最终得到一个损失函数，该损失函数反映了编码器部分和解码器部分之间的关系。

编码器和解码器将分别获得一个潜空间的词向量，这些词向量的差异将影响损失函数的匹配程度。通过损失函数计算出损失值，然后通过反向传播来调整模型参数，最终使编码器和解码器部分能够匹配，并且在潜空间中，这些词向量所代表

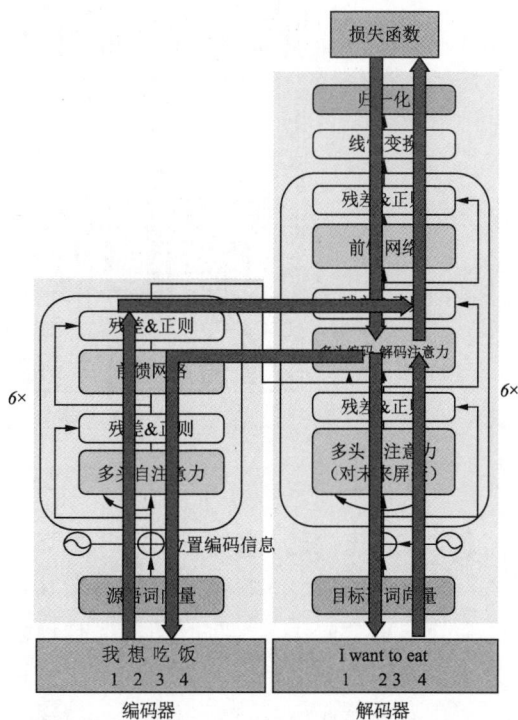

图 10-1　训练过程

的词义需要互相对应，这是训练过程中的关键。

10.2　推理过程

相对于训练过程，推理过程则更为复杂。根据先前的理解进行翻译时，需要将中文的 token 转换为潜空间中的词向量，然后将这些词向量解码为对应的英文文本，如图 10-2 所示。

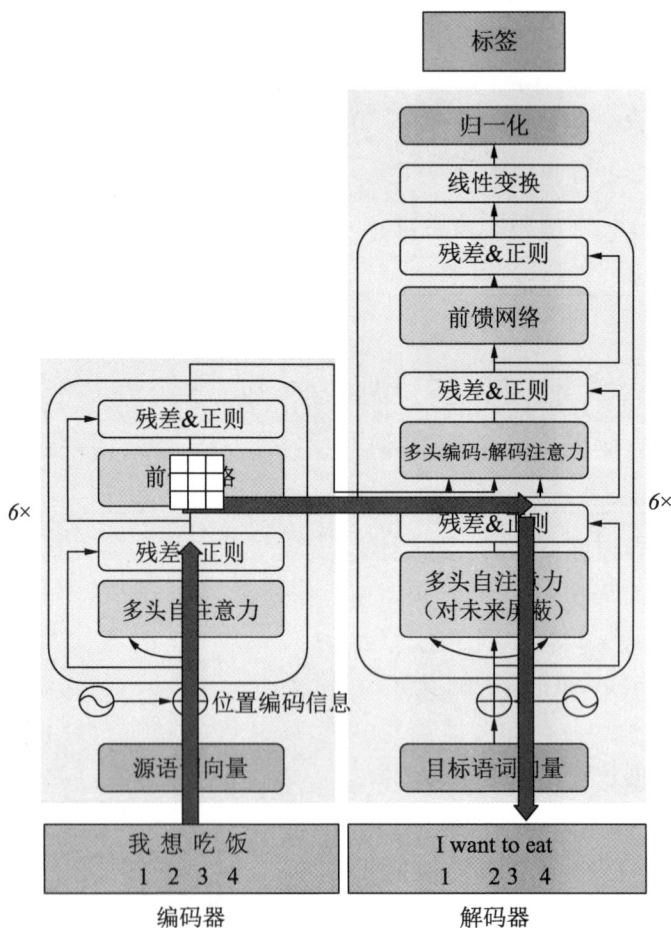

图 10-2　推理过程

在此过程中，首先将输入的"我想吃饭"转换为词向量，然后解码器会将该词向量引入，并根据英文形式将其还原为英文 token。

当处理单个词或一一对应的情况时较为简单，因为中文 token 和英文 token 一一对应，输入多少就输出多少。但前文提到，在矩阵运算中，数据流经过后，数据数量不会发生变化，只会呈线性变化。按照最初的理解，需要输入多少 token，就输出多少 token。

但实际情况中的中英文翻译并非如此。大多数情况下，中文表达的语义要翻译成英文时，token 的个数并不确定。这就是前文提到的 Seq2Seq 问题，需要解决。

10.3　Seq2Seq 的优化过程

在解决 sequence to sequenc 问题时，最初采用的是 RNN，即循环神经网络。而 Transformer 架构在解码器部分也借鉴了 RNN 的思路。

在 Transformer 架构中，同样是输入一个词以获得潜空间的词向量，这部分保持了 RNN 的特点。然而，关键在于生成过程，在 Transformer 架构中，词不是并行生成的，而是依次生成的，生成过程利用了循环神经网络的思路。

下面介绍在 Transformer 模型中 sequence to sequenc 的优化思路，并介绍一些相关的扩展知识。

1. 优化思路

具体方法是：在编码器部分，首先将需要翻译的句子"好久不见"一次性输入，然后生成一组潜空间的词向量，如图 10-3 所示。

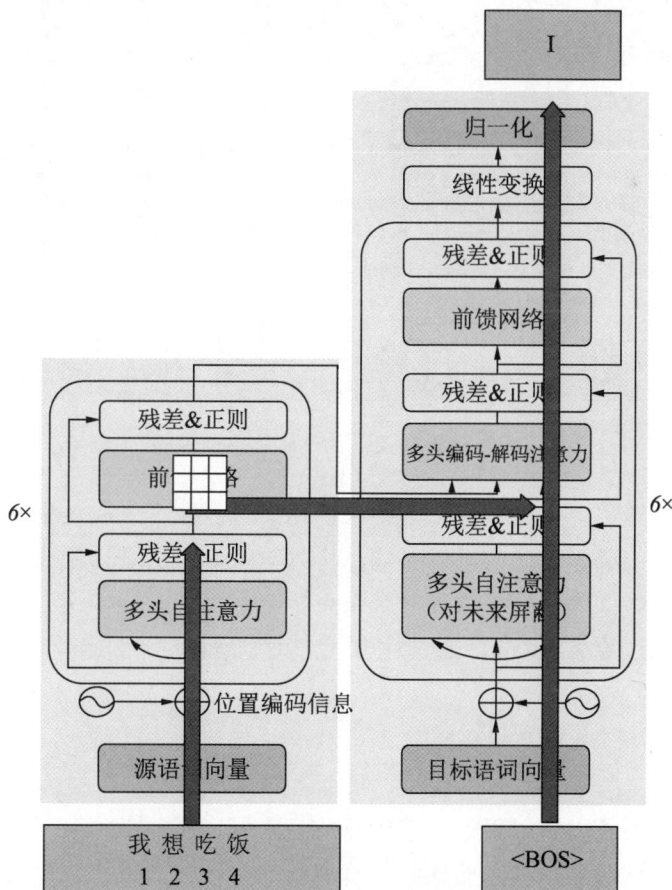

图 10-3　Transformer 架构的循环机制

在解码器部分，仍然需要输入一个特定的符号，代表"开始"。无论之前输入了什么内容，在此阶段都会首先输入这个特殊符号。一旦输入了这个符号，经过交叉注意力的计算后，最终会得到一个结果。此结果在经过升维和 Softmax 计算后，会为词汇表中的所有 token 分配一个数值，然后选择具有最高概率的值作为输出结果。

输出结果表示下一个 token 是什么。假设得到最大概率值的 token 是"I"，获得"I"后，将其提取出来，然后将这两个 token 同时输入解码器中。编码器保持不变，解码器再次进行相同的计算，得到的下一个字符是"want"，如图 10-4 所示。

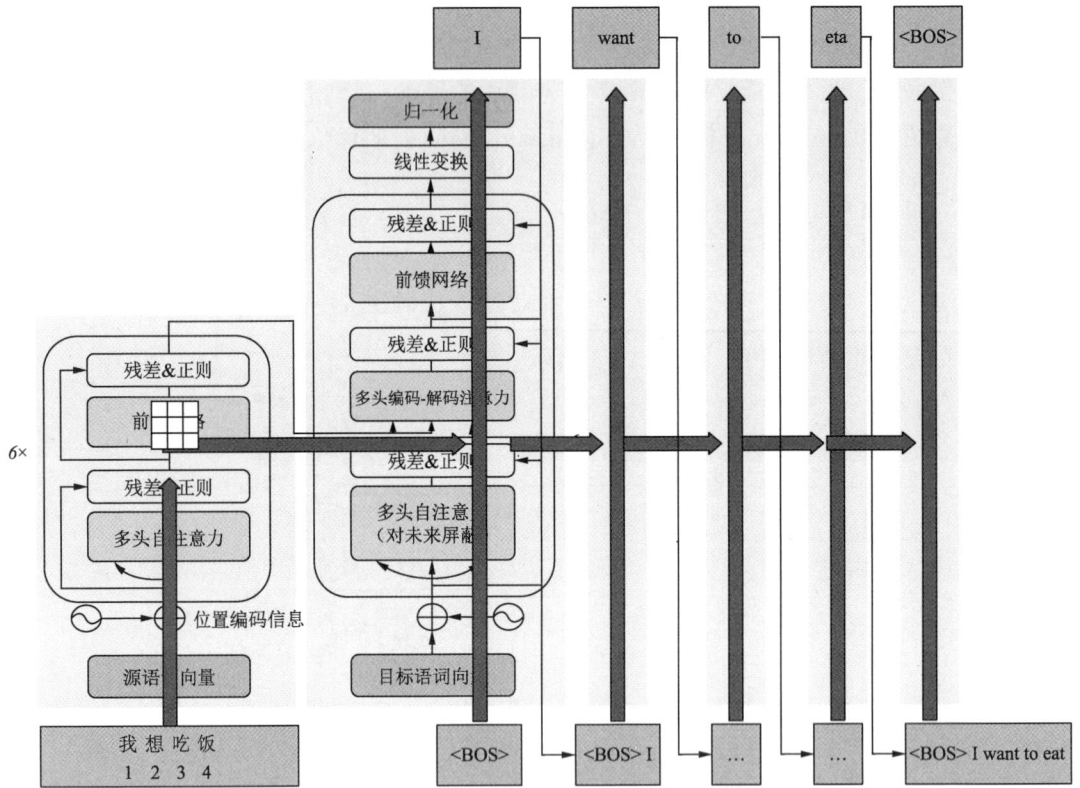

图 10-4　token 的逐步输出过程

逐步推进这个过程，直到获得一个结束标记，代表整个生成过程的结果即为前文提到的"我想吃饭"的翻译。此时可以将输出作为输入，再次进行生成，反复迭代这一过程，长度不受限制，因为最终会得到一个结束标记，相当于逐步逆向解压这个词向量空间，一个接一个地还原成 token。通过此方式，可以解决 Seq2Seq 问题，即输入和输出 token 长度不一致的情况。

2. 拓展

此外，许多大型模型可以仅使用编码器或解码器，而非必须两者结合。编解码器并非传统意义上的编解码器，其主要功能是将潜空间中的词向量还原出来。

解码器首先将输入的 token 进行编码，然后通过交叉注意力和对比的方式使两者一致，而非直接翻译。因此，解码器具有编码器的功能。

　　例如，只使用解码器部分的 GPT 模型。通过输入一个起始符号，模型可以生成内容，并要求生成内容与用户期望的内容相符，这是不现实的。相反，GPT 模型的做法是将用户输入的内容视为已经生成的内容，再继续生成后续内容。

　　模型如何理解用户意图，取决于其训练方式。通过训练模型，具备在未接收到明确指令时默认进行概括的功能，模型可以在没有指定任务的情况下进行概括。对于没有编码器的 GPT 模型如何进行翻译，最简单的方法是将不同语言的所有 token 放入一个大表中进行训练。只要模型足够大，训练数据足够丰富，最终可以将所有语言统一到模型中。

第 11 章 Transformer 模型的超参数

Transformer 模型中的超参数对模型的性能和效果至关重要，超参数的选择和调整需要根据具体的任务需求、数据特性和计算资源而定。通常需要通过实验和调优来确定最佳的超参数组合。

接下来分别介绍 4 种比较重要的超参数，分别是学习率、批处理数量、维度和头数。

11.1 学 习 率

在 Transformer 模型中，学习率是一个重要的超参数，为了清晰理解学习率在 Transformer 模型中的应用，接下来将从参数更新和反向更新两个方面逐步深入介绍。

11.1.1 参数更新

学习率的值可以在模型训练之前进行定义。若我们将其定义为 0.1，可以从更新方式和 W_q 更新的例子两方面观察其在模型训练中的作用。

1. 更新方式

在模型训练过程中，我们的目标是不断更新权重（即参数），从而找到最佳的参数取值范围。学习率可以指导我们在权重更新步骤中应当更新多少比例的权重。

例如，在一次学习迭代中，针对某旧权重项，计算出的误差为-0.4。此时，学习率（设为 0.1）乘以该误差指示了权重调整的方向与幅度，即需调整旧权重的 10%。据此，新权重通过旧权重减去学习率与误差之积得出。若旧权重为 0.90，则新权重为 0.90-0.1×(-0.4)=0.94。此后，以 0.94 为新基准，在后续迭代中重复此过程，不断累加、学习、调整，直到收敛至最优权重值，如图 11-1 所示。

学习率=0.1

新的权重	=	旧的权重	-学习率×误差
0.94	=	0.90	-0.1×(-0.4)

图 11-1 通过权重更新公式更新参数

2. W_q的更新

在 Transformer 架构的多头注意力机制中，我们让矩阵 W_q 来代表可学习参数的重要角色。在初始阶段，该矩阵的值是初始化的，在每个迭代周期中将不断更新。

假设我们从该矩阵中提取第一行第一个元素的值为 0.321。在经历一次 Transformer 模型的计算后，计算得到的误差为 1.02351。假定设定的学习率为 0.0001，将学习率 0.0001 乘以误差，然后用原始值减去此乘积。通过反向传播机制，将之前的 0.0321 更新为 0.0320，这便是计算的结果，如图 11-2 所示。

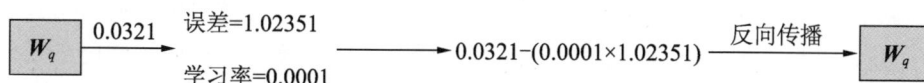

图 11-2 学习率的更新

在 Transformer 的整体架构中存在许多需要更新的参数，如图 11-3 右图代表其中的一部分，具体包括以下几个方面。

❑ 词嵌入向量表是一个巨大的矩阵，其权重是可以更新的。

❑ 在多头注意力机制中，W_q、W_k 和 W_o 矩阵也是可更新的参数。

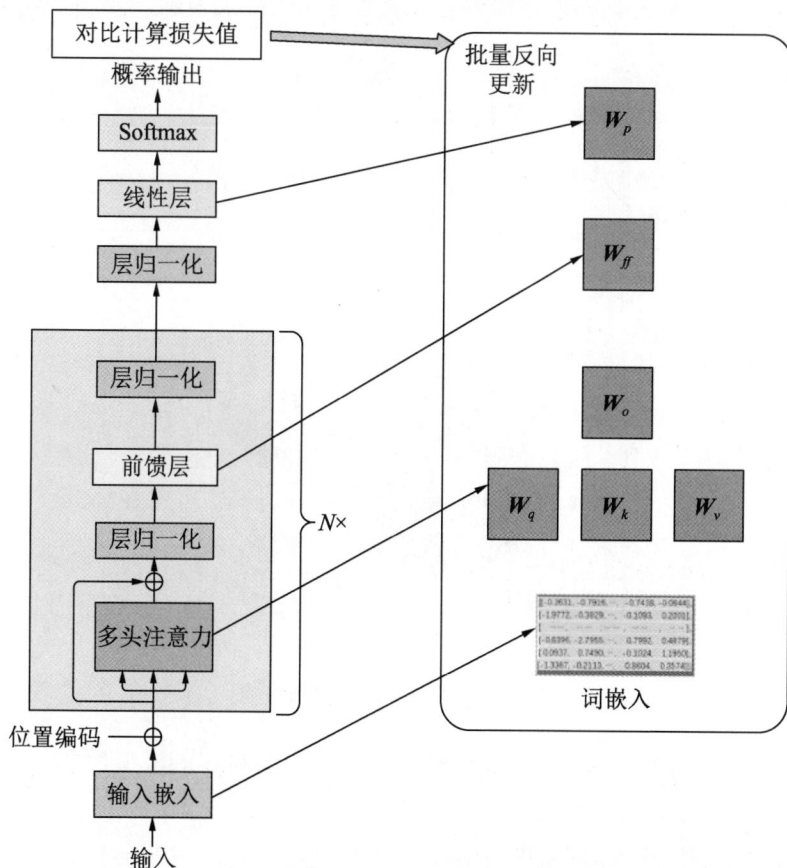

图 11-3 根据损失值反向更新参数

❑前馈网络层和最后一个信息变换层中也有可更新的参数。这些参数在 Transformer
块计算中一次又一次地进行更新，直至最后一步预测出下一个 token。

11.1.2　反向更新

前文提到了反向更新，接下来通过反向更新的定义和梯度下降来介绍学习率。

1. 定义

在训练过程中，我们知道真实的下一个 token 是什么，将模型预测的值与真实值进
行比较，这一步称为计算损失。损失值经过一系列函数计算后，我们将其用于反向更新
W_q、W_k、W_v 等参数，此过程称为反向更新。反向更新是按照倒序进行的，从最后一层
开始逐层向前更新，确保每一层的参数都得到更新。

对于初学者，反向更新可以理解为优化过程。

2. 梯度下降

在讨论学习率时，我们需要查看梯度下降的图表。许多对大型模型感兴趣的人都会
接触到梯度下降这个概念。梯度下降通常用类似 3D 图形来表示，如图 11-4 所示。

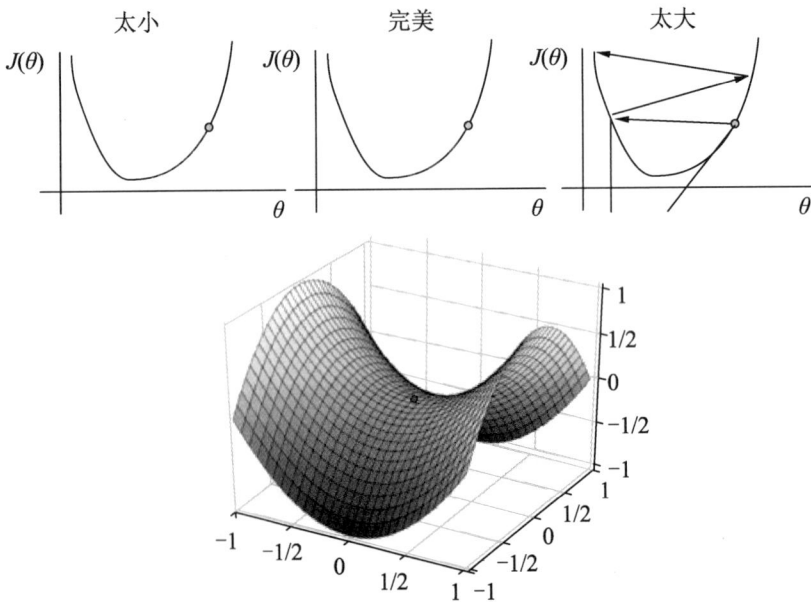

图 11-4　学习率对权重的影响

图 11-4 展示了损失值的变化，其中较低的值意味着更好的模型性能。损失函数代表
学习过程中损失值的变化情况。如果上方表示较高，则下方表示较低，较低的损失值意
味着我们的预测结果与实际结果更相似。

在梯度下降中逐渐调整预测值，通过一系列小的步骤来更新参数，小步骤代表学习

率的大小。如果设置较小的学习率，则导致需要更多的迭代次数才能找到最低点，如果设置较大的学习率，则可能导致跳过最低点。

因此，学习率的最佳设置是一个动态的过程，初始时可以较大，随着训练而逐渐减小，这样可以帮助我们找到最佳的最低点。在大型语言模型训练中，学习率的设置取决于训练数据的规模和模型架构。梯度下降的目标是找到最佳的损失值位置，避免过度上升或下降。

11.2　批处理数量 batch_size

在深度学习中，batch_size 是一个至关重要的超参数，它决定模型在训练过程中一次处理的数据量大小。选择合适的 batch_size 不仅可以提高模型的训练效率，还可以影响模型的泛化能力。

batch_size 是深度学习模型训练过程中每次迭代（iteration）所使用的样本数量，换句话说，它决定了模型在更新权重时所使用的数据量大小。在随机梯度下降（SGD）及其变种（如 Adam、RMSprop 等）中，batch_size 的大小直接影响了模型的优化过程。接下来从为什么需要 batch_size、如何选择合适的 batch_size 以及 batch_size 对训练的影响三个方面进行介绍。

11.2.1　为什么需要 batch_size

在深度学习中，我们通常使用大量的数据来训练模型。如果每次迭代都使用整个数据集（即 batch_size 等于数据集大小），那么这种方法被称为批量梯度下降（Batch Gradient Descent）。然而，批量梯度下降存在以下问题：

❑ 计算量大：每次迭代都需要计算整个数据集的梯度，导致计算量非常大。

❑ 收敛速度慢：由于每次迭代都使用整个数据集，所以模型需要更多的迭代次数才能收敛。

为了解决上述问题，引入了 batch_size 的概念，将数据集分成多个小批量（mini-batches），每次迭代只使用一个小批量来更新权重。这种方法称为小批量梯度下降（Mini-batch Gradient Descent）。小批量梯度下降有以下优点。

❑ 计算量小：每次迭代只计算一个小批量的梯度，降低了计算量。

❑ 收敛速度快：由于每次迭代都使用不同的小批量数据，模型能够更快地收敛到最优解。

❑ 泛化能力强：小批量梯度下降引入了一定的随机性（因为每次迭代使用的小批量数据是随机的），有助于模型在训练过程中学习到更多的数据分布信息，从而提高泛化能力。

11.2.2　如何选择合适的 batch_size

选择合适的 batch_size 对于模型的训练效果和效率至关重要。以下是一些选择 batch_size 的建议：

- ❑ 考虑硬件资源：batch_size 的大小受到硬件资源的限制。如果 GPU 或 CPU 的内存不足，则需要减小 batch_size。
- ❑ 权衡训练速度和精度：较大的 batch_size 可以加快训练速度，但可能会导致模型精度下降；而较小的 batch_size 可以提高模型精度，但会减慢训练速度。因此，需要在训练速度和精度之间找到一个平衡点。
- ❑ 尝试不同的值：在实际应用中可以尝试不同的 batch_size 值，并观察模型在验证集上的性能表现。通常，可以使用一些常用的 batch_size 值（如 32、64、128、256 等）作为起点。

11.2.3　batch_size 对训练的影响

batch_size 对深度学习模型的训练有显著的影响。以下是一些常见的观察结果。

- ❑ 训练速度：较大的 batch_size 通常意味着每次迭代处理更多的数据，因此可以减少总的迭代次数，从而加快训练速度。但是，当 batch_size 过大时，可能会导致 GPU 或 CPU 内存不足，从而降低训练速度。
- ❑ 收敛性：较小的 batch_size 通常意味着每次迭代使用更少的数据，因此模型在训练过程中会引入更多的随机性。这种随机性有助于模型跳出局部最优解，从而找到更好的全局最优解。然而，如果 batch_size 过小，可能会导致模型在训练过程中震荡较大，难以收敛。
- ❑ 泛化能力：较小的 batch_size 有助于模型学习到更多的数据分布信息，从而提高泛化能力。然而，如果 batch_size 过小，可能会导致模型在训练集上表现良好，但在验证集或测试集上表现较差，即出现过拟合现象。

11.3　维　　度

在 Transformer 模型中，d_model 是非常重要的超参数，它代表输入和输出向量的维度大小，即模型中所有嵌入（embedding）和中间状态向量的维度。此值对模型的性能有着直接的影响。接下来从 d_model 的作用和选择两个方面介绍 d_model。

11.3.1　d_model 的作用

在 Transformer 模型的绝大多数位置都存在 d_model，此处只列举 3 个重要的位置，即嵌入层、前馈神经网络、多头注意力机制。

- 嵌入层：当文本数据通过词嵌入转换为数值向量时，这些向量的维度就是 d_model。这意味着每个单词或标记都会被映射到一个固定长度的向量上，该向量的长度由 d_model 决定。
- 前馈神经网络：在 Transformer 模型的每个编码器和解码器层中，都有一个前馈神经网络（Feed-Forward Neural Network，FFNN）。这个 FFNN 接收一个维度为 d_model 的向量作为输入，并最终输出一个同样维度为 d_model 的向量。
- 多头注意力机制：在 Transformer 模型的注意力机制中，查询（Query）、键（Key）和值（Value）向量都是从原始输入向量通过线性变换得到的，这些变换后的向量也是 d_model 维度的。

11.3.2　d_model 的选择

选择合适的 d_model 值对于模型的表现至关重要。如果 d_model 太小，模型可能无法捕捉到输入数据的复杂模式；如果太大，则可能会导致过拟合，并增加训练时间和内存消耗。

在原始的 Transformer 论文 *Attention is All You Need* 中，作者推荐使用 d_model=512 或者 d_model=1024，这取决于任务的复杂性和可用资源。

11.4　多头注意力的头数

头数（n_heads）是指在一个多头注意力层中并行运行的注意力机制的数量。例如，如果 n_heads=8，那么该层就会同时计算 8 个独立的注意力分布，并将它们的结果合并起来以形成最终的输出。接下来从 n_heads 的作用和选择两方面进行介绍。

11.4.1　n_heads 的作用

n_heads 不仅增强了模型的表达能力，还提高了模型在各种任务中的性能，主要作用分为以下 6 点，下面分别进行介绍。

1. 捕捉不同类型的依赖关系

多头注意力机制允许模型在同一层中并行地关注输入数据的不同方面。每个注意力头可以专注于输入序列中的不同特征或不同部分，从而捕捉到不同类型的信息和依赖关系。例如：

❑局部依赖：某些头可能专注于短距离内的依赖关系，类似于局部卷积操作。

❑全局依赖：其他头可能专注于长距离的依赖关系，捕捉句子中相距较远的词语之间的联系。

这种多视角的注意力机制使得模型能够更全面地理解输入数据，提高对复杂模式的识别能力。

2．增强模型的表达能力

通过并行地计算多个注意力分布，模型能够从多个角度捕捉输入数据的特征。每个头可以学习到不同的模式和结构，这些模式和结构在最终的输出中被综合起来，从而增强了模型的表达能力。这种机制使得模型能够更好地处理复杂的自然语言任务，如机器翻译、文本分类和问答系统等。

3．提高模型的灵活性

多头注意力机制使得模型更加灵活，能够适应不同的任务和数据集。不同的任务可能需要模型关注不同类型的信息，多头注意力机制通过并行计算多个注意力分布，提供了这种灵活性。例如：

❑机器翻译：某些头可能专注于源语言和目标语言之间的对齐关系，而其他头可能专注于语法结构。

❑情感分析：某些头可能专注于情感词汇，而其他头可能专注于上下文信息。

4．减少信息丢失

传统的单头注意力机制只能在一个固定的子空间中进行注意力计算，可能会导致一些重要信息的丢失。多头注意力机制通过并行地计算多个注意力分布，减少了信息丢失的风险，确保模型能够充分利用输入数据中的所有有用信息。

5．改善模型的收敛速度

多头注意力机制通过并行地计算多个注意力分布，可以加速模型的收敛速度。每个头可以独立地学习到有用的特征，这些特征在训练过程中被快速地整合到模型中，从而加快了模型的学习过程。

6．提高模型的健壮性

多头注意力机制通过并行地计算多个注意力分布，使得模型更加健壮。即使某个头的注意力分布不准确，其他头的注意力分布也可以补偿这种不准确性，从而提高模型的整体性能。

11.4.2　n_heads 的选择

选择合适的头数 n_heads 需要考虑以下 3 个因素：

❑ 模型复杂度：更多的头数意味着模型有更多的参数，可能会增加过拟合的风险，尤其是在数据量不足的情况下。

❑ 计算资源：增加头数会增加计算量和内存消耗，因此需要根据可用的硬件资源来选择合适的头数。

❑ 任务需求：不同的任务可能对注意力机制的需求不同。对于复杂的任务，可能需要更多的头数来捕捉更丰富的信息。

常见的头数选择有 8、12、16 等。例如，在原始的 Transformer 模型中使用了 8 头的多头注意力机制，而在 BERT 模型中则使用了 12 头的多头注意力机制。

第 4 篇
Transformer 进阶

第 12 章　手搓 Transformer 架构

学习完 Transformer 架构的理论知识后，接下来就是代码层面的实现。在此之前，先简单回顾一下 Transformer 架构，如图 12-1 所示。

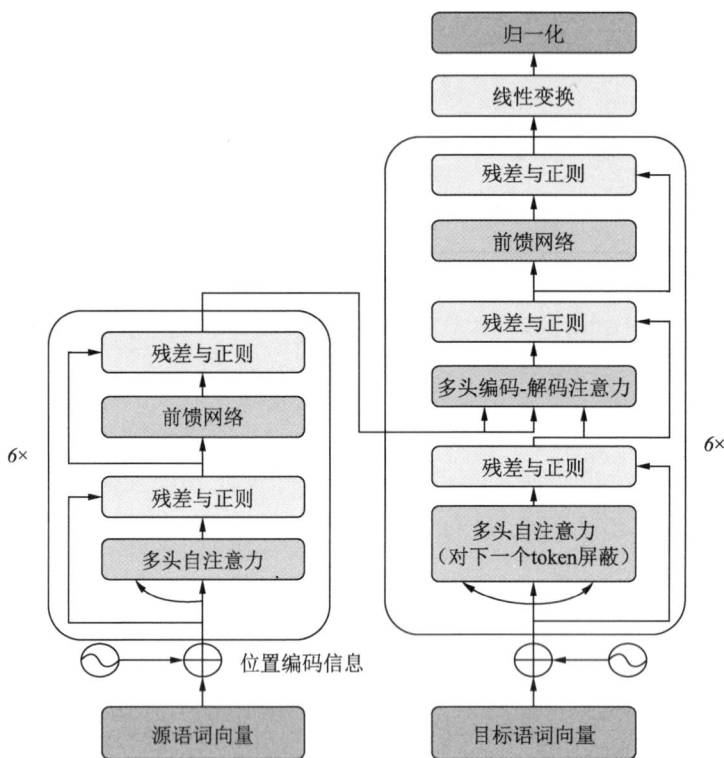

图 12-1　Transformer 的经典架构

图 12-1 所示为 Transformer 的架构图，从编码端、解码端和最终概率输出回顾整个流程。

1）编码端

编码端的源语词向量输入，流经词向量层和位置编码层得到最终的输入。

最终的输入流经自注意力层与前馈神经网络层再进行归一化后得到编码端的输出。

2）解码端

解码端的目标语词向量输入，同样流经词向量层和位置编码层得到最终的输入。

最终的输入流经自注意力层（此时需要 mask，对下一个 token 屏蔽），再流经交叉注意力层与编码端的输入进行交互，然后进入前馈神经网络层再进行归一化后得到解码端的输出。

3）最终概率输出

解码端的最终输出经过线性变换与归一化后即可得到下一个 token 的概率输出。

回顾完整个流程后，接下来从核心架构代码、Encoder 代码、Decoder 代码三方面逐步介绍 Transformer 架构的代码。相关代码主要参考 B 站 UP 主 DASOU 讲 AI 的案例。

需要注意的是，此处无训练推理模块只展示架构和工作原理。在第 5 篇中将会展示包含训练及推理的完整流程。

12.1　Transformer 的核心架构代码

在写模型的时候，我们要遵循以下两个规则：

❑ 从整体到局部，就是先把大的框架搭起来，然后再去完善细节部分。

❑ 清楚数据的流动形状。知道输出什么形状，就知道下一部分的输入是什么形状，这样才知道后续如何写，这一点很重要。

```
     ## 整体网络结构分为三部分：编码层，解码层，输出层
1    class Transformer(nn.Module):
2      def __init__(self):
3        super(Transformer, self).__init__()
4        self.encoder = Encoder()                 # 编码层
5        self.decoder = Decoder()                 # 解码层
6        self.projection = nn.Linear(d_model, tgt_vocab_size, bias=
         False)                                   # 输出层
7      def forward(self, enc_inputs, dec_inputs):
8        enc_outputs, enc_self_attns = self.encoder(enc_inputs)

9        dec_outputs,dec_self_attns,dec_enc_attns=self.decoder
         (dec_inputs, enc_inputs, enc_outputs)

       ## dec_outputs 作为词表映射
10       dec_logits=self.projection(dec_outputs)#dec_logits:
         [batch_size x src_vocab_size x tgt_vocab_size]
11       return dec_logits.view(-1, dec_logits.size(-1)), enc_self_
         attns, dec_self_attns, dec_enc_attns
```

首先观察最核心的 Transformer 架构图。见图 12-1，我们可以将代码分为编码端、解码端和输出三部分。信息经过上述三部分处理获得的预测值，最终需要和真实值进行误差评估。

❑ 第 1～3 行定义了 Transformer 类。

❑ 第 4～6 行列出了编码层、解码层和输出层，此处输出层是重点。如果输出层的维度为 512，则需要将 512 个维度映射到词表大小，即解码端词表的大小。然后，在进行 Softmax 计算时观察当前时刻哪个词出现的概率最大，这是 projection 的作用。

❑ 第 7 行定义了前向传播函数，此处有两个输入：编码端的输入 enc_inputs，形状为[batch_size, src_len]；解码端的输入 dec_inputs，形状为[batch_size, tgt_len]。

输出由函数内部指定，可以是全部 token 的输出，也可以是特定每一层的输出，还可以是中间某些参数的输出。

- 第 8～10 行是把在初始化函数中已经放置好的编码端、解码端和输出层通过数据流动串起来。编码端的输入 enc_outputs, enc_self_attns = self.encoder(enc_inputs)流经编码器，得到了编码的输出；解码端的输出 dec_logits=self.projection(dec_outputs)流经 projection 层，即做了映射词表的操作。

关于上述编码的输出，在最开始写代码的时候对于输出什么是模糊不清的，所以在写的时候可以把此处置空，等实现完 Encoder，边写边思考要输出什么。

- 第 11 行定义了注意力机制的输出，得到了注意力模块的权重及下一个字符的概率。

以上为 Transformer 核心架构的代码。下面详细介绍如何实现编码层、解码层和输出层。

12.2　Encoder 代码详解

回顾图 12-1，左半部分是 Encoder，它分为三部分：词向量层、位置编码层、encoder layer 层（前馈神经网络和自注意力层）。

```
## Encoder 部分包含三部分：词向量 embedding、位置编码层、注意力层及后续的前
## 馈神经网络
1  class Encoder(nn.Module):
2      def __init__(self):
3          super(Encoder, self).__init__()
4          self.src_emb = nn.Embedding(src_vocab_size, d_model)
5          self.pos_emb = PositionalEncoding(d_model)
6          self.layers=nn.ModuleList([EncoderLayer()for_in range(n_layers)])

7      def forward(self, enc_inputs):

8          enc_outputs = self.src_emb(enc_inputs)

9          enc_outputs=self.pos_emb(enc_outputs.transpose(0,1)).
           transpose(0, 1)
```

实现 Encoder 代码时要写一个初始化函数，把上述三部分先列出来，再去实现细分代码。需要注意，Encoder 继承自 nn.Module 类。

- 第 4 行定义了词向量层，将一个词表映射到 d_model 的矩阵。
- 第 5 行定义了位置编码层，位置编码的具体实现函数将在后面介绍。
- 第 6 行定义了 layer 层，即由前馈神经网络和自注意力层组成的层，此处使用了 ModuleList，实现了 6 个或者 N 个 Encode 的堆叠。
- 第 8 行定义词向量提取。其机制为根据索引从预定义的词嵌入表中检索相应词的向量，最终汇聚成形状为[batch_size, src_len, d_model]的矩阵。简而言之就是根据字符对应的数字索引在嵌入矩阵中查找并提取对应的向量。
- 第 9 行实现了位置编码层。此层具有双重功能，首先接收编码器输出的词向量作

为输入，随后将位置编码与词向量相加，以融入位置信息。

了解了 Encoder 整体代码后，接下来了解每个步骤具体是如何实现的，分为以下 6 个步骤：词汇输入、位置编码、mask、layer 层、多头注意力层和 Attention 函数。

12.2.1　Encoder 词汇输入

首先是词汇输入部分，与前文对应，但前文需要将文字转换为数字，此处为了方便，示例直接用文字作为展示，具体代码如下：

```
1    if __name__ == '__main__':
     ## 句子的输入部分
2    sentences = ['ich mochte ein bier P', 'S i want a beer', 'i want a beer E']
```

从 main 函数进入，第 2 行是 sentences，代码中间的 3 个句子是一组句子，即其属于一个样本。batch_size 在此处设定为 1。

有 4 个疑惑点等待着我们去解决：第一，三个句子分别代表什么？第二，三个句子中的特殊符号 P、S 及 E 分别代表什么？第三，batch_size 的数量是多少？第四，句子长度不同怎么办？

将前文架构图移植到机器翻译的例子，如图 12-2 所示。

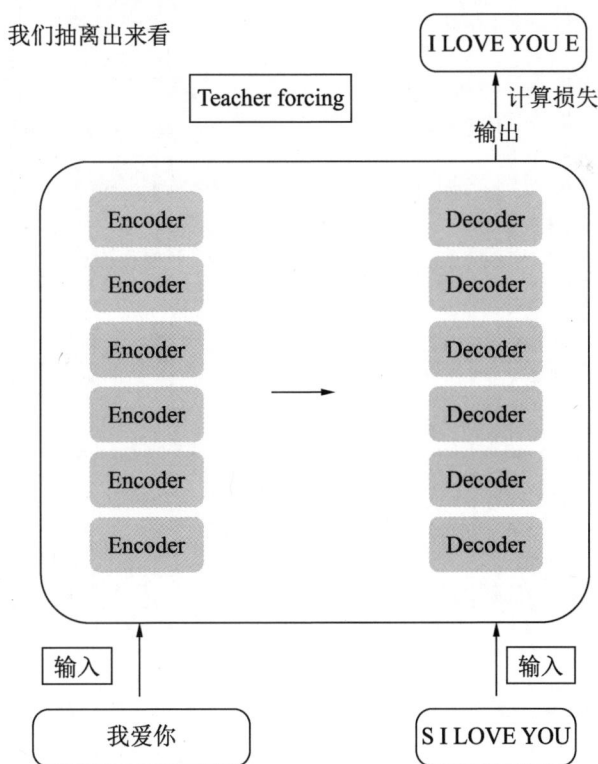

图 12-2　机器翻译中的 Encoder 和 Decoder

1. 三个句子的含义及其处理方式

我们抽离出来看，如图 12-2 所示，首先要明白有两个输入。如前文所述，一个是编码端的输入，一个是解码端的输入，输出即最后的解码端的输出。

如图 12-2 所示，底部和顶部有 3 个被框住的句子。下面两个框中的句子代表的是输入。其中，"我爱你"代表编码端的输入；"S I love you"代表解码端的输入。"S"这个特殊字符先搁置，后续会讲。

图 12-2 中顶部的框需要注意，此处的内容不是解码端的输出，而是解码端的真实标签。在 Decoder 输出之后，输出结果会与真实标签对比并计算损失。

将代码中的句子放到图中即为图 12-3 所示。

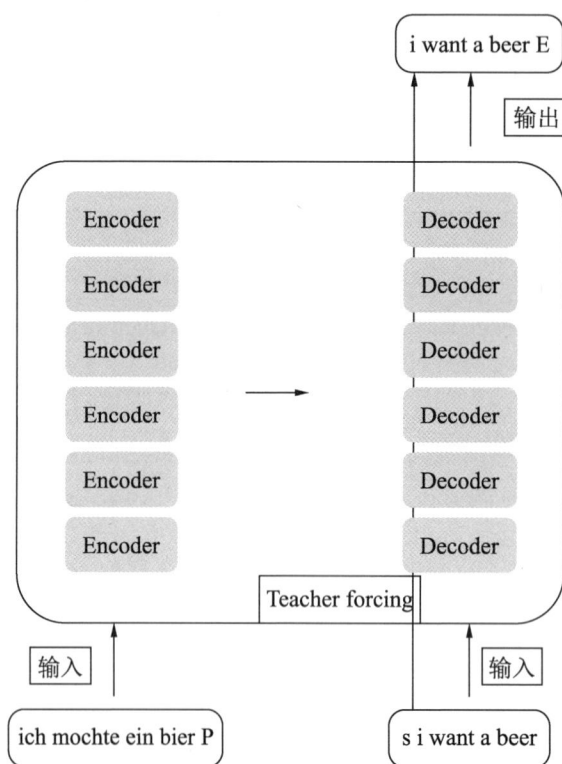

图 12-3　机器翻译德语转英语

左下角德语句子作为编码端的输入，右下角英语句子作为解码端的输入，顶部英语的句子作为解码端的真实标签。

2. P、S及E的意义

首先对于特殊字符 S 和 E 其实是容易理解的。S 代表 star，即开始单词的缩写；E 代表英文字符 End 的缩写。

P 代表 pad（Padding）的字符，即填充字符，其具体意义将在下文介绍。

3. batch_size数量的设定

上述 batch_size 设定为 1，但在真正训练的时候为了加快训练速度，batch_size 往往不是 1。例如，设置成 4，此时代码如下：

```
if __name__ == '__main__':
## 句子的输入部分
sentences = ['ich mochte ein bier P', 'S i want a beer', 'i want a beer E']
['ich mochte ein bier P', 'S i want a beer', 'i want a beer E']
['ich mochte ein bier P', 'S i want a beer', 'i want a beer E']
['ich mochte ein bier P', 'S i want a beer', 'i want a beer E']
```

batch_size 中有 4 组句子，每组句子包含 3 个句子。为了方便起见，把 batch_size 设定为 1。但若是 4，就应该如图 12-4 所示。

									句子真实长度为
别	休	息	，	卷	起	来			7
今	天	天	气	真	不	错	啊		8
大	家	好	，	都	吃	饭	了	吗	9
真	不	错	呀						4

图 12-4　将语句分为 4 个批次

用中文举个例子，如果 batch_size 为 4，那么第一组第一个句子就是“别休息，卷起来”。以此类推。

需要注意，此例中的每一个句子代表每一组句子中的第一句，即“别休息，卷起来”代表德语的输入部分。“今天天气真不错啊”，也为德语的输入部分。此处的每一个句子都是编码端的输入部分，把另外两个框都省略了。

4. 数据矩阵化

输入数据在被模型处理时，为了加快速度，往往是用矩阵化的方式去运算。但是，如果一个数据中的句子长度是不一致的，那么就组不成一个有效的矩阵，常规的操作就是设置一个最大长度 max_len，如图 12-5 所示。

max_len=8

									句子真实长度为
别	休	息	，	卷	起	来	P		7
今	天	天	气	真	不	错	啊		8
大	家	好	，	都	吃	饭	了	吗	9
真	不	错	呀	P	P	P	P		4

图 12-5　句子长度为 8

例如，将 max_len 设置为 8，那么大于 8 的部分就要删除，小于 8 的部分就要使用特殊字符，即前文中的 pad 字符去填充。最终结果为大于 8 的部分去除，小于 8 的部分用 pad 字符去填充，使得矩阵长度都是 8，组成一个有效矩阵，从而可以被模型处理掉。

继续看代码，下面是一些简单的配置文件。

```
1    # Transformer 参数
2    # Padding 应为 0
     # 构建词表
3    src_vocab = {'P': 0, 'ich': 1, 'mochte': 2, 'ein': 3, 'bier': 4}
4    src_vocab_size = len(src_vocab)

5    tgt_vocab = {'P': 0, 'i': 1, 'want': 2, 'a': 3, 'beer': 4, 'S': 5,
     'E': 6}
6    tgt_vocab_size = len(tgt_vocab)

7    src_len = 5                          # 源长度
8    tgt_len = 5                          # 目标长度

     # 模型参数
9    d_model = 512                        # 输入维度
10   d_ff = 2048                          # 前馈层维度
11   d_k = d_v = 64                       # K、V 维度
12   n_layers = 6                         # 编码器、解码器层数
13   n_heads = 8                          # 注意力头数
14   model = Transformer()
```

❑ 第 3、4 行，src_vocab 是构建编码端的词表，pad 的 P 字符是 0，构建词表是一种基础操作，一个字典就是一个词表，是为了方便将中文字符、英文字符或者其他语言的字符对应为数字，以便被计算机更好地识别。

❑ 第 5、6 行，tgt_vocab 是构建解码端的词表，解码端和编码端可以共用一个词表。src_len 是编码端的输入长度，tgt_len 是解码端的输入长度。

❑ 第 7、8 行，定义源长度和目标长度，此处均为 5。

❑ 第 9 行，d_model 是 512，代表每一个字符转换为 Embedding 时的维度大小。

❑ 第 10 行，d_ff 代表前馈神经网络，linear 层是映射到多少维度，此处设置的是 2048。

❑ 第 12 行，n_layers 是 6，即 6 个 Encoder 堆叠在一起。

❑ 第 13 行，n_heads 是多头注意力机制的时候把头分为几个，此处是分为 8 个。

❑ 第 14 行是最关键的模型部分。

12.2.2　位置编码代码详解

词汇输出完成后，接着就是位置编码的实现，需要将位置信息加进 token 数字代表的语义信息中，具体代码如下：

```
     # PositionalEncoding 代码实现
1    class PositionalEncoding(nn.Module):
2      def __init__(self, d_model, dropout=0.1, max_len=5000):
3          super(PositionalEncoding, self).__init__()

4          self.dropout = nn.Dropout(p=dropout)
```

```
5          pe = torch.zeros(max_len, d_model)
6          position=torch.arange(0, max_len, dtype=torch.float).
           unsqueez   e(1)
7          div_term=torch.exp(torch.arange(0, d_model, 2).float() *
           (math.log(10000.0) / d_model))
8          pe[:, 0::2] = torch.sin(position * div_term)
9          pe[:, 1::2] = torch.cos(position * div_term)
    # 上面代码得到的 pe 形状是[max_len*d_model]

    # 下面这行代码之后，我们得到的 pe 形状是[max_len*1*d_model]
10         pe = pe.unsqueeze(0).transpose(0, 1)
    # 定义一个缓冲区，简单理解为这个参数不更新

11         self.register_buffer('pe', pe)

12      def forward(self, x):
13          """
```

位置编码的实现很简单，直接对照公式输入代码。此代码只是其中的一种实现方式。首先讲解公式，然后从公式中看代码怎么写。位置编码方法见式（12-1）与式（12-2）。

$$PE_{(pos,2i)} = \sin\left(pos / 10000^{2i/d_{model}}\right) \tag{12-1}$$

$$PE_{(pos,2i+1)} = \cos\left(pos / 10000^{2i/d_{model}}\right) \tag{12-2}$$

两个公式共有的部分：$e^{\frac{-(2i)}{dmodel\,log(10000)}}$

若维度为 512，则 pos 代表从 0～511 的每个位置。其中，2i 代表偶数，2i+1 代表奇数，分别使用不同的函数，即 sin 函数和 cos 函数。

两个公式有一个共同的部分是未发生改变的，所以将其抽象出来。将 2i/dmodel 使用 e 指数，然后使用 log 函数进行变换。

❑ 第 1～6 行定义位置编码层。

❑ 第 7 行实现共有部分的后半部分，使用 math 函数中的 log 函数 log(10000.0)/d_model，前面的负号乘以对应的位置。

❑ 第 8、9 行，position 乘以对应的共有部分，再乘以 sin 函数和 cos 函数。在 Python 中，从 0 开始到结束每步为 2，取的是偶数；从 1 开始到结束每步为 2，取的是奇数。最后 pe 得到的形状是[max_len*d_model]。

❑ 第 10 行加入一个维度变换。

❑ 第 11 行定义缓冲区，告诉模型 pe 是常规参数，不参与更新。

❑ 第 12 行，forward 函数把输入词向量和位置编码相加，然后得到最终输入。

12.2.3　Pad mask 代码实现

得到最终输入后，接下来进行 Pad mask 处理，目的是得到句子中 pad 符号的位置信息，将此位置信息传递给模型，在后续计算自注意力和交互注意力的时候去掉 pad 符号的影响，代码如下：

```
1    get_attn_pad_mask
```

```
2    enc_self_attn_mask = get_attn_pad_mask(enc_inputs, enc_inputs)
```

函数名称为 get attention pad mask，此函数非常重要，实现起来并不难，是一个考查 Transformer 细节的知识点。函数的目的是告诉后面的模型和层，在原始句子的输入中，哪部分是被 pad 符号填充的。

前文提到，输入数据不可能长度都一致，为了更好地组成矩阵被模型处理，会设置 max len，即最大长度，大于最大长度的部分直接截断，小于的部分直接使用 pad 符号填充。pad 符号并不是字符，所以在后续的处理中需要消除其影响。

接下来介绍 Pad mask 的意义和 Pad mask 的方法。

1. Pad mask的意义

如图 12-6 所示，输入句子是"卷起来"，此矩阵是注意力层公式中的矩阵，即在进行 Softmax 计算之前得到的矩阵，见式（8-3）。

	卷	起	来	pad	
卷	20	5	4	9	Softmax
起	5	30	8	12	Softmax
来	4	8	15	14	Softmax
pad	9	12	14	40	Softmax

图 12-6　使用 pad 填充矩阵

上面的矩阵代表的是每个单词对其他单词的相似性，"卷"和"卷"的相似性，"卷"和"起"的相似性，"卷"和"来"的相似性，"卷"和 pad 的相似性。

以"卷"字为例，获取矩阵后，需要对每行执行 Softmax 运算，旨在生成概率分布，以评估 4 个字符对"卷"的相对重要性，如"卷"占 0.8，而"起"仅占 0.1。值得注意的是，在 Q、K 矩阵相乘并除以根号 d_k 后，发现 pad 符号对应的值（如 9）仍被包含在内。因此，需要采取措施剔除该值。

2. Pad mask的方法

针对上述问题，可采用符号矩阵来标识并处理此类非原始数据，以确保后续处理不受 Pad 符号的影响，如图 12-7 所示。

	卷	起	来	pad						
卷	20	5	4	9	Softmax	0	0	0	1	
起	5	30	8	12	Softmax	0	0	0	1	
来	4	8	15	14	Softmax	0	0	0	1	
pad	9	12	14	40	Softmax	0	0	0	1	

图 12-7　使用矩阵符号处理原矩阵

以"卷"为例,设定值为 1 的为 pad 填充部分,不是 1 的则为 0。据此构建符号矩阵,并将其传递至后续模型,以指示哪些位置由 pad 符号填充。在计算过程中,通过函数检测值为 1 的位置并相应消除其影响力。

```
    # get_attn_pad_mask
1   def get_attn_pad_mask(seq_q, seq_k):
2       batch_size, len_q = seq_q.size()
3       batch_size, len_k = seq_k.size()
4       # eq(zero) is PAD token
5       pad_attn_mask= seq_k.data.eq(0).unsqueeze(1)
6       return pad_attn_mask.expand(batch_size, len_q, len_k)
```

第 2、3 行获取 batch_size 及输入、输出的序列长度。需要注意的是,seq_q 与 seq_k 两个输入序列可能不一致,尤其在交互注意力层中比较常见,如 Q 来自解码端,而 K 来自编码端。

第 4 行识别 seq_k 中 pad 符号的位置,并将其进行标记。若某位置非 pad(即对应值为 0,表示真实符号),则将该位置标记为 true(或置为 1)。其转换过程是将数字 0(代表 pad 的索引)转换为 true(或等价于 1)。随后,该 true 值按输入 Q 的长度进行重复,最终生成形状为 batch_size 乘以 len_q 和 len_k 的矩阵。

12.2.4　Encode layer 层代码实现

Pad mask 完后,接下来对进入 layer 层的数据进行处理,整体代码如下:

```
1   enc_self_attns = []
2       for layer in self.layers:

3           enc_outputs,enc_self_attn=layer(enc_outputs, enc_self_attn_
            mask)
4           enc_self_attns.append(enc_self_attn)
5       return enc_outputs, enc_self_attns
```

第 2 行存在循环,因为其为堆叠的,把每一层的输出作为下一层的输入,所以只需要看一层代码。layer 层接收的是上一层编码器的输出和 pad 符号的位置信息,具体实现代码如下:

```
    # EncoderLayer : 包含两部分,即多头注意力机制和前馈神经网络
1   class EncoderLayer(nn.Module):
2     def __init__(self):
3         super(EncoderLayer, self).__init__()
4         self.enc_self_attn = MultiHeadAttention()
5         self.pos_ffn = PoswiseFeedForwardNet()

6     def forward(self, enc_inputs, enc_self_attn_mask):

7         enc_outputs,attn=self.enc_self_attn(enc_inputs,enc_inputs,
          enc_inputs, enc_self_attn_mask)
8         enc_outputs = self.pos_ffn(enc_outputs) # enc_outputs:
          [batch_size x len_q x d_model]
9         return enc_outputs, attn
```

自注意力层使用了多头注意力机制,是整个代码最核心的部分。

- 第 1~5 行定义了 EncoderLayer 类，具体实现函数见下文。
- 第 6 行定义了 forward 函数，从 forword 函数去讲自注意层。
- 第 7 行，forward 函数的自注意力层接收 4 个输入。其中，最后一个输入就是 Pad 的符号信息。前面 3 个输入分别代表最原始的 **Q**、**K**、**V** 信息。下面我们看看多头注意力机制究竟是怎么实现的。

12.2.5　多头注意力代码实现

多头注意力具体实现代码如下：

```
    # MultiHeadAttention
1   class MultiHeadAttention(nn.Module):
2     def __init__(self):
3         super(MultiHeadAttention, self).__init__()
      # 输入的Q、K、V是相等的，我们使用映射linear做一个映射得到参数矩阵Wq、Wk、Wv
4         self.W_Q = nn.Linear(d_model, d_k * n_heads)
5         self.W_K = nn.Linear(d_model, d_k * n_heads)
6         self.W_V = nn.Linear(d_model, d_v * n_heads)
7         self.linear = nn.Linear(n_heads * d_v, d_model)
8         self.layer_norm = nn.LayerNorm(d_model)

9     def forward(self, Q, K, V, attn_mask):

10        residual, batch_size = Q, Q.size(0)
11 # (B, S, D) -proj-&gt; (B, S, D) -split-&gt; (B, S, H, W) -trans-&gt;
   (B, H, S, W)

12        q_s= self.W_Q(Q).view(batch_size, -1, n_heads, d_k).transpose
          (1,2)  # q_s: [batch_size x n_heads x len_q x d_k]
13        k_s= self.W_K(K).view(batch_size, -1, n_heads, d_k).transpose
          (1,2)  # k_s: [batch_size x n_heads x len_k x d_k]
14        v_s= self.W_V(V).view(batch_size, -1, n_heads, d_v).transpose
          (1,2)  # v_s: [batch_size x n_heads x len_k x d_v]

15        attn_mask = attn_mask.unsqueeze(1).repeat(1, n_heads, 1, 1)

16        context,attn=ScaledDotProductAttention()(q_s,k_s, v_s,
          attn_mask)
17        context=context.transpose(1, 2).contiguous().view(batch_size,
          -1, n_heads * d_v) # context: [batch_size x len_q x n_heads *
          d_v]
18        output = self.linear(context)
19        return self.layer_norm(output+residual),attn # output:
          [batch_size x len_q x d_model]
```

- 第 1~3 行得到了映射矩阵，即将 d_model 映射到 DK*n hade。DK*n hade 和 DV*n hade 的 **Q**、**K** 是相等的，因为需要保证最后得到的 **Q**、**K** 矩阵的维度是相同的。
- 第 4~8 行定义了线性层（用于将输入 **Q**、**K**、**V** 映射到多头注意力的查询），键和值空间，一个线性层（用于将多头注意力的输出映射回原始维度）以及一个 LayerNorm 层。
- 第 9~19 行，定义了前向传播方法，接收 **Q**、**K**、**V** 和 attn_mask 作为输入，并返回经过编码器层处理后的输出和注意力权重。

此处仅从代码来理解可能比较抽象，将其具体化，如图 12-8 所示。

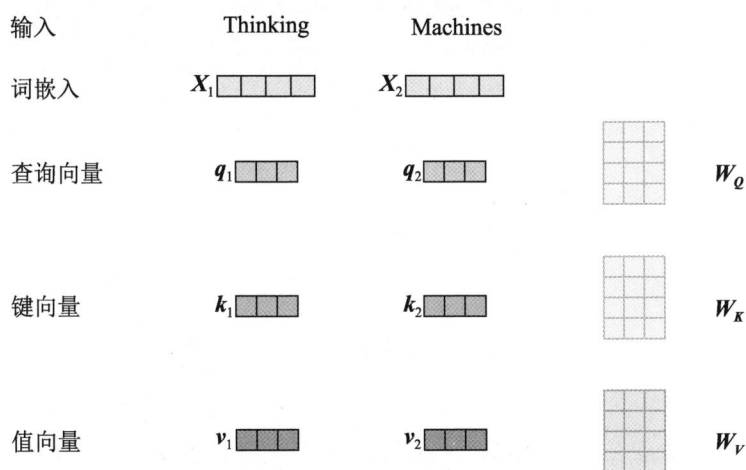

图 12-8　W_Q、W_K、W_V 权重矩阵的由来

自注意力层的输入是最原始的 Q、K、V。在图 12-8 里的输入是词向量之后的一个输出，即词嵌入把 thinking 转换为 X_1，把 machines 转换为 X_2。此处词嵌入 batch 为 1，length 为 2，d_model 为 4，然后会生成 3 个参数矩阵，即 W_Q、W_K 和 W_V。

3 个参数矩阵分别和 X_1 和 X_2 进行计算，生成对应的 Q、K、V 向量。Q、K、V 向量就是查询向量、键向量和值向量。简单来说就是使用词嵌入和 3 个参数矩阵计算对应的查询向量、键向量和值向量。在代码实现的时候，把词嵌入复制了 3 份，即 Q、K、V复制了 3 份。

```
enc_outputs,attn=self.enc_self_attn(enc_inputs,enc_inputs,enc_inputs,
 enc_self_attn_mask) # enc_inputs to same Q,K,V
```

输入部分在编码端计算自注意力时，Q、K、V 复制了 3 份，分别和对应的参数矩阵进行计算。为什么需要复制 3 份，而不是一份呢？

因为在解码端还有交叉注意力层，它的 Q 矩阵来自编码端，K、V 矩阵来自解码端，两者并不相同，所以需要接收 3 个输入。

12.2.6　Attention 函数实现

Attention 函数的具体实现代码如下：

```
    # ScaledDotProductAttention
1   class ScaledDotProductAttention(nn.Module):
2     def __init__(self):
3         super(ScaledDotProductAttention, self).__init__()

4     def forward(self, Q, K, V, attn_mask):
5         scores = torch.matmul(Q, K.transpose(-1, -2)) / np.sqrt(d_k)
6         scores.masked_fill_(attn_mask, -1e9)
7         attn = nn.Softmax(dim=-1)(scores)
8         context = torch.matmul(attn, V)
```

```
9        return context, attn
```

□ 第 1～4 行定义了 ScaledDotProductAttention 函数。

□ 第 5 行实现了 Q 和 K 转置相乘，然后除以根号 d_k。

□ 第 6～8 行把 Attention mask 里面 pad 符号置为无穷小，经过 Softmax 后就是 0，对其他单词就不会起作用。然后对每行做 Softmax 计算，再乘以对应的 V 矩阵，得到输出。

以上为 Encoder 代码，Decoder 代码与 Encoder 代码非常相似。

12.3　Decoder 代码详解

解码端也分为三部分：词向量层、位置编码层、Dncode layer 层（前馈神经网络和自注意力层）。前两个基本相同，只需要注意解码端的 mask（对未来屏蔽），代码如下：

```
     #  Decoder

1    class Decoder(nn.Module):
2      def __init__(self):
3        super(Decoder, self).__init__()
4        self.tgt_emb = nn.Embedding(tgt_vocab_size, d_model)
5        self.pos_emb = PositionalEncoding(d_model)
6        self.layers=nn.ModuleList([DecoderLayer()for_in range
         (n_layers)])

7      def forward(self, dec_inputs, enc_inputs, enc_outputs)
8        dec_outputs=self.tgt_emb(dec_inputs)
9        dec_outputs=self.pos_emb(dec_outputs.transpose(0, 1)).
         transpo se(0, 1) # [batch_size, tgt_len, d_model]

         # get_attn_pad_mask 表示使用自注意力层时被处理的部分
10       dec_self_attn_pad_mask= get_attn_pad_mask(dec_inputs,
         dec_inputs)

11       dec_self_attn_subsequent_mask = get_attn_subsequent_mask
         (dec_inputs)

         # 两个矩阵相加，将大于 0 的转换为 1，不大于 0 的转换为 0，如果为 1，则在之
         # 后处理过程中会被转换为限小
12       dec_self_attn_mask=torch.gt((dec_self_attn_pad_mask +
         dec_self_attn_subsequent_mask),0)

13       dec_enc_attn_mask=get_attn_pad_mask(dec_inputs, enc_inputs)

14       dec_self_attns, dec_enc_attns = [], []
15       for layer in self.layers:
16         dec_outputs,dec_self_attn,dec_enc_attn=layer(dec_outputs,
           enc_outputs, dec_self_attn_mask, dec_en, c_attn_mask)
17         dec_self_attns.append(dec_self_attn)
18         dec_enc_attns.append(dec_enc_attn)
19       return dec_outputs, dec_self_attns, dec_enc_attns
```

□ 第 1～3 行定义了 Decoder 类。解码端最终接收的输入有两个：解码端的输入和编

码端的输出，编码的输入在交互的时候告诉解码端哪些是 pad 符号。

❑ 第 4~9 行定义了 Enbending 和 PositionEncoding，前面已介绍，此处不再赘述。

❑ 第 10~15 行定义了自注意力层，此处的自注意层要做两个 mask。解码端输入也有 pad 符号。要对两个 pad 符号做两个 mask。第二个 mask 是对当前单词后面的部分进行 mask。

❑ 第 11 行定义 mask，作用是将当前单词之后看不到的部分进行 mask，在实践时是生成了一个上三角为 1 的矩阵，如图 12-9 所示。

❑ 第 16 行，前面已经出现过 Attention 函数，其形成一个符号矩阵，输入的是 decoder inputs，得到 decoder inputs 中哪些符号是 pad 符号，并将其转换为符号矩阵，过程和前面一样。

	卷 S	起 卷	来 起	E 来
S	0	1	1	1
卷	0	0	1	1
起	0	0	0	1
来	0	0	0	0

图 12-9　自注意力的 mask

由图 12-9 可知，当输入为 S 的时候，模型只能看到 S 而看不到"卷起来"，当输入为"卷"的时候，只能看到 S 和"卷"而看不到"起来"。将两者得到的矩阵相加，大于 0 的部分置为 1，小于 0 或等于 0 的部分置为 0。仍然得到一个符号矩阵，为 1 的部分是被 mask 的部分，为 0 的部分，就不去操作。

Decode layer 这一部分就像前文所述，一个是自注意力层，一个是交互注意力层，一个是前馈神经网络。

整体的 Decoder 代码与 Encoder 代码区别并不大，参照前面的 Encoder 代码进行学习即可。

完整的代码可通过微信公众号"可学 AI"获取。

第 13 章　经典大语言模型

在前面的 Transformer 架构详解中，我们将其分为编码端和解码端两部分。但在实际应用中，通常只使用编码端（Encoder only）或者只使用解码端（Decoder only），接下来分别介绍只使用编码端的经典模型 BERT（Bidirectional Encoder Representations from Transformers）和只使用解码端的经典模型 GPT。

13.1　只使用编码端的经典 BERT 模型剖析

第 6 章介绍了原始的 Transformer 架构的构建模块。可以将原始的 Transformer 想象成用乐高积木搭建的原始模型。构建集包含编码器、解码器、嵌入层、位置编码方法、多头注意力层、掩码多头注意力层、层后规范化、前馈子层和线性输出层等积木。

这些积木有各种尺寸和形式。可以使用相同的积木搭建出不同结构的模型，有些结构需要额外添加更多的积木（组件）。

BERT 模型在 Transformer 构建套件中添加了一个新组件：双向多头注意力子层。当我们人类在理解一个句子遇到问题时，我们不只是看过去的单词。BERT 模型和我们一样，同时会查看同一句子中的所有单词。

本节介绍来自 Transformer 双向编码器表示（BERT）的架构。BERT 模型的方式比较新颖，它只使用了 Transformer 编码器，而没有使用解码器。其主要分为三部分：架构、输入和预训练。

13.1.1　BERT 模型的架构

BERT 模型将双向注意力机制引入 Transformer 模型，而引入双向注意力机制需要对原始的 Transformer 模型进行许多改变。

BERT 模型是一个预训练模型，其与 GPT 模型是截然不同的。Bert 模型采用的是 Transformer 架构的 Encoder 编码器作为模型的结构。

BERT 模型的主要应用通常分成两个阶段：第一阶段是生成整个预训练模型；第二阶段是用少量的一个数据对原来的预训练模型进行微调。

微调之后，就能实现下游的一些主要任务了。BERT 通过实现的两阶段，可以支持一系列的下游任务，例如：

❑ 两个文本的像素计算；

❑ 简单问答的推理；

❑ 序列的标注；

❑ 整个问答任务；

❑ 文本的分类。

接下来从 BERT 模型的中间层架构、整体架构、3 种 BERT 模型进行 BERT 模型架构的介绍。

1．中间层架构

BERT 模型的中间层和 Transformer 架构的 Encoder 是基本一致的，如图 13-1 所示。

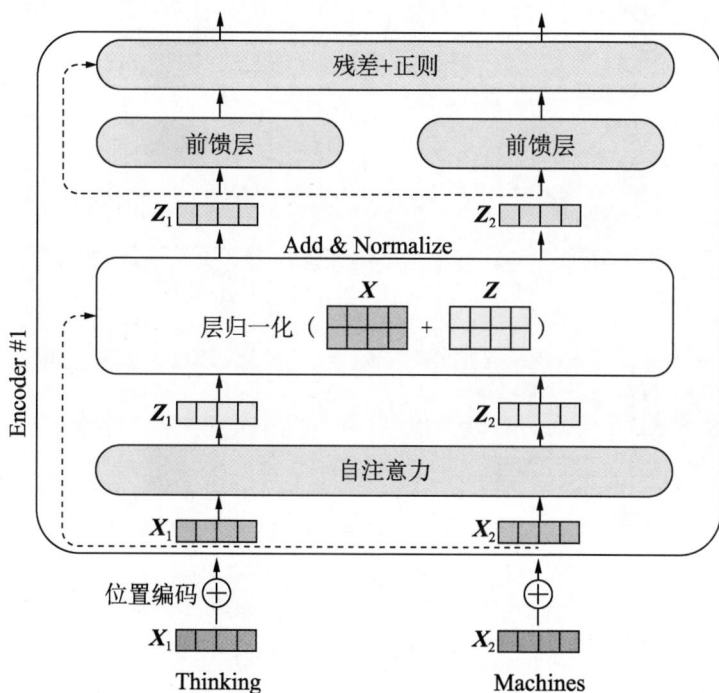

图 13-1　BERT 模型的中间层架构

中间层都是由 Self Attention 加上 Add & Normalize，然后外加一个 Feed Forward 的向量前置的前馈网络组成的。整个 BERT 模型通常分成两个类别：

❑ Base，通常有 12 层；

❑ Large，通常有 24 层。

通常来说，整个模型的层数越多，那么模型对于疑义的表达能力相应的会更强一些。

接下来介绍 BERT 模型的整体数据流向。

2．BERT模型的整体架构

如图 13-2 所示，从原始输入开始，经过 Self Attention 求解 $\boldsymbol{Q}$、$\boldsymbol{K}$、$\boldsymbol{V}$，然后通过 $\boldsymbol{Q}$、$\boldsymbol{K}$、$\boldsymbol{V}$ 求出 Attention 的输出，再经过中间的结果进行前置网络加权就可以得到输出。输出之后，这 12 层就作为 Encoder 的序列输出，再做一次 Pooling（池化）。

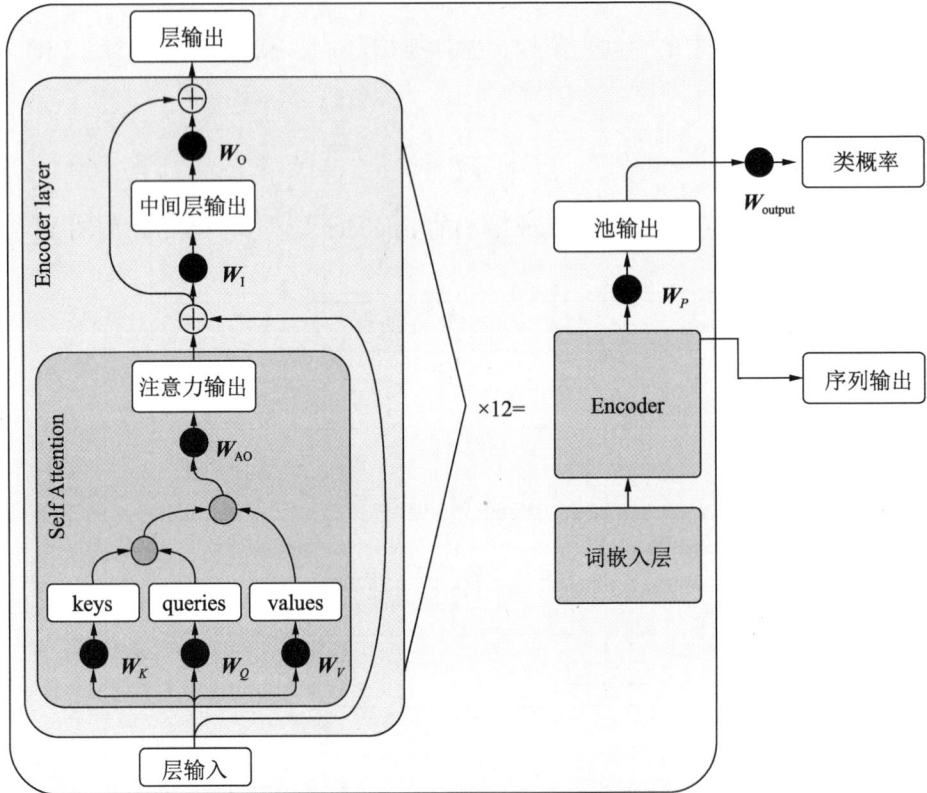

图 13-2　BERT 模型的整体架构

做完 Pooling 之后，可以对输出的结果进行文本分类或者相似度计算。

3．3种BERT模型

接下来看一下整个模型层的结构，罗列了 3 种基于 Transformer 架构的 BERT 模型，如图 13-3 所示。

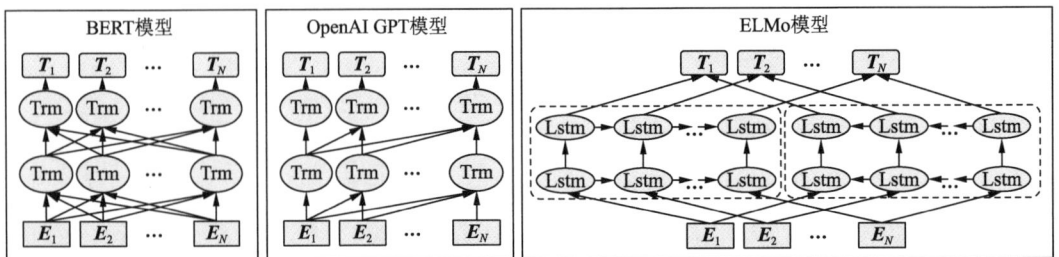

图 13-3　3 种 BERT 模型

- BERT 模型：从图 13-3 中可以看到，BERT 模型使用的是双向的 Lstm 键，它是有输入指向前和输入指向后的，所以是双向的。
- OpenAI 的 GPT 模型：OpenAI GPT 通常只有单向的，从图 13-3 中可以看到，它是从左向右进行推理的一种 Transformer 模型。
- ELMo 模型：从图 13-3 中可以看到，它是由单独的从左到右和从右到左的 Lstm 模型拼接起来的。

其中，只有 BERT 模型在所有层考虑了左右的上下文。除此之外，BERT 模型和 OpenAI GPT 模型属于微调的方式，而 ELMo 是一种基于特征的操作方式。

13.1.2　BERT 模型的输入部分详解

BERT 模型的输入部分由 3 部分组成，分别是 Token Embeedings、Segment Embeddings 和 Position Embeddings。

如图 13-4 所示，首先看 Input 这一行，我们重点关注两部分：

- 正常词汇：如 my dog is cute，he likes play，##ing 是 bot 分词器分词之后的步骤，不用去关注。
- 特殊词汇：CLS 和 SEP，这两种特殊符号的存在是因为 BERT 模型的预训练中有一个任务是 NSP 任务。NSP（Next Sentence Prediction）用于判断两个句子之间的关系。

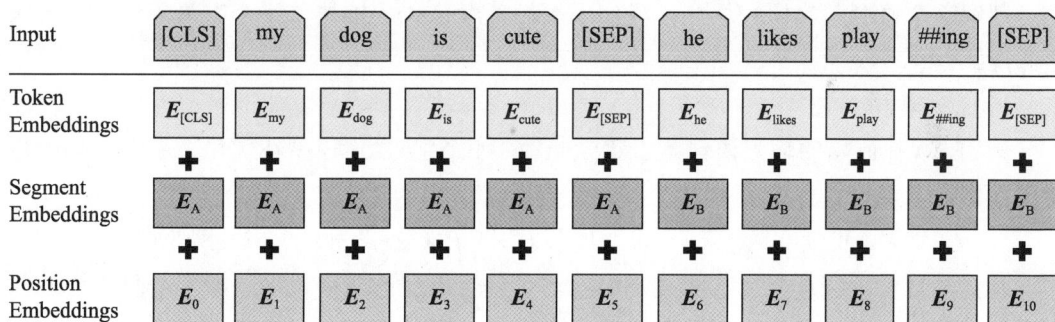

Input	[CLS]	my	dog	is	cute	[SEP]	he	likes	play	##ing	[SEP]
Token Embeddings	$E_{[CLS]}$	E_{my}	E_{dog}	E_{is}	E_{cute}	$E_{[SEP]}$	E_{he}	E_{likes}	E_{play}	$E_{\#\#ing}$	$E_{[SEP]}$
	+	+	+	+	+	+	+	+	+	+	+
Segment Embeddings	E_A	E_A	E_A	E_A	E_A	E_A	E_B	E_B	E_B	E_B	E_B
	+	+	+	+	+	+	+	+	+	+	+
Position Embeddings	E_0	E_1	E_2	E_3	E_4	E_5	E_6	E_7	E_8	E_9	E_{10}

图 13-4　二分类任务

SEP 的作用是分割两个句子，NSP 任务是二分类任务。如何完成二分类任务呢？

谷歌的 AI 团队在句子的最前面加了 CLS 特殊符号。在训练时，将 CLS 的输出向量接一个二分类器去做二分类任务，这是 CLS 的作用。

然后看图 13-4 的另外三部分：

- Token Embeddings：对 Input 中的所有词汇包括正常词汇和特殊词汇都做正常的 Enbeddings。
- Segment Embeddings：由于处理的是两个句子，所以需要对两个句子进行区分。第一个句子全部用 0 来表示，即 CLS 到 SEP 部分全部用 0 来表示。第二个句子全部用 1 来表示。

　　❑Position Embeddings：此处 BERT 模型的输入部分和 Transformer 模型的输入部分有一个很大的不同。Transformer 模型用的是正余弦函数，而 BERT 模型使用的是随机初始化，然后让模型自己去学习。例如，第一个位置给定为 0，第二个位置定为 1，第三个位置定为 2，一直到 511，让模型自行学习每个位置的 Embeddings。

13.1.3　BERT 模型的预训练

　　BERT 模型的训练方式分为两种：MLM（Msak Language Model）和 NSP（Next Sentence Prediction）。

1．MLM任务

　　在 BERT 模型的预训练阶段，核心依赖于庞大的无标注语料库，即广泛存在的未标记文本数据。因此，其预训练任务设计必然遵循无监督学习原则。鉴于数据本身未附带标签，在无监督学习的目标函数中尤以两种模型备受关注。

　　❑AR 模型，即自回归（Auto Regressive）模型，其特点是只能考虑单测信息，典型的就是 GPT 的另一种模型。

　　❑AE 模型，即自编码（Auto Encoding）模型，其特点就是从损坏的输入数据中重建原始数据，可以使用到上下文的信息。

　　理解这个概念其实比较枯燥，我们不去做数学公式的推导，举个简单的例子帮助大家去理解。

　　1）AR 模型

　　例如，现在原始的输入语料是"我爱吃饭"4 个字，AR 模型在优化时不会对句子本身去操作，其优化目标如下：

$$AR：P（我爱吃饭）=P（我）P（爱|我）P（吃|我爱）P（饭|我爱吃）$$

　　其优化目标旨在最大化"我爱吃饭"这个句子出现的概率，即该概率等价于"我"出现的概率乘以在"我"出现条件下"爱"出现的条件概率，进一步乘以"我爱"出现条件下"吃"的条件概率，最后乘以"我爱吃"出现条件下"饭"的条件概率。

　　注意看此优化目标，它有前后依赖关系。所以从此处可以看到 AR 模型只用到了单侧信息，即顺序过来的，此处为从左到右顺序的单侧信息。

　　2）AE 模型

　　与 AR 模型对应的我们来看一下 AE 模型：

$$AE：maks 之后【我爱 mask 饭】$$
$$P（我爱吃饭|我爱 mask 饭）= P（maks=吃|我爱饭）$$

　　AE 模型通过施加 mask 于句子中的特定单词上，实现对句子的处理，即隐藏句子中的某些词汇，如将"我爱 XX"中的"XX"用 mask 代替，而此 mask 后的实际词汇（如"吃"）虽处于无监督环境中，但在训练过程中是已知的。

　　其优化目标是提升"我爱 mask 饭"在给定条件下预测"我爱吃饭"的概率，等价于在"我爱饭"的语境下，mask 正确预测为"吃"的概率。此优化目标本质上是对 mask 后单词的预测能力进行评估与优化。

我们再去深究一下 mask 模型有没有缺点。

优化目标：P（我爱吃饭|我爱 mask mask）＝P（吃|我爱）P（饭|我爱）

仍以上述实例来说明，即当"吃"与"饭"两词被遮蔽（mask）后，句子变为"我爱 mask mask"。此时，优化目标聚焦于估算在"我爱 mask mask"的前提下实际为"我爱吃饭"的概率，这等同于分别计算在"我爱"之后为"吃"及为"饭"的条件概率，并错误地假设了它们相互独立。

审视此优化目标，我们不难发现一个关键谬误：它未能捕捉到"吃"与"饭"之间的固有联系，即两者在此语境下非独立。事实上，在多数情况下，遮蔽词之间存在相关性，而非独立的。这构成了掩码（mask）模型的一个局限性，此处不再赘述。

2. NSP任务

NSP 样本很简单：首先从训练语料库中取出两个连续的段落作为正样本，然后从不同的文档中随机创建一对段落作为负样本即 50%的概率句子 A 和句子 B 是来自同一个文档的上下句，50%的概率句子 A 和句子 B 不是同一个文档的上下句。训练出来的成果就是输入参数中的某个词汇与其他词的对应关系及相关的程度，和 Transformer 模型很相似，会显示在后续的一个 BERT 模型中并生成一个语义的模型解析，如图 13-5 所示。

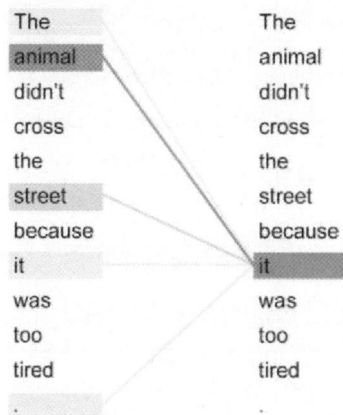

图 13-5　NSP 任务

13.2　只使用解码端的经典 GPT 模型剖析

经典 GPT（Generative Pre-trained Transformer）即生成式预训练 Transformer 模型。经典 GPT 模型中的 3 个词语各有其含义，简介如下：

❑ Generative 用于生成新文本的自动程序。

❑ Pre-trained 指模型经历了从大量数据中学习的过程，而预训练的"预"字则暗示模型能针对具体任务，通过额外的训练进行微调。

❑ Transformer 最关键，在前面已经介绍过，这里不再赘述。

接下来从词嵌入向量、注意力机制和向量解码为词三个方面（即三层处理）对经典 GPT 模型进行介绍。

13.2.1　经典 GPT 模型的第一层——词嵌入为向量

经典 GPT 模型的第一步就是对示例文本进行处理，即将输入切分成小块并将其转换成向量，如图 13-6 所示。

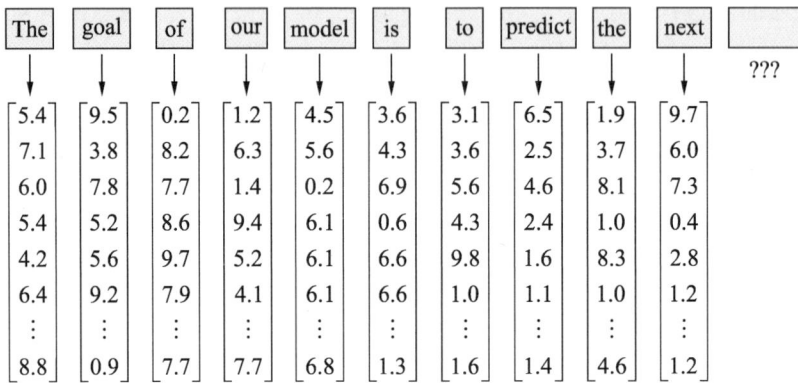

图 13-6　词嵌入向量化

前文已经提到过，这些被切分出来的小块就是 token，它可以是单词片段或者标段符号。但站在人类思考的角度来说，单个的单词更便于理解示例并解析清楚每一个步骤。

模型有一个预设的词汇库包含所有可能的单词，假设有 50 000 个，在转换为向量之后，遇到的第一个矩阵就是嵌入矩阵，嵌入矩阵的概念在前文中已有介绍，如图 13-7 所示。

词汇库（50 000个单词）

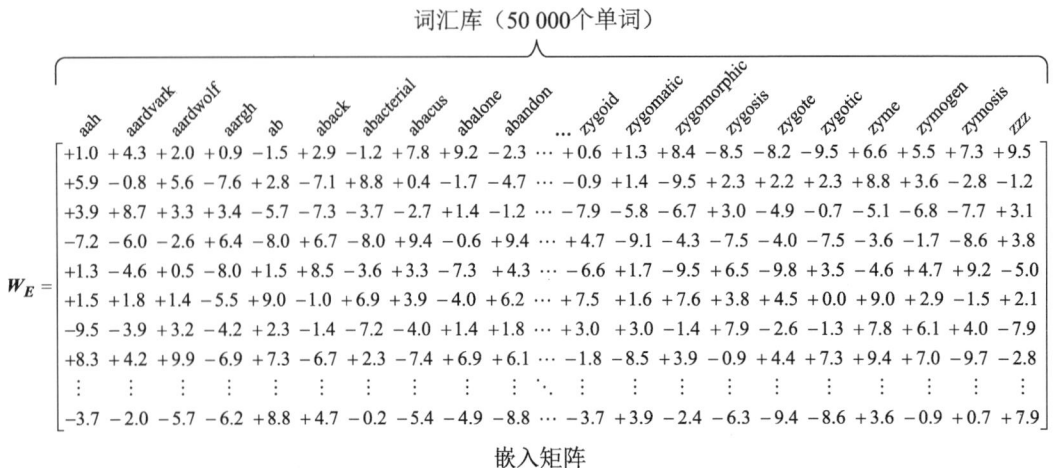

嵌入矩阵

图 13-7　嵌入矩阵

　　每个词都对应一列，这些列决定第一步中每个单词对应的向量，将其标记为 W_E，和其他的初始矩阵一样，它的初始值是随机的，将基于数据进行学习。

　　在 Transformer 模型出现之前，将单词转换为向量就是机器学习中常见的办法，通常将其称为词嵌入。从几何角度理解这些向量，将它们视为高维空间中的点。此处用更加直观的三维空间图来展示，以便加深对数字维度的理解，如图 13-8 所示。

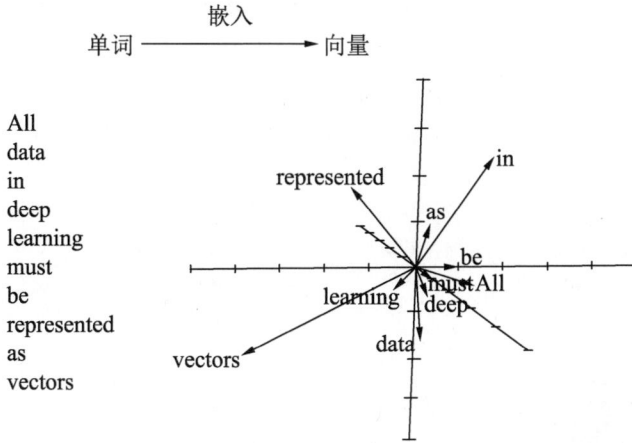

图 13-8　嵌入向量

　　例如，3 个数字就是三维的，很简单。但词嵌入的维度往往远高于三维，GPT-3 模型有 12 288 个维度。此处的重点是，当模型在训练阶段调整权重以确定不同单词如何被嵌入向量时，其最终的嵌入向量在空间中的方向往往具有某种语义。

　　举一个非常经典的例子。在空间中取 man 和 woman 之间的向量差，将它视作空间中的一个小向量，从一个向量的尖端指向另外一个向量的尖端。这个向量差与 king 和 queen 之间的向量差非常相似，如图 13-9 所示。

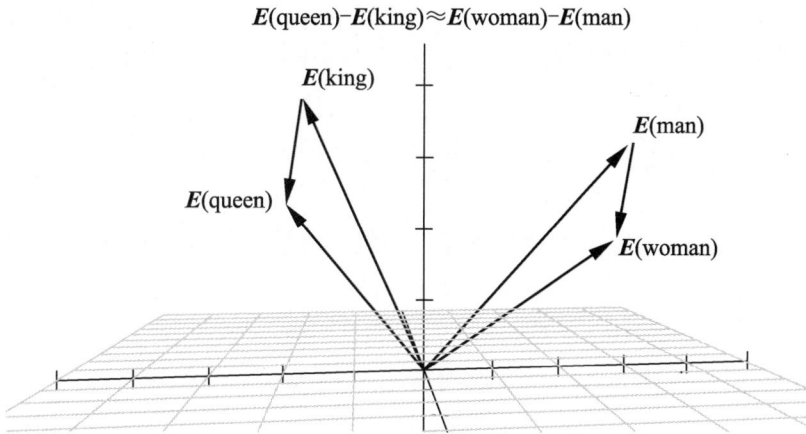

图 13-9　向量差

　　假设不知道 queen 这个词，可以通过 king 加上 woman 减去 man 的方向，然后搜寻最接近该点的词向量来找到它。

虽然理论上如此，但是 queen 的实际嵌入点比计算出来的要偏离一些。因为在训练数据中 queen 这个单词所代表的语义不仅是女性君主这一个意义。

回到 W_E 矩阵，在 GPT-3 模型的数据词汇库里有 50 257 个 token，每个 token 的嵌入维度有 12 288 维，两者相乘得到的权重数约为 6.17 亿个。

13.2.2　经典 GPT 模型的中间层——注意力机制

经典 GPT 模型最关键的部分就是中间层的计算，首先会经过注意力机制的运算，通过对上下文的计算来预测下一个词输出的概率，然后经过多层感知器计算损失，如图 13-10 所示。

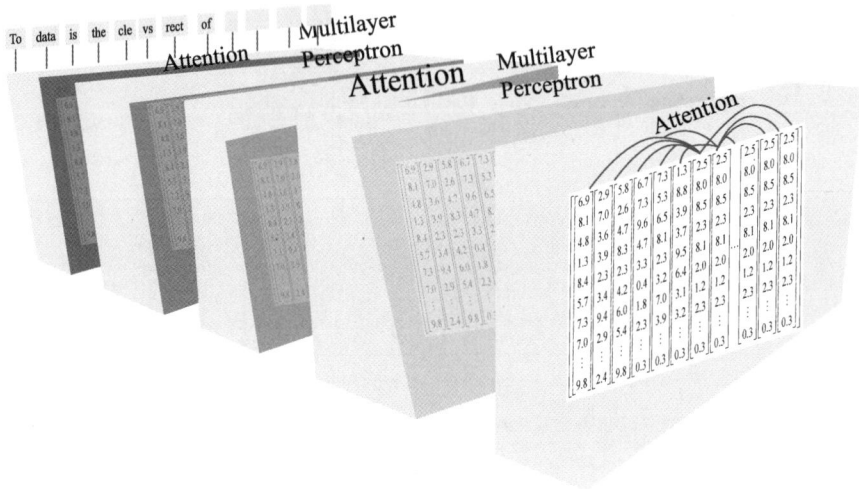

图 13-10　中间层

具体计算过程在前文中有详细介绍，在此处只需要知道其工作流程即可。

中间层的计算这一步往往会重复很多次，这意味着某个词吸收了一些上下文信息后，其嵌入向量将会变得有更多语义，而且还有可能会被同样吸收了上下文信息的词所影响。越是接近网络深处，每个嵌入向量就会从其他词的嵌入向量中吸收越多的含义，使得自己的嵌入向量也越来越细致、丰富。

如此，对于输入的内容，就能提炼出更高级、更抽象的概念而不仅是修饰和语法结构，也许还包含感情、语气、诗意及话题涉及的科学原理等。

13.2.3　经典 GPT 模型的最后一层——向量解码为词

这一步是将向量解码得到最终的输出，即在前文中预测下一个字的输出概率（如图 13-11 所示），具体预测方法此处不再赘述，详见前文。

最终的目标输出是下一个可能输出的 token 的概率分布。例如，最后一个词是"教授"，而上下文包含"哈利波特"这样的词，紧接着其前面又是"最不喜欢的老师"这样的词。那么一个训练良好的网络，在积累了与哈利波特有关的知识后，大概会给"斯内普"一词打高分，如图 13-12 所示。

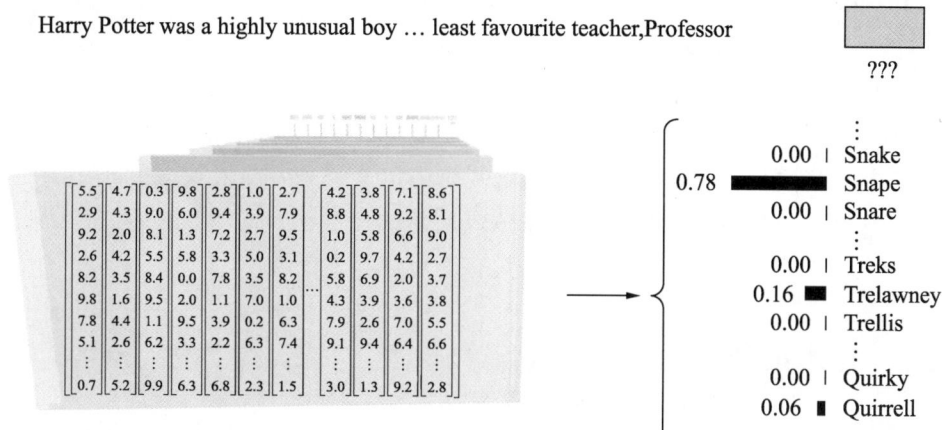

图 13-11　分布概率

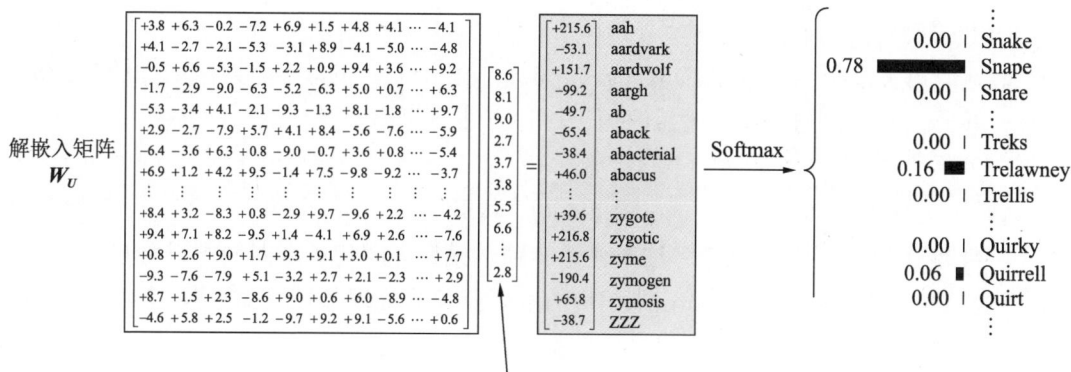

图 13-12　归一化计算

首先用另一个矩阵将上下文中最后一个向量映射到一个包含 50 000 个值的列表中，每个值对应词库里的一个 token，然后使用一个函数将其归一化为概率分布，即进行 Softmax 计算。

左边矩阵叫作解嵌入矩阵，记为 W_U，和其他权重矩阵一样，它的初始值也是随机的，也将在训练过程中进行学习。W_U 与嵌入矩阵很相似，只是行列对调，也拥有 6.17 亿个参数。

13.3　BERT 模型与 GPT 模型的对比

BERT 模型与经典 GPT 模型各自采用了 Transformer 架构的一部分，两者的特点及使用情况等自然不相同，下面从设计理念、技术细节、各自的优势和局限性 4 个方面进行详细介绍。

13.3.1　设计理念

BERT 模型和经典 GPT 模型的设计理念差别较大,下面分别进行介绍。

- ❑ BERT 模型:其主要创新之一是能够从两个方向(前向和后向)捕获上下文信息。这种双向性使得 BERT 模型在理解复杂的语义关系方面表现得更好。
- ❑ GPT 模型:其主要设计目标是生成高质量的自然语言文本。它通过自回归方式逐词生成文本,以确保生成的文本具有连贯性和逻辑性。

13.3.2　技术细节

BERT 模型基于 Transformer 架构的编码器部分处理任务。BERT 模型使用多头自注意力机制(Self Attention Mechanism)来处理输入序列,每一层都可以捕获不同层次的上下文信息。

BERT 模型的预训练任务主要分为两个:

- ❑ 掩码语言模型(Masked Language Model,MLM),随机遮盖输入序列中的某些词,并要求模型预测这些被遮盖的词。这种方法使得模型能够学习到词的上下文依赖关系。
- ❑ 下一句预测(Next Sentence Prediction,NSP),给定两个句子 A 和 B,模型需要判断 B 是否 A 的下一句。这个任务有助于模型理解句子之间的逻辑关系。

经典 GPT 模型基于 Transformer 架构的解码器部分处理任务。GPT 模型使用多头自注意力机制来处理输入序列,但只从前向捕获信息。

经典 GPT 模型预训练任务主要是基于自回归语言模型(Autoregressive Language Modeling,ALM),给定一个词序列,模型需要预测下一个词。这种任务使得模型能够学习到词与词之间的概率分布,从而生成连贯的文本。

13.3.3　各自的优势和局限

BERT 模型的优势主要有以下 3 点:

- ❑ 上下文理解能力强:由于数据流动的双向性,BERT 模型在理解复杂的语义关系方面表现优异。
- ❑ 适用于多种任务:BERT 模型在许多 NLP 任务中表现出色,如情感分析、问答系统、命名实体识别等。
- ❑ 微调效果好:经过预训练后,BERT 模型可以通过少量标注数据进行微调,达到很好的性能。

BERT 模型的局限性主要表现在以下 3 个方面:

❑ 计算资源需求高：BERT 模型的双向性和多层结构使其训练和推理过程对计算资源有较高要求。

❑ 训练时间长：由于需要处理双向信息，BERT 模型的训练时间通常比单向模型更长。

❑ 生成能力有限：虽然 BERT 模型在理解文本方面表现优异，但是它在生成连贯文本方面不如 GPT 模型。

经典 GPT 模型的优势主要有以下 3 点：

❑ 生成能力强大：GPT 模型在生成高质量文本方面表现出色，可以用于对话系统、文本摘要、创意写作等任务。

❑ 灵活性高：GPT 模型可以生成多种类型的文本，包括文章、故事、诗歌等。

❑ 微调效果好：经过预训练后，GPT 模型可以通过少量标注数据进行微调，达到很好的性能。

经典 GPT 模型的局限性主要表现在以下 3 个方面：

❑ 上下文理解有限：由于 GPT 模型是单向模型，它在理解复杂的上下文关系方面可能不如 BERT 模型。

❑ 生成文本的可控性差：虽然 GPT 模型可以生成连贯的文本，但是控制生成文本的具体内容和风格较为困难。

❑ 计算资源需求高：对于大规模的 GPT 模型，训练和推理过程需要大量的计算资源。

第 14 章　Transformer 算法面试 12 问

本章以 2024 年、2025 年国内一些大公司高频面试题为脉络，系统剖析 Transformer 架构的核心机制与工程实践，涵盖从 Layer Norm 的稳定性、FFN 的非线性增强、位置编码时序建模等基础设计知识，到 KV 缓存加速推理、张量并行计算、Weight Tying 参数效率等高阶优化知识，并深入探讨解码器架构主导大模型的逻辑，以及 Q、K、V 权重分离的灵活性和模型深度与宽度的性能边界。本章不仅可以为求职者提供面试应答的全视角解析，而且从学术严谨性与工程落地性的双重维度构建读者对 Transformer 技术生态的深度认知，既服务于算法岗位的面试，又可满足大模型开发与前沿研究的需求。

14.1　Transformer 模型为什么使用 Layer Norm

深圳某大公司面试题目：Transformer 模型为什么使用 Layer Norm？

在 Transformer 模型中，使用 Layer Norm 有几个关键原因：

❑ 增强训练稳定性：Layer Norm 有助于增强模型训练的稳定性。规范层的输入，有助于防止梯度消失或爆炸问题，使得模型可以使用更高的学习率。

❑ 加速收敛：由于 Layer Norm 减少了内部协变量偏移（Internal Covariate Shift），模型可以在训练过程中更快地收敛。

❑ 改善泛化能力：Layer Norm 通过规范化层的激活输出，有助于减少模型对输入数据分布的敏感性，从而提高模型的泛化能力。

❑ 允许更深的网络：在深度学习中，深层网络往往面临梯度传播问题。Layer Norm 通过规范每层的输入，促进信息在深层网络中的有效流动。

❑ 减少对初始化的依赖：良好的初始化对于深度网络的训练至关重要。Layer Norm 可以在一定程度上减少对特定初始化策略的依赖。

❑ 适应不同数据分布：Layer Norm 可以适应输入数据的不同分布，使得模型对于输入数据的小的变化更加健壮。

❑ 与自注意力机制的协同作用：Transformer 模型的自注意力层可能会产生较大的激活值，Layer Norm 有助于将这些激活值重新规范到合理的范围内。

❑ 简化超参数调整：由于 Layer Norm 的稳定性，调整超参数（如学习率）变得更加容易，因为模型对于这些参数的变化更加不敏感。

Layer Norm 是 Transformer 架构不可或缺的一部分，它与残差连接一起，使模型变得更强大和灵活。虽然 Layer Norm 在 Transformer 模型中非常有效，但是在某些情况下，其他类型的归一化如批归一化也可以用于特定的应用或模型变体中，如图 14-1 所示。

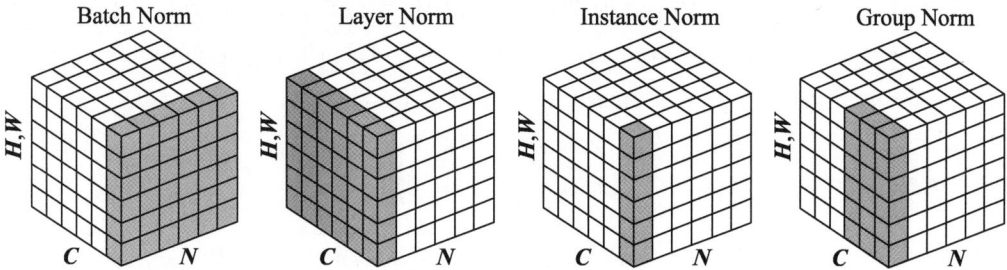

图 14-1　归一化的各种方式

为什么不使用 Batch Norm 呢？其实在 Transformer 论文刚发表的时期，两种 Normalize 方法比较流行，早一点提出的是 Batch Norm，后来是 Layer Norm，至于 Instance Norm 和 Group Norm 等，可以认为是在这两种归一化基础上的扩展。

当时 Batch Norm 在计算机视觉领域比较流行，而 NLP 则使用 Layer Norm 比较多，但也并不一定要按照任务这么划分。

为什么当时计算机视觉都使用 Batch Norm 呢？从 CNN 卷积核的计算方式上看，在 Batch 上进行 Normalize 是比较契合的，因为这样每个卷积核在计算的时候数据的 Normalize 的方式是一样的。

但 Batch Norm 也有些问题：

❑ Batch Norm 采样需要足够大：小的 Batch 训练不稳定。因为 Batch Norm 需要跨样本的 Normalize，所以采样要足够大才能捕捉到样本的分布。

❑ 加大的 Batch Norm 有一些副作用：一个最明显的问题，那就是现在模型越来越大，如果想实现多机多卡的 GPU 并行，那么 Batch Norm 需要额外的通信，因为一个 Batch 很可能分布在不同的计算机上，而 Normalize 又需要计算整个样本的数据分布。目前有两种解法：一种是类似 mini batch，放弃跨机器通信；另一种是 PyTorch 实现的 SyncBatchNorm，在加大 Batch Norm 的基础上尽量减少通信数据。但是不管怎么样，额外的通信开销在模型足够大的时候也是个棘手问题。

❑ 序列长度可变：在自然语言处理任务中，输入序列（如句子或文档）的长度往往是可变的。Batch Normalization 需要在整个批次的所有样本上计算统计量（均值和方差），但在长度不一致的情况下使用归一化操作对不同长度的序列进行处理时会发生错误。

❑ 计算效率：在处理长序列时，Batch Normalization 可能需要额外的内存和计算资源来存储和计算不同批次的统计量。而 Layer Normalization 由于其计算方式，可以在不增加内存负担的情况下处理长序列。

❑ 训练和预测的不一致性：训练的时候有大批的数据可以组成 Batch，但是预测的时候，如果只想预测一个样本，那么 Batch Norm 就难以胜任。所以在预测的时候实际上是采用了训练时的数据分布来进行 Normalize 的。这样就要保证训练和预测的分布必须一致，泛化能力没那么强。

以上是一些理论知识，并未在实践中进行论证，但 2020 年，一篇论文专门测试了把 Transformer 模型的 Layer Norm 变成 Batch Norm，并对两者进行对比，论文的标题是 PowerNorm: Rethinking Batch Normalization in Transformers。

作者发现，在这篇论文中 Transformer 模型的 LayerNorm 换成 Batch Norm 后，在分类和机器翻译的任务中其性能下降明显，如图 14-2 所示。

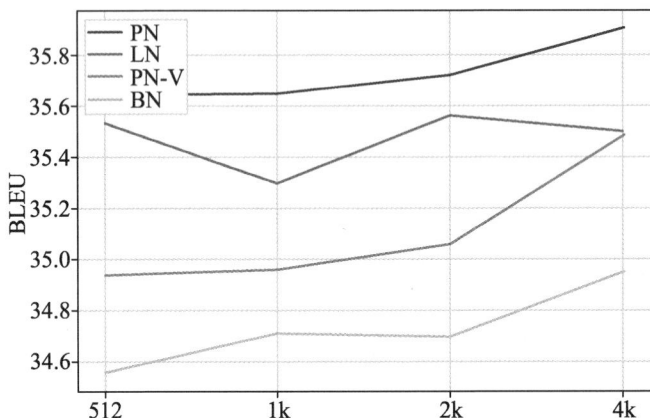

图 14-2　Batch Norm 与 Layer Norm 训练性能对比

可以看出，Batch Norm 效果并不太好。分析其原因，是其采用了 Batch Norm 的 Transformer 模型，其 Batch Norm 的均值和方差震荡明显并不稳定，所以收敛的就很慢，如图 14-3 所示。

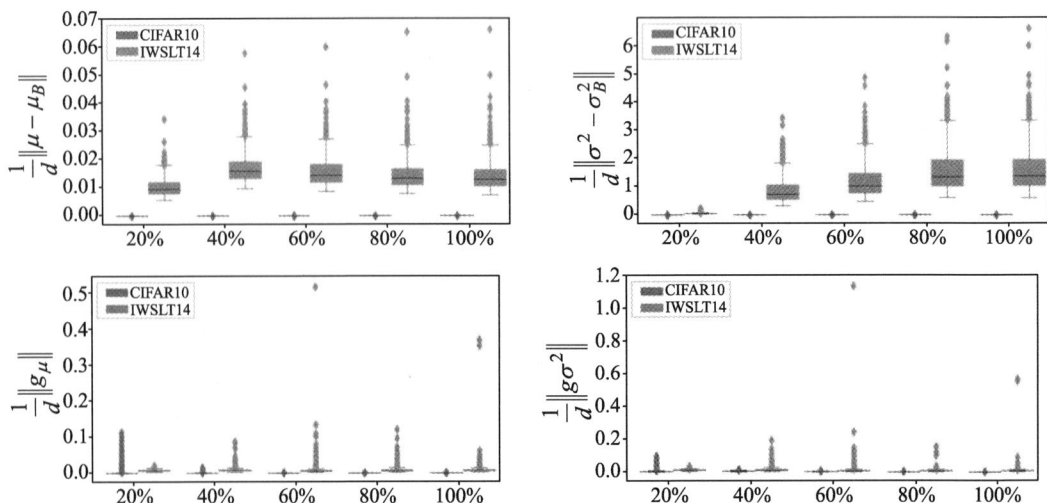

图 14-3　Batch Norm 训练效果

作者后来对 Batch Norm 进行了改进，提出了 Power Norm。

14.2　在 Transformer 模型中 FFN 有什么作用

北京某大公司面试题目：在 Transformer 模型中 FFN 有什么作用？

在 Transformer 模型中，前馈网络（Feed-Forward Network，FFN）是模型中的关键组件之一，通常位于每个编码器和解码器层的自注意力或多头注意力模块之后。FFN 的作用包括：

❑ 增强表现能力：FFN 通过引入非线性变换，增强了模型对数据的表现能力，允许模型学习更复杂的特征。

❑ 提供非线性激活：FFN 通常包含一个或多个非线性激活函数（如 ReLU），如图 14-4 所示。这有助于引入非线性特性，使得模型能够捕捉数据中的复杂模式。

在引入激活函数之后，输入层中简单的线性关系经过非线性函数套用之后，神经网络能学习到更多非线性关系。如图 14-5 所示的数据集，使用简单的线性关系是无法处理的。

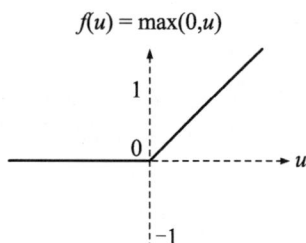

图 14-4　激活函数 ReLU　　　　　　　图 14-5　训练集

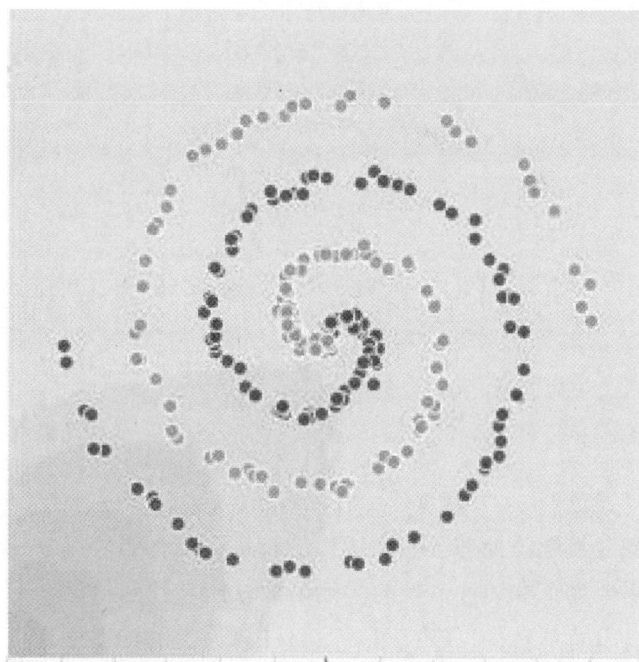

我们在 TensorFlow playground 中搭建一个神经网络来拟合这组数据集，如图 14-6 所示。

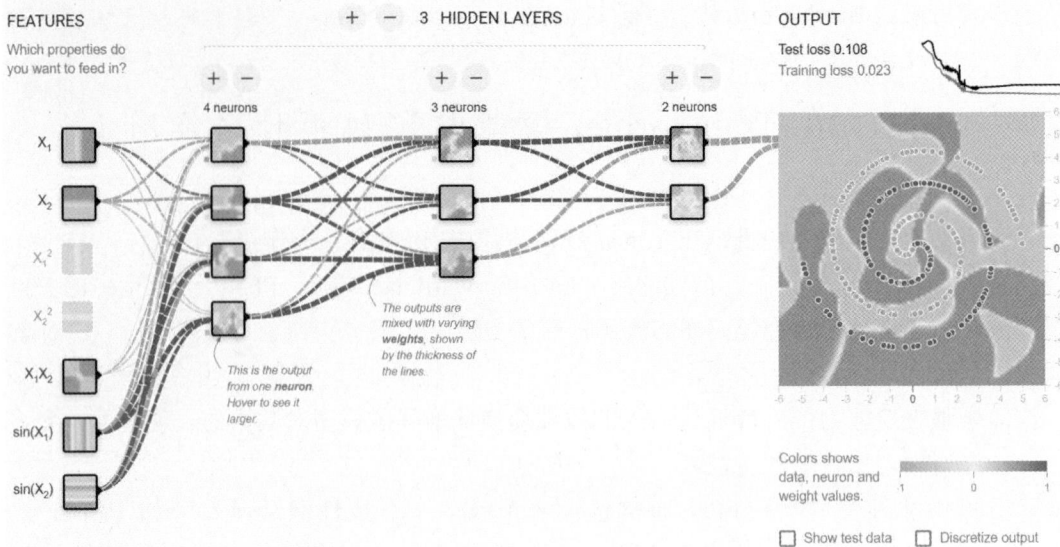

图 14-6　模拟训练过程

如果没有 FFN，只有注意力的堆叠，如图 14-7 所示。

$$v_{(1)} = xW_{(1)}$$
$$x_{(1)} = \alpha_{(1)}v_{(1)}$$
$$v_{(2)} = x_{(1)}W_{(2)}$$
$$x_{(2)} = \alpha_{(2)}v_{(2)}$$
$$= \alpha_{(2)}x_{(1)}W_{(2)}$$
$$= \alpha_{(2)}\alpha_{(1)}xW_{(1)}W_{(2)}$$
$$x_{(3)} = \alpha_{(3)}v_{(3)}$$
$$= \alpha_{(3)}x_{(2)}W_{(3)}$$
$$= \alpha_{(3)}\alpha_{(2)}\alpha_{(1)}xW_{(1)}W_{(2)}W_{(3)}$$
$$\cdots$$
$$x_{(i)} = \alpha_{(i)}v_{(i-1)}\cdots\alpha_{(1)}xW_{(1)}W_{(2)}W_{(3)}\cdots W_{(i)}$$

图 14-7　手动迭代计算（图来自网络）

通过图 14-7 中的公式可以看出，无论堆叠多少层，都是最先输入 x 的一个线性变换。线性变换无法处理一些非线性的特征，恰如当年马文·闵斯基给神经网络判了"死刑"，只需要加个非线性变换的激活函数就能起死回生。

- 特征转换：FFN 可以对自注意力层的输出进行进一步的特征转换，这有助于调整和优化模型的中间所处状态或特征。

- 提高模型容量：通过增加额外的参数和计算步骤，FFN 提高了模型的容量，使得模型能够处理更复杂的任务。

- 与自注意力的互补：自注意力机制擅长捕捉序列内部的依赖关系，而 FFN 则可以捕捉更复杂的特征变换，两者结合使用可以提高模型的整体性能。

❑ 实现深度网络：通过堆叠多个 FFN，Transformer 模型可以构建成深层网络，这有助于学习更深层次的数据表示。

❑ 保持并行化优势：虽然 FFN 引入了序列的非线性变换，但是仍然保持了 Transformers 模型的并行化优势，因为 FFN 的操作是独立于序列位置的。

❑ 灵活性：FFN 的设计相对简单，可以灵活地调整其大小和复杂度，以适应不同的任务和模型配置。

❑ 实现残差连接：FFN 通常与残差连接一起使用，这有助于避免深层网络中的梯度消失问题，并且使得训练深层模型成为可能。

❑ 层归一化：在 FFN 的前后通常会使用层归一化，这有助于稳定训练过程并提高模型的泛化能力。

FNN Transformer 模型中不可或缺的一部分，它与自注意力机制相结合，为模型提供了强大的学习能力。通过适当的设计及调整 FFN 的大小和复杂度，可以显著提高模型在各种自然语言处理任务中的性能。

14.3　在 Transformer 模型中 Position Embedding 有什么作用

北京某大公司面试题目：在 Transformer 模型中 Position Embedding 有什么作用？

在 Transformer 模型中，Position Embedding 是一种向量表示，用于给模型提供序列中每个元素（如单词或字符）的位置信息。Transformer 模型的自注意力机制本身并不包含序列的顺序信息，Position Embedding 的引入是为了帮助模型理解序列中元素的相对位置关系。

Position Embedding 的作用：

❑ 提供顺序信息：由于 Transformer 模型的自注意力机制是并行的，无法像传统序列模型那样天然包含序列的顺序信息，因此需要借助其他方式来表达序列顺序。Position Embedding 允许模型学习序列中单词的相对或绝对位置。

❑ 增强模型能力：通过考虑单词的位置，模型可以更好地理解语言的语法结构和语义依赖关系。

❑ 改善训练效果：Position Embedding 有助于模型在训练过程中更准确地预测下一个元素，尤其是在序列到序列（seq2seq）的任务中表现出色，如机器翻译或文本摘要。

Position Embedding 在 Transformer 模型中的应用：

❑ 输入嵌入：在 Transformer 模型中，Position Embedding 通常与词嵌入（Word Embedding）相加，形成每个单词的最终输入表示。

❑ 动态调整：在某些变体中如 Transformer-XL 或 XLNet，位置编码可以是动态调整的，以适应更长的序列或更复杂的语言模型任务。

❑ 相对位置编码：一些 Transformer 模型的变体使用相对位置编码而不是绝对位置编码，以便提供更灵活的位置信息。

总的来说，Position Embedding 是 Transformer 模型的关键组成部分，它使得模型能够捕捉序列数据中的顺序信息，从而提高模型对语言结构的理解能力。

14.4　Transformer 模型中的 Weight Tying 是什么

阿里巴巴的面试题目：Transformer 模型中的 Weight Tying 是什么？

Transformer 模型的输入会从一个词向量矩阵中获取对应 token 的词向量，这个词向量矩阵的大小为(vocab_size, hidden_size)。

在预测一个词的输出概率时，Transformer 模型有个预测头（prediction head），这个预测头是 Transformer 模型的最后一层，大小为(hidden_size, vocab_size)，可能还有一个 bias。

如果预测头没有 bias 的话，则这两个矩阵的大小是一样的，如果这两个矩阵使用同一个矩阵，就称作 Weight Typing。

Weight Tying（权重共享或权重绑定）是一种技术，它通过共享不同的层或组件之间的权重来减少模型的参数数量，从而提高参数效率。权重共享可以带来几个好处：

❑ 参数效率：比如 llama2 有 32 000 个 token，参数量为 32 000×4096 = 131 072 000 个，整体参数量为 6 738 415 616，占比 1.95%。llama3 有 151 936 个 token，参数量为 151 936 ×4096 = 622 329 856 个，整体参数量为 803 0261 248，占比 7.75%。通过共享权重，模型可以在不影响表达能力的情况下减少所需的参数总数。

❑ 内存和计算效率：减少参数数量可以降低模型的内存占用，并可能加快训练和推理速度。如果没有 Weight Tying，词向量矩阵只会更新自己见过的 token。但是在使用 Weight Tying 后，所有的 token 的词向量都会更新，即使没见到的 token，模型也会分配合适的概率。

❑ 正则化效果：权重共享可以作为一种正则化手段，有助于防止模型过拟合。

同时，Weight Tying 也不是只有好处，也有坏处：

❑ 在论文 *Improving Low Compute Language Modeling with In-Domain Embedding Initialisation* 中也提到，在一些领域内的低词频的词汇得到充分的训练后，Weight Tying 并没有像 Press & Wolf 那样改善模型的性能。所以更多的语料会削弱 Weight Tying 的效果。

❑ 在论文 *Representation Degeneration Problem in Training Natural Language Generation Models* 中提到，使用 Weight Tying 会导致词向量在输出层任务相关方向上的变化较大而在其他方向上的创作较小，从而形成各向异性的现象。

14.5　为什么大多数大语言模型都是仅解码器架构

北京某大公司面试题：为什么大多数大语言模型都是仅解码器架构？

大多数大型语言模型（Large Language Models，LLMs）采用仅解码器（Decoder-only）架构的原因主要归结于以下几点：

❑ 序列生成能力：仅解码器架构特别适用于生成文本序列的任务，如文本摘要、翻译、文本续写等。它们可以生成连贯、语法正确的文本。

❑ 灵活性：解码器可以生成任意长度的序列，不受输入序列长度的限制，这为创造性写作和多样化的文本生成提供了灵活性。

❑ 自回归特性：仅解码器模型通常采用自回归方式生成文本，即每个新词的生成依赖之前已生成的词，这有助于保持文本的连贯性和逻辑性。

❑ 预训练-微调范式：这种架构适合预训练（Pre-training）和微调（Fine-tuning）范式。模型可以在大量数据基础上进行预训练，学习语言的通用表示，然后在特定任务上进行微调。

❑ Transformer 架构：许多大型语言模型基于 Transformer 架构，它本身就是一个仅解码器架构，通过自注意力机制能够捕捉长距离依赖关系，并且可以并行处理所有词的生成。

❑ 计算效率：与编码器-解码器架构相比，仅解码器架构在生成文本时不需要对输入序列进行额外的处理，简化了模型结构并提高了计算效率。

❑ 易于实现和训练：仅解码器模型的训练相对简单，因为它们不需要协调编码器和解码器之间的交互，这使得模型的训练和实现更加容易。

❑ 丰富的预训练模型：存在大量公开可用的仅解码器预训练模型，如 GPT 系列模型，这为研究和应用提供了便利。

❑ 任务适应性：对于许多 NLP 任务，仅解码器模型已经表现出了卓越的性能，从而减少了对编码器-解码器架构的需求。

❑ 研究趋势：随着研究的发展，越来越多的注意力集中在如何改进仅解码器模型，以及如何利用它们解决更复杂的任务方面。

虽然仅解码器架构在许多场景中表现出色，但是它也有局限性。例如，在需要理解输入序列并生成响应的任务中，编码器-解码器架构可能更合适。然而，对于大多数以生成为中心的语言任务，仅解码器架构提供了一个强大且高效的解决方案。

14.6　在 Transformer 模型中 Encoder 和 Decoder 是如何交汇的

北京某大公司面试题：在 Transformer 模型中 Encoder 和 Decoder 是如何交汇的？

在原始的 Transformer 模型中，Encoder-Decoder 架构是用来处理序列到序列任务的，如机器翻译。这种模型由两部分组成：编码器（Encoder）和解码器（Decoder）。它们的交汇可以通过以下几个关键步骤来理解。

- 编码器处理：编码器接收输入序列（如源语言的句子）并将其转换成一系列高维向量，这些向量捕捉了输入序列的上下文信息。
- 自注意力机制：编码器使用自注意力机制来并行处理输入序列中的每个元素，允许每个元素都考虑到序列中的其他元素，从而学习到序列内部的依赖关系。
- 位置编码：为了使模型能够理解序列中的单词顺序，通常会给输入序列的每个元素添加位置编码。
- 输出表示：编码器的输出是一个连续的表示，这个表示被用作解码器的输入，以初始化解码器的状态。
- 解码器处理：解码器接收编码器的输出并生成目标序列（如目标语言的句子）。解码器在生成每个词时，都会考虑到之前生成的词。
- 遮蔽：在解码器中，为了保持自回归特性（即在生成序列的过程中，每一步只依赖之前生成的词），使用遮蔽（Masking）来防止未来词的信息流入当前步骤。
- 注意力机制：解码器使用两种注意力机制。第一种是对编码器输出的注意力，允许解码器在生成每个词时关注输入序列的相关部分。第二种是遮蔽自注意力，确保解码器在生成序列的每一步只看到它之前生成的词。
- 交叉注意力：解码器中的交叉注意力层（通常称为编码器-解码器注意力层）允许解码器直接聚焦于编码器输出中与当前解码步骤最相关的部分。
- 最终输出：解码器的最后一层输出一个连续向量，这个向量通过一个线性层和 Softmax 层转换成概率分布，表示下一个词的概率。
- 训练过程：在训练过程中，编码器和解码器一起训练，目标是最小化重建目标序列的损失。

在 Transformer 模型中，编码器和解码器通过上述方式交汇，共同工作以生成准确的输出序列。编码器提供输入序列的丰富表示，而解码器则利用这些信息逐步生成目标序列。这种设计允许模型在处理序列到序列任务时，有效地捕捉和利用输入和输出之间的复杂关系。

14.7　Transformer 模型中的 Layer Norm 可以并行吗

上海某大公司面试题目：Transformer 模型中的 Layer Norm 可以并行吗？

在 Transformer 模型中，层归一化（Layer Normalization）可以并行处理。实际上，Layer Norm 设计为可以应用于网络中的每个子层，并且可以很容易地与其他操作并行化。以下是 Layer Norm 并行化的几点说明。

- 独立性：Layer Norm 对每个数据样本独立归一化统计量（均值和方差），这意味着不同数据样本的归一化可以同时进行，没有依赖关系。
- 并行计算：在处理批量数据（Batch Data）时，每个样本的 Layer Norm 可以并行计算，因为每个样本的归一化不依赖于其他样本。
- 硬件利用：现代计算硬件（如 GPU）通常具有高度并行性，可以同时处理大量数据。Layer Norm 可以充分利用这些硬件特性，加速归一化过程。
- 模型并行：在模型并行化中，不同的 Transformer 层可以分布在不同的设备上。虽然 Layer Norm 通常在单个设备上执行，但是整个模型的前向和反向传播可以并行处理多个层。
- 数据并行：在数据并行化中，模型的单个副本可以同时处理多个数据样本。由于 Layer Norm 是按样本独立计算的，因此可以自然地适应数据并行化。
- 简化实现：由于 Layer Norm 不涉及跨样本的信息交流，它的实现相对简单，不需要复杂的同步操作。
- 保持性能：并行化 Layer Norm 不会影响模型的性能，因为它不会改变归一化统计量的计算方式。
- 灵活性：Layer Norm 可以应用于模型中的任何位置，无论是编码器、解码器还是自注意力层，都可以根据需要并行化处理。

值得注意的是，虽然 Layer Norm 本身可以并行化，但是在实际应用中，Transformer 模型的并行化可能会受到其他因素的限制，如内存容量、数据传输速度或模型的特定架构设计。此外，某些深度学习框架已经内置了优化的 Layer Norm 实现，这些实现可能已经考虑了并行化。

14.8　什么是张量并行

深圳某大公司面试题目：什么是张量并行？

张量并行（Tensor Parallelism）是一种分布式矩阵算法。

随着模型越来越大，模型内的矩阵也越来越大。一个大矩阵的乘法可以拆分成多个小矩阵的运算，这个些运算可以充分利用 GPU 的多核还有多 GPU 进行分布式计算，从而提高运算速度。

Megatron-LM 中出现了 1D Tensor Parallelism，也就是两个矩阵之间的分布式计算方法。后面陆续又有 2D/2.5D/3D Tensor Parallelism。

下面先讲一下 Megatron-LM 的 1D Tensor Parallelism 算法。

1．1D Tensor Parallelism算法

其实 1D Tensor Parallelism 算法完全来源于矩阵运算的性质，如图 14-8 所示。

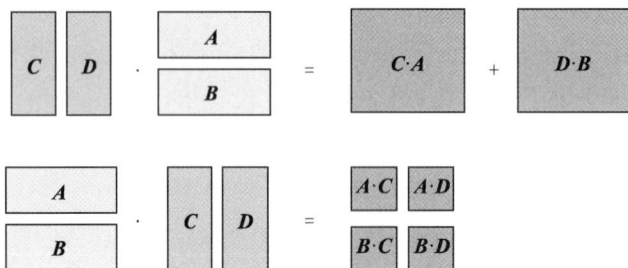

图 14-8　1D Tensor Parallelism 中的矩阵运算

2．切分方法1

假设两个矩阵相乘，左矩阵按列分割成两个，右矩阵按行分割成两个，那么有如下性质，如图 14-9 所示。

这样的切分方法需要一个归并操作，因为要把各部分的结果求和从而得到最终结果。

3．切分方法2

假设两个矩阵相乘，左矩阵按行分割成两个，右矩阵按列分割成两个，那么有如下性质，如图 14-10 所示。

$$[C \quad D] \cdot \begin{bmatrix} E \\ F \end{bmatrix} = C \cdot E + D \cdot F \qquad \begin{bmatrix} A \\ B \end{bmatrix} \cdot [C \quad D] = = \begin{bmatrix} A \cdot C & A \cdot D \\ B \cdot C & B \cdot D \end{bmatrix}$$

图 14-9　列行切分　　　　　　　　　　图 14-10　行列切分

这样的切分方法最终需要把结果使用 Concat 函数连接起来。但是由于每一部分的计算结果都是最终结果的一部分，所以可以不着急 Reduce 结果，直接将其作为下一次并行计算的输入。

4．两种切分方法组合

假设有多个矩阵进行相乘，如 *ABC...X* 相邻之间的矩阵可以一个横切，一个纵切，然后放到不同的设备上，从而达到并行计算的目的，如图 14-11 所示。

分割成多个矩阵也是类似的结论。所以对于矩阵相乘来说，如果有 N 个 GPU，完全可以将参数平分到 N 个 GPU 上，每个 GPU 只负责计算 N 分之一的参数，而不用都放到

一个 GPU 中，增加显存的负担。

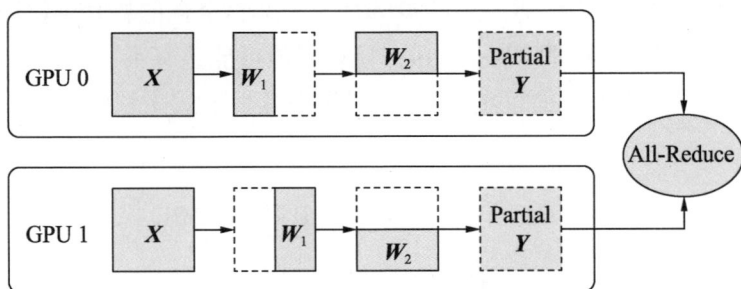

图 14-11　并行过程

14.9　在 Transformer 模型中为什么使用不同权重的矩阵生成 Q 和 K

武汉某大公司面试题目：在 Transformer 模型中为什么使用不同权重的矩阵生成 Q 和 K？

在 Transformer 模型中，Q（Query）、K（Key）和 V（Value）是多头自注意力机制的三个主要成分，分别代表查询、键和值，用于计算注意力权重和聚合信息。Q 和 K 使用不同的权重矩阵生成的原因有：

- 多样性：使用不同的权重矩阵可以使得 Q 和 K 捕捉输入数据的不同表示，从而增加模型的表达能力。
- 灵活性：不同的权重矩阵允许模型在不同的上下文中灵活地调整 Q 和 K 的表示，以更好地适应不同的任务和数据特性。
- 注意力区分：在自注意力机制中，Q 和 K 的目的是计算它们之间的相似度或匹配程度。不同的权重矩阵有助于区分不同头（head）的注意力模式，使每个头可以专注于输入的不同部分。
- 多头注意力：Transformer 模型的多头注意力机制允许并行地执行多个注意力计算，每个头都有自己的 Q、K 和 V 权重矩阵。这样，模型可以从多个角度和抽象层次捕捉信息，增强模型的表示能力。
- 可学习性：不同的权重矩阵提供了更多的可学习参数，使得模型可以通过训练学习到如何最好地表示 Q 和 K，以实现最优的注意力分布。
- 优化和泛化：使用不同的权重矩阵有助于模型在训练过程中更好地优化，并提高模型对未见数据的泛化能力。
- 模型设计：从设计角度来看，Q 和 K 使用不同的权重矩阵是 Transformer 架构的一个关键设计，它使得模型能够更有效地处理序列数据，并在各种任务中取得优异的性能。

在实际应用中，V 通常与 K 使用相同的权重矩阵，但与 Q 的权重矩阵不同。这种设计允许模型在计算注意力权重时保持灵活性，同时在聚合信息时保持一致性。然而，这并不是固定的规则，不同的 Transformer 模型变体可能会有不同的设计选择。例如，一些变体可能会共享 Q 和 K 的权重矩阵，或者采用其他方式来调整注意力机制的行为。

14.10　更深、更宽的 Transformer 网络是否意味着更强的训练模型

武汉某大公司面试题目：更深、更宽的 Transformer 网络是否意味着更强的训练模型？

更深（层数更多）和更宽（参数更多或头数更多）的 Transformer 网络通常意味着模型具有更高的容量，从理论上讲可以提供更强的学习能力。然而，这并不意味着更深、更宽的模型就是更好的训练模型，因为有几个实际因素需要考虑：

❑ 训练数据：更多的层和参数意味着模型需要更多的数据来训练。如果训练数据不足，则大型模型可能会过拟合。

❑ 计算资源：更深、更宽的模型需要更多的计算资源和内存，这会导致训练成本显著增加，并且在资源有限的情况下可能不可行。

❑ 优化难度：大型模型可能更难以优化，它们可能会陷入局部最小值的情况，或者训练过程中的梯度可能会变得非常小或非常大，从而影响模型的收敛。

❑ 泛化能力：模型的泛化能力不仅取决于其大小，还取决于其架构和训练过程。一个过大的模型可能在训练数据上表现良好，但在未见数据上表现不佳。

❑ 超参数调整：更深、更宽的模型可能需要更细致的超参数调整，包括学习率、正则化系数、注意力机制的配置等。

❑ 减少过拟合的策略：大型模型可能需要采用更复杂的正则化技术或数据增强策略来减少过拟合的风险。

❑ 任务复杂性：对于简单任务，较小的模型可能已经足够。而对于复杂任务，可能需要更大的模型来捕捉数据中的细微特征。

❑ 效率和实用性：在某些应用中，模型的推理速度和资源消耗可能与模型大小同样重要。在这些情况下，可能需要在模型大小和效率之间做出权衡。

❑ 模型健壮性：更大的模型可能在面对输入噪声或异常值时更加健壮，但这也取决于模型的训练方式和数据的多样性。

❑ 最新研究：Transformer 模型的研究正在快速发展，新的架构和技术可能会提供在不同维度上改进模型性能的方法。

因此，选择模型的大小和深度应该基于对特定任务的理解、可用数据的量和质量、计算资源的限制以及模型性能进行综合考量。在实践中，通常需要通过实验来确定最适合特定任务的模型大小。

14.11　Transformer 模型推理为何要做 K、V 缓存

北京某大公司面试题：Transformer 模型推理为何要做 K、V 缓存？

在 Transformer 模型中，特别是在处理序列数据（如文本）时，K、V（Key-Value）缓存是一种优化技术，用于加速推理过程。这种技术主要应用于自回归模型，即模型每次只生成下一个 token，然后基于已生成的所有 token 继续生成下一个 token，直到整个序列生成完毕。

1. K、V 缓存的主要作用

减少计算量：在标准的 Transformer 模型中，每个解码步骤都会重新计算之前所有的注意力层中的 Key 和 Value。然而，在自回归任务中，这些值对于已经生成的 token 来说是不变的。通过缓存这些 K、V 值，可以在后续的解码步骤中直接复用，避免了重复计算，从而大大减少了计算量。

提高效率：由于减少了不必要的计算，模型的推理速度可以得到显著提升。这对于需要实时响应的应用场景尤为重要，如在线翻译或聊天机器人等。

降低内存占用：虽然 K、V 缓存会占用一定的内存空间来存储之前步骤中的 K、V 值，但是相比于每次都重新计算 K、V 值所需的内存和计算资源，这种方法更加高效。

2. 实现方式

在实际实现中，当模型开始生成新的 token 时，首先会从缓存中加载前一步骤的 K、V 值，并将新生成 token 对应的 K、V 值添加到缓存中。这样，在计算当前 token 的注意力权重时，就可以直接使用这些缓存数据，而不需要对整个输入序列再次进行完整的注意力计算。

14.12　在 Transformer 模型中 K、V 缓存是如何工作的

北京某大公司面试题：在 Transformer 模型中 K、V 缓存是如何工作的？

K、V 缓存在 Transformer 模型中的工作原理可以通过以下几个步骤来详细说明。假设我们正在使用一个自回归 Transformer 模型进行文本生成，模型每次生成一个 token，并根据已生成的序列逐步扩展输出。

1. 初始化

在生成第一个 token 之前，K、V 缓存是空的。此时，模型接收输入序列（如初始的 prompt）并计算出第一个 token 的 Key 和 Value。

对于第一个 token，每次让 Q 和 K 作矩阵相乘，再通过 Softmax 计算注意力得分，最后和 V 相乘得到输出。因为是第一个 token，所以有无缓存其计算流程都相同，如图 14-12 所示。

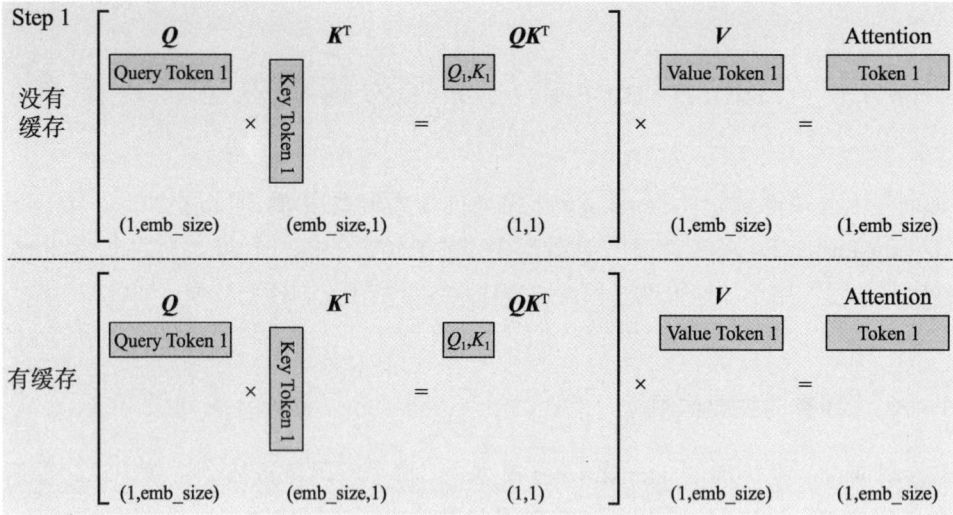

图 14-12　第一个 token 对比

2．缓存 *K*、*V* 值

从第二个 token 开始，***K***、***V*** 值就开始缓存，如图 14-13 所示。第一个 token 的 ***K***、***V*** 值被计算并且缓存下来，通常储存在专门的数据结构中。

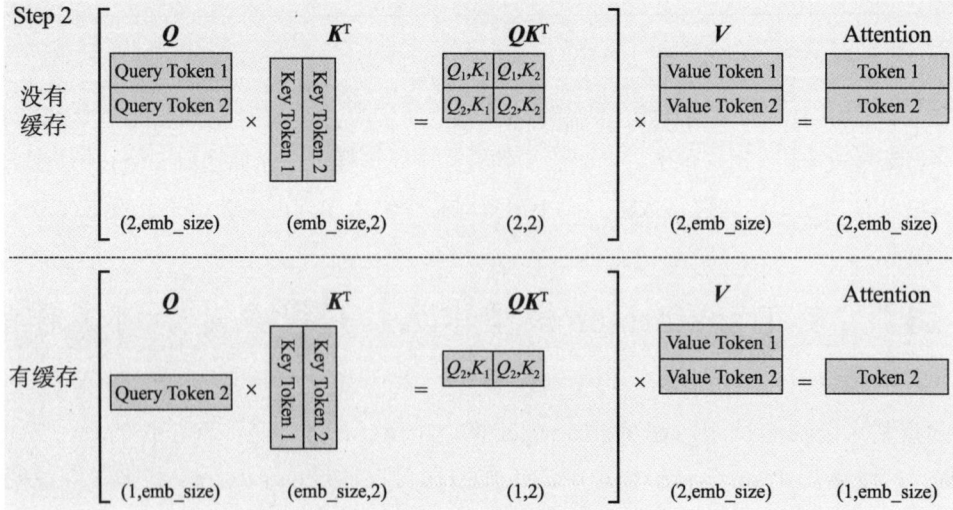

图 14-13　后续 token 对比

两者对比可以发现，若不采用缓存，则每次计算新的 token 时需要重新计算前面每一次的 ***K***、***V*** 值，若采用缓存，只需要计算当前的 ***K***、***V*** 值，然后将历史储存的 ***K***、***V*** 值拿出并拼接为大矩阵，如图 14-13 所示。

可以看出，计算量明显少了一半，后续的 token 同理，此操作大大减少了 Self Attention 的计算量，从序列长度的二次方直接变成了线性。

第 5 篇
GPT 模型完全体验之 MiniMind

第 15 章　大模型案例之 MiniMind

2024 年 9 月，jingyaogong 在 GitHub 上发布了 MiniMind 项目（项目地址为 https://github.com/jingyaogong/minimind）。jingyaogong 在介绍该项目特点时特别提到：MiniMind 开源项目旨在完全从 0 开始，最快仅用 3 小时即可训练出参数大小为 2688 万的微型语言模型 MiniMind；MiniMind 极其轻量，最小版本的体积约为 GPT3 模型的 1/7000，力求做到最普通的个人 GPU 也可快速训练。

MiniMind 项目一经发布便广受好评。MiniMind 的 star 数量在发布两周内迅速飙升，截至 2024 年 10 月中旬，star 量达到 2300，如图 15-1 所示。

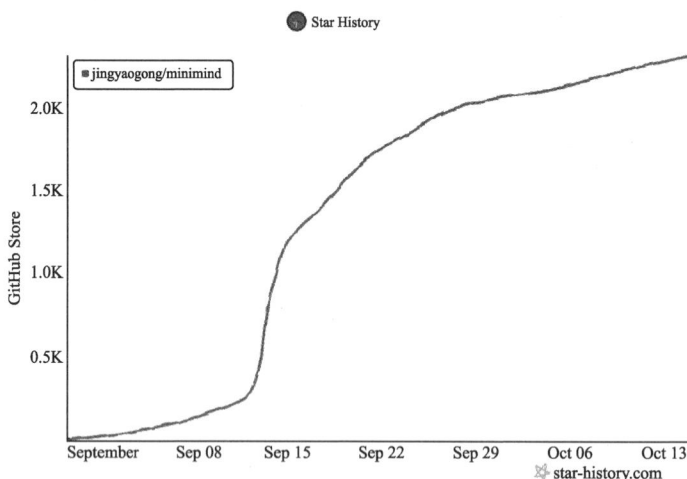

图 15-1　star 数量曲线

据介绍，MiniMind 使用了极简 GPT 模型架构，包括数据集清洗和预处理、监督预训练（Pretrain）、监督微调（SFT）、低秩自适应（LoRA）微调与无奖励强化学习直接偏好对齐（DPO）等全阶段代码。同时，MiniMind 实现了拓展共享混合专家（MoE）的稀疏模型与拓展视觉多模态 VLM 模型 MiniMind-V。

在详细研究该项目后，因 MiniMind 既具有 GPT 模型架构的所有功能又具有简单易上手的特点，"麻雀虽小、五脏俱全"，因此以 MiniMind 为例，介绍 GPT 大模型的完整实现过程。

正如 jingyaogong 所言：这不仅是一个开源模型的实现，也是入门大语言模型（LLM）的教程。

接下来将从小语言模型概述、MiniMind 模型概述、模型优点、项目内容、代码框架等方面逐一进行详细介绍。

15.1　MiniMind 模型概述

小型语言模型（SLMs）因其高效性和在执行各种语言任务时所需的计算资源较少，变得越来越重要，它们非常适合在设备端、移动设备、边缘设备中应用。

虽然大型语言模型（LLMs）在广泛的基准测试和现实场景中展示了出色的性能，但是成本明显加大。LLMs 的训练和运行资源密集，需要耗费大量的计算和数据资源。这通常意味着它们的训练和推理都需要在集中化和专业化的硬件上进行。

为了应对上述挑战，越来越多的研究开始关注小型语言模型（SLMs）。小型语言模型的目标是保持大型语言模型的准确性或适应性，在受到某些约束条件的限制如训练或推理硬件、数据可用性、带宽或生成时间情况下，提升模型的性能，帮助其实现隐私保护、成本节约或在消费级设备上运行的目标。

MiniMind 是小语言模型中的代表，接下来我们先了解 MiniMind 模型，然后逐步实现复刻此模型。当前，MiniMind 包含 MiniMind-Dense、MiniMind-MoE、MiniMind-V 这3 个不同功能的模型，下面分别进行介绍。

15.1.1　MiniMind-Dense 简介

MiniMind-Dense 和 Llama3.1 一样使用了 Transformer 架构的 Decoder-only 结构（如图 15-2 所示），其跟 GPT-3 模型的区别如下：

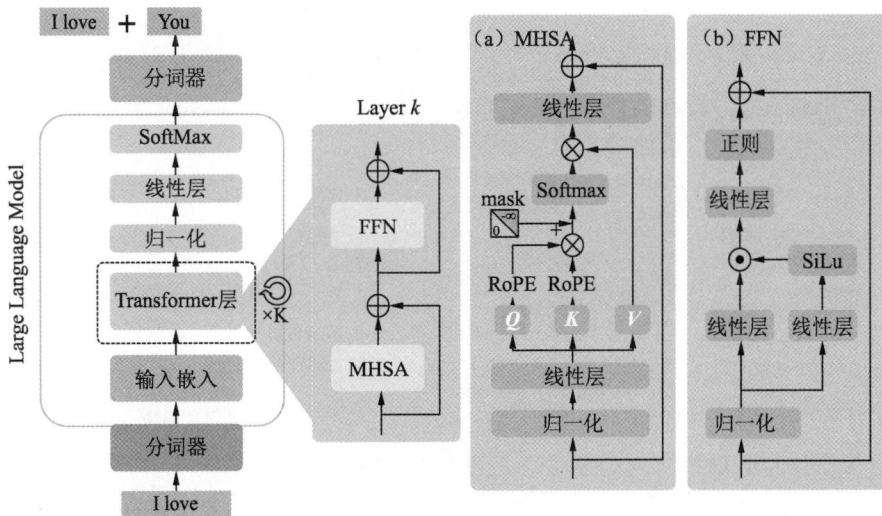

图 15-2　MiniMind-Dense 模型

□ 采用了 GPT-3 模型的预标准化方法，也就是在每个 Transformer 子层的输入上而不是在输出上进行归一化。具体来说，其使用的是 RMSNorm 归一化函数。

□ 用 SwiGLU 激活函数替代了 ReLU，这样做是为了提高性能。

□ 像 GPT-Neo 一样，去掉了绝对位置嵌入，改用旋转位置嵌入（RoPE），这样在处理超出训练长度的推理时效果更好。

15.1.2 MiniMind-MoE 简介

MiniMind-MoE 模型基于 Llama3 和 Deepseek-V2 中的 MixFFN 混合专家模块进行搭建，如图 15-3 所示。

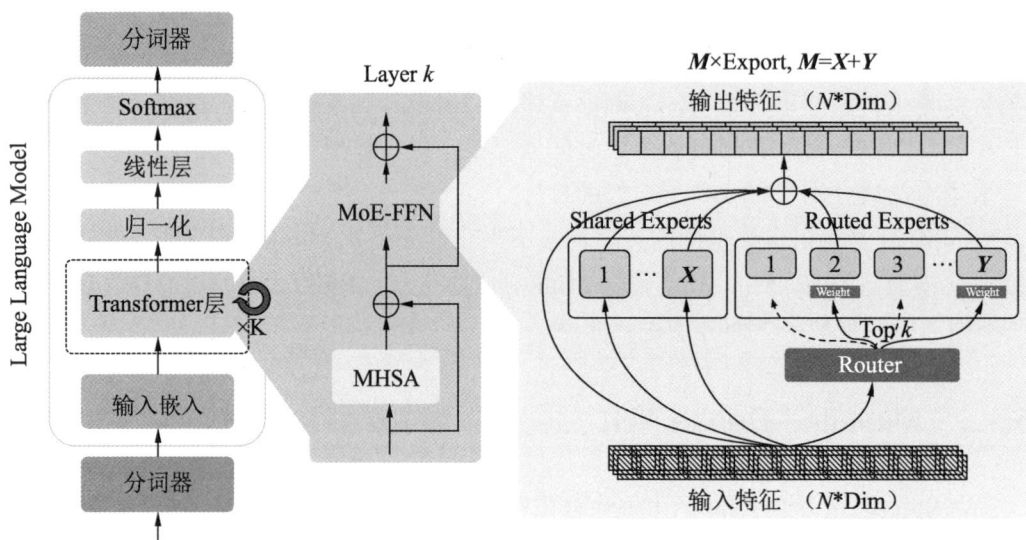

图 15-3 MiniMind-MoE 模型

DeepSeek-V2 在前馈网络（FFN）方面，采用了更细粒度的专家分割和共享的专家隔离技术，以提高 Experts 的效果。

15.1.3 MiniMind-V 简介

MiniMind-V 作为视觉语言模型（VLM），使用 MiniMind 作为基座语言模型。如果对视觉语音模型感兴趣，可在 MiniMind 项目中查阅 MiniMind-V 具体的模型结构、训练细节、原理和测试效果等。

MiniMind-V 的结构保持了基座语言模型的基本结构，仅增加 Visual Encoder 和特征投影两个子模块，增加模态混合分支，以支持多种模态信息的输入，如图 15-4 和图 15-5 所示。

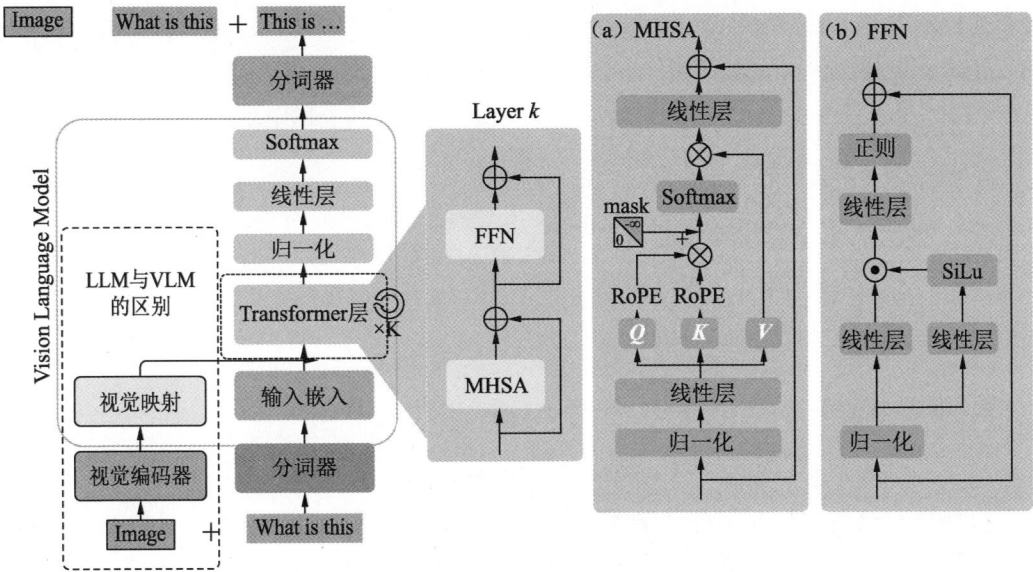

图 15-4　MiniMind-v（Dense）执行流程

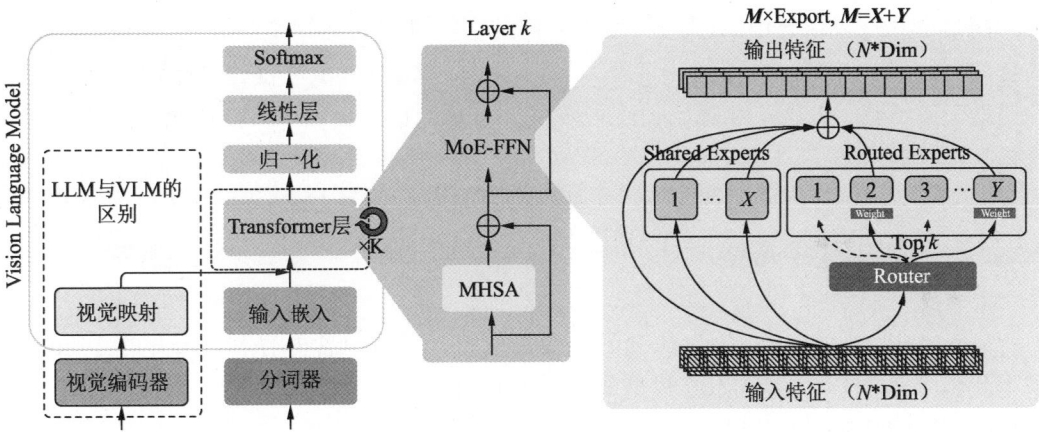

图 15-5　MiniMind-v（MoE）执行流程

15.2　项　目　简　介

MiniMind 项目易于上手且内容完整，适合作为入门学习模型，下面分为两个方面来介绍。

15.2.1　项目易于上手

在学习完神经网络原理与 Transformer 架构后，进一步学习 MiniMind 模型，可轻松上手 LLM。MiniMind 适合初学者入门，主要体现在模型参数小、简单易上手、教程详细三个方面，下面逐一进行介绍。

1．模型参数小

在大语言模型（LLM）领域，如 GPT、LLaMA、GLM 等，虽然它们的效果非常好，但是动辄 100 亿规模的模型参数，如果是个人设备远不够训练，甚至推理困难。而 MiniMind 极其轻量，最小版本体积约是 GPT3 模型的 1/7000，力求做到最普通的个人 GPU 也可快速进行推理甚至训练。

2．简单易上手

很多人可能不会只满足于用 LoRa 等方案 fine-tuing 大模型学会一些新的指令，而是想完整地学习模型的全部流程，但大多数项目门槛高。而 MiniMind 项目旨在完全从 0 开始，最快仅用 3 小时即可训练出 2688 万个参数的微型语言模型。

3．教程详细

网络上有很多讲解的 AI 教程，但大多都是粗略讲解甚至有的漏洞百出，让理解 LLM 的优质内容雪上加霜，严重阻碍了学习者。因此，MiniMind 项目的目标是把上手 LLM 的门槛无限降低，直接从 0 开始训练一个极其轻量的语言模型。体验 GPT 的完整结构与实现过程。

15.2.2　项目内容完整

MiniMind 项目在 GitHub 上公开了全部资料，具体包含内容有：公开的 MiniMind 模型代码（包含 Dense 和 MoE 模型）、Pretrain、SFT 指令微调、LoRA 微调、DPO 偏好优化的全过程代码、数据集和来源。

在模型架构上，MiniMind 兼容 Transformers、Accelerate、trl 和 peft 等流行框架。在模型训练方式上，MiniMind 支持单机单卡、单机多卡（DDP、DeepSpeed）训练，并支持使用 Wandb 对训练流程进行可视化。在模型训练过程控制上，MiniMind 支持在任意位置停止训练，及在任意位置继续训练。

在模型测试上，MiniMind 发布了在 Ceval 数据集上进行模型测试的代码，方便用户进行测试。

在模型使用上，MiniMind 实现 Openai API 基本的 chat 接口，便于集成到第三方 ChatUI 使用（如 FastGPT、Open-WebUI 等）。

15.3 代码框架

MiniMind 代码框架吸收了相关大语言模型的经验，框架的主要内容及其作用如表 15-1 所示。

表 15-1　MiniMind代码框架

输入	dataset.py	定义数据集
	train_tokenizer.py	训练分词器
	LMConfig.py	配置模型文件
	python data_process.py	处理数据集
Transformer	model.py	定义模型结构
输出	pretrain.py	预训练脚本，执行预训练
微调	full_sft.py	执行指令微调训练
	lora_sft.py	执行LoRA微调训练
	dpo_train.py	执行DPO训练
测试	eval.py	评估模型在Ceval数据集上的表现
	eval_pretrain.py	测试预训练模型的接龙效果
	eval_ceval.py	测试模型的对话效果
API	chat_openai_api.py	实现与OpenAI API类似的接口
	my_openai_api.py	使用Flask框架构建的API服务器

后面的章节将详细介绍框架中的代码，由于本书主要关注大模型开发架构，因此对API 实现代码不作介绍。

第16章　MiniMind 代码详解

前面对 MiniMind 项目进行了全面介绍，接下来基于表 15-1 所示代码框架，从输入、Transformer 架构、输出、微调、测试 5 个方面详细介绍 MiniMind 的代码，代码地址为 https://github.com/jingyaogong/minimind?tab=readme-ov-file。

16.1　输　入　部　分

输入部分主要分为数据集的定义、分词器的训练、模型文件的配置以及数据集处理四个方面。在此只介绍前三个方面的代码的主要内容，数据集处理的详细介绍将会在后续 MiniMind 的训练中介绍。

16.1.1　数据集的定义

数据集依靠 dataset.py 脚本中的代码进行定义，主要分为 PretrainDataset 和 SFTDataset 两种数据集。其中，PretrainDataset 更适合大规模的无监督预训练任务，而 SFTDataset 则适用带有上下文和响应的监督微调任务，特别是对话系统或问答系统的训练。接下来分别介绍两种方法数据流动的详细情况。

1. PretrainDataset

PretrainDataset 的数据流动：

```
class PretrainDataset(Dataset):
    def __init__(self, df, tokenizer, max_length=512):
        super().__init__()
        self.df = df
        self.tokenizer = tokenizer
        self.max_length = max_length
        self.padding = 0
```

首先构造函数__init__，其中 df 为包含文本数据的 DataFrame，tokenizer 为用于将文本转换为 token ID 的 Tokenizer，max_length 为最大文本长度，默认为 512。

然后初始化属性，其中 self.df 为存储输入的 DataFrame，self.tokenizer 为存储输入的 Tokenizer，self.max_length 为存储最大序列长度，self.padding 为填充值，默认为 0。

```
    def __len__(self):
```

```
        return self.df.shape[0]
```

使用长度方法 __len__ 返回 DataFrame 的行数，将数据集大小输入模型。

```
1    def __getitem__(self, index: int):
2        sample = self.df.iloc[index]
3        text = f"{self.tokenizer.bos_token}{str(sample['text'])}
         {self.tokenizer.eos_token}"
4        input_id = self.tokenizer(text).data['input_ids']
         [:self.max_length]
5        text_len = len(input_id)
     # 没满最大长度的剩余部分
6        padding_len = self.max_length - text_len
7        input_id = input_id + [self.padding] * padding_len
     # 0 表示不计算损失
8        loss_mask = [1] * text_len + [0] * padding_len

9        input_id = np.array(input_id)
10       X = np.array(input_id[:-1]).astype(np.int64)
11       Y = np.array(input_id[1:]).astype(np.int64)
12       loss_mask = np.array(loss_mask[1:]).astype(np.int64)
13       return torch.from_numpy(X), torch.from_numpy(Y),
         torch.from_numpy(loss_mask)
```

获取项目方法 __getitem__，其中输入参数 index 用于获取样本索引。

❑ 第 2 行获取指定索引的样本。

❑ 第 3 行构建文本字符串，添加开头和结尾的特殊标志，即 bos 和 eos。

❑ 第 4 行使用 tokenizer 将文本转换为 token ID 序列，并截断到最大长度，默认为 512。

❑ 第 5 行计算实际序列长度。

❑ 第 6 行计算需要填充的长度，即被 Pad 符号填充。

❑ 第 7 行计算完成后，对 token ID 序列进行填充。

❑ 第 8 行创建损失掩码数组，前半部分为 1（计算损失），后半部分为 0（不计算损失）。

❑ 第 9~12 行将 token ID 序列和损失掩码数组转换为 NumPy 数组并进行进一步处理。

❑ 第 13 行将处理后的数据转换为 PyTorch 张量并返回。

到此，PretrainDataset 数据的定义就完成了，接下来看 SFTDataset 数据的流动。

2．SFTDataset

由于 SFT 处理方法适用于带有上下文和响应的监督微调任务，特别是对话系统或问答系统的训练，所以相比 PretrainDataset 的构造函数 SFTDataset 增加了一部分参数，具体如下：

```
class SFTDataset(Dataset):
    def __init__(self, df, tokenizer, max_length=1024,
prompt_max_len=512, answer_max_len=256):
        super().__init__()
        self.df = df
        self.max_length = max_length
        self.prompt_max_len = prompt_max_len
        self.answer_max_len = answer_max_len
        self.tokenizer = tokenizer
        self.padding = 0
        self.bos_id = self.tokenizer('<s>assistant').data['input_ids']
```

首先仍是构造函数 __init__，其不同点在于 prompt_max_len 为提示的最大长度，默认为 512，answer_max_len 为回答的最大长度，默认为 256。

然后初始化属性，self.prompt_max_len 为存储提示的最大长度，self.answer_max_len 为存储回答的最大长度，self.bos_id 为<s>assistant 标记的 token ID。SFT 方法的最大 token 长度与前面一致，此处不再介绍。

```python
def find_sublist_index(self, main_list, sub_list) -> int:
    last_index = -1
    for i in range(len(main_list) - len(sub_list) + 1):
        if main_list[i:i + len(sub_list)] == sub_list:
            last_index = i
    return last_index
def safe_eval(self, s):
    try:
        res = eval(s)
    except Exception as e:
        return []
    return res
```

由于需要上下文历史对话的辅助，所以此处存在两个辅助方法，即 find_sublist_index 和 safe_eval，接下来分别进行介绍。

3. find_sublist_index

find_sublist_index 方法用于在主列表中查找子列表的最后一个出现位置。这个方法在 SFTDataset 类中用于确定<s>assistant 标记在 token 序列中的位置，从而帮助构建损失掩码。

主列表相当于整个数据集，子列表相当于特定的数据集。输入参数 main_list（主列表）和 sub_list（子列表），返回 last_index，即子列表在主列表中最后一次出现的起始索引。

具体的实现过程很简单，从头到尾遍历一遍主列表，查找子列表的起始索引。

4. safe_eval

safe_eval 方法用于安全地将字符串形式的数据评估为 Python 列表。这个方法的主要目的是防止在评估字符串时发生错误或潜在的安全问题，类似于语法错误、名称错误等。

输入参数 s 为字符串形式的历史对话记录。先返回 res，然后返回评估后的 Python，若评估失败则返回空列表。

具体过程为不断地尝试将字符串评估为 Python 列表，直到成功为止。

下一步就是具体的项目实现方法，此处只列举与 PretrainDataset 不同的点。

```python
history = self.safe_eval(sample['history'])
q = str(sample['q'])
a = str(sample['a'])
```

获取指定索引样本后，safe_eval 方法新增了解析历史对话，q 代表 questions 即问题，a 代表 asked 即回答。

```
messages = []
for history_message in history:
    if len(history_message) <= 1:
        continue
    messages.append(
        {"role": 'user', "content": str(history_message[0])
[:self.max_length // 2]}
    )
    messages.append(
        {"role": 'assistant', "content": str(history_message[1])
[:self.max_length // 2]}
    )

messages += [
    {"role": "user", "content": q},
    {"role": "assistant", "content": a},
]
```

解析完成后，构建消息列表，包含历史对话记录、当前问题和答案。若记录长度小于或等于 1，即只有一个用户或助手消息，则跳过此记录。

接下来的步骤与 PretrainDataset 相同。

（1）使用 Tokenizer 将消息列表转换为文本字符串，并进一步转换为 token ID 序列。

（2）计算实际序列长度和需要填充的长度。

（3）创建损失掩码数组，前半部分为 0（不计算损失），中间部分为 1（计算损失），后半部分为 0（不计算损失）。

（4）将 token ID 序列和损失掩码数组转换为 NumPy 数组并进行进一步处理。

（5）将处理后的数据转换为 PyTorch 张量并返回。

16.1.2　分词器的训练

分词器的训练代码在 train_tokenizer.py 中，下面只介绍其中的关键代码，主要有读取数据、定义特殊 token、设置训练器、训练 tokenizer、保存 tokenizer、主函数 6 个方面，下面分别进行介绍。

1．读取数据

定义一个生成器函数 read_texts_from_jsonl，从指定的 JSONL 文件中读取每一行，并提取 text 字段的内容

```
def train_tokenizer():
    # 读取 JSONL 文件并提取文本数据
    def read_texts_from_jsonl(file_path):
        with open(file_path, 'r', encoding='utf-8') as f:
            for line in f:
                data = json.loads(line)
                yield data['text']
```

2．定义特殊的token

定义 3 个特殊的 token：未知 token (<unk>)、句子开始 token (<s>)和句子结束 token
(</s>)。

```
special_tokens = ["<unk>", "<s>", "</s>"]
```

3．设置训练器

创建一个 BpeTrainer 实例，指定词汇表大小为 6400，包含特殊的 token 并显示训练
进度。

```
trainer = trainers.BpeTrainer(
    vocab_size=6400,
    special_tokens=special_tokens,
    show_progress=True,
    initial_alphabet=pre_tokenizers.ByteLevel.alphabet()
)
```

4．训练tokenizer

使用 train_from_iterator 方法训练 tokenizer，传入文本数据迭代器和训练器实例。

```
tokenizer.train_from_iterator(texts, trainer=trainer)
```

5．保存tokenizer

创建保存目录（如果不存在），保存 tokenizer 配置文件和模型文件。

```
tokenizer_dir = "./model/minimind_tokenizer"
os.makedirs(tokenizer_dir, exist_ok=True)
tokenizer.save(os.path.join(tokenizer_dir, "tokenizer.json"))
tokenizer.model.save("./model/minimind_tokenizer")
```

6．主函数

定义主函数 main，可以选择调用 train_tokenizer 或 eval_tokenizer 函数。如果直接运
行脚本，则调用 main 函数。

```
def main():
    # train_tokenizer()
    eval_tokenizer()


if __name__ == '__main__':
    main()
```

以上为分词器训练的关键代码。

16.1.3　配置模型文件

配置模型文件的代码在 LMConfig.py 中，主要为模型的超参数，下面用表格的形式
介绍，如表 16-1 所示。

表 16-1　超参数配置

dim	int = 512	模型维度，默认为512
n_layers	int = 8	Transformer层数，默认为8
n_heads	int = 16	注意力头数，默认为16
n_kv_heads	int = 8	K、V头数，默认为8
vocab_size	int = 6400	词汇表大小，默认为6400
hidden_dim	int = None	隐藏层维度，默认为None
multiple_of	int = 64	隐藏层维度的倍数，默认为64
norm_eps	float = 1e-5	归一化层的epsilon值，默认为1e-5
max_seq_len	int = 512	最大序列长度，默认为512
dropout	float = 0.0	Dropout概率，默认为0.0
flash_attn	bool = True	是否使用Flash Attention，默认为True

若要使用 MiniMind 不同的模型，只需要修改对应参数即可，如 dim 和 n_layers。以上为输入部分的参数介绍。接下来介绍 MiniMind 中的 Transformer 架构。

16.2　MiniMind 中的 Transformer 架构

第 12 章已经详细介绍了 Transformer 架构的各个模块的代码。在 MiniMind 中，某些地方采用了对于小模型更加高效和优秀的技术，接下来详细介绍。

16.2.1　RMSNorm 方法

RMSNorm 全称为 Root Mean Square Normalization，即均方根归一化。Transformer 架构采用的是 Layer Normalization，而 MiniMind 采用 RMSNorm 的主要原因就是计算效率。

LayerNorm 针对一个样本的所有特征计算均值和方差，然后使用均值和方差对样本进行归一化，具体格式如下：

$$\mu = \frac{1}{H}\sum_{I=1}^{H} x_i, \quad \sigma = \sqrt{\frac{1}{H}\sum_{i=1}^{H}\left(x_i - \mu\right)^2}, \quad N_{(x)} = \frac{x - \mu}{\sigma}, \quad h = g \cdot N_{(x)} + b \qquad (16\text{-}1)$$

其中，$x = (x_1, x_2, \cdots, x_H)$ 代表某个时间步 LN 层输入向量的表示，H 为向量维度，h 为 LN 层的输出，g、b 为可学习的参数。

可以看到，每次都需要计算均值和方差，若数据量太大，无疑是非常消耗时间的，于是在此基础上移除了 μ 的计算部分，具体如下：

$$\bar{x}_i = \frac{x_i}{\text{RMS}(x)} g_i, \quad \text{RMS}(x) = \sqrt{\frac{1}{H}\sum_{i=1}^{H} x_i^2} \qquad (16\text{-}2)$$

可见，仅使用 x 的均方根对输入进行归一化简化了层归一化的计算，变得更加高效，同时还有可以提升性能，具体实现代码如下：

```python
class RMSNorm(torch.nn.Module):
    def __init__(self, dim: int, eps: float):
        super().__init__()
        self.eps = eps                          # 设置 epsilon，防止除 0 错误
        self.weight = nn.Parameter(torch.ones(dim))    # 初始化权重参数

    def _norm(self, x):
        return x * torch.rsqrt(x.pow(2).mean(-1, keepdim=True) + self.eps)

    def forward(self, x):
        output = self._norm(x.float()).type_as(x)       # 应用 RMSNorm
        return output * self.weight                     # 乘以权重参数
```

首先计算输入张量 x 每个样本特征的平方均值，然后加上 eps 后取倒平方根，最后将结果乘以原输入 x，达到归一化的效果。

16.2.2　旋转位置编码

前面介绍过，Transformer 架构采用经典位置编码如正余弦位置编码，但 MiniMind 中采用旋转位置编码，两者的区别主要有以下 3 点。

1．位置信息

旋转位置编码能够表示相对位置信息，即通过旋转矩阵来实现位置编码的外推，可以生成超过预训练长度的位置编码，提高模型的泛化能力和健壮性。

正余弦位置编码主要关注绝对位置信息，不直接编码相对位置信息。

2．计算复杂度和内存消耗

旋转位置编码可以与线性注意力机制兼容，不需要额外的计算或参数来实现相对位置编码，这样可以降低模型的计算复杂度和内存消耗。

正余弦位置编码通常需要额外的计算或参数来实现相对位置编码，这可能会增加模型的计算复杂度和内存消耗。

3．应用场景

旋转位置编码适用于具有对称性或周期性特征的数据处理任务，如图像处理、时间序列分析，以及在 3D 数据中的应用。

正余弦位置编码适用于大多数 NLP 任务，尤其是短文本处理和无复杂依赖的场景，如文本分类和情感分析。

综合以上 3 点，MiniMind 采用了旋转位置编码来进行位置信息的输入，具体代码如下：

```python
# 定义 precompute_pos_cis 函数，用于预计算位置编码的复数形式
def precompute_pos_cis(dim: int, end: int, theta: float = 10000.0):
```

```
freqs = 1.0 / (theta ** (torch.arange(0, dim, 2)[: (dim // 2)].float
    () / dim))                                        # 计算频率
t = torch.arange(end, device=freqs.device)            # 生成时间序列
freqs = torch.outer(t, freqs).float()                 # 计算外积
pos_cis = torch.polar(torch.ones_like(freqs), freqs)
return pos_cis

# 定义 apply_rotary_emb 函数，用于应用旋转位置编码
def apply_rotary_emb(xq, xk, pos_cis):
    def unite_shape(pos_cis, x):
        ndim = x.ndim
        assert 0 <= 1 < ndim
        assert pos_cis.shape == (x.shape[1], x.shape[-1])
        shape = [d if i == 1 or i == ndim - 1 else 1 for i, d in
        enumerate(x.shape)]
        return pos_cis.view(*shape)

    # 将 xq 转换为复数形式
    xq_ = torch.view_as_complex(xq.float().reshape(*xq.shape[:-1], -1, 2))
    # 将 xk 转换为复数形式
    xk_ = torch.view_as_complex(xk.float().reshape(*xk.shape[:-1], -1,2))
    pos_cis = unite_shape(pos_cis, xq_)            # 调整 pos_cis 的形状
    xq_out = torch.view_as_real(xq_ * pos_cis).flatten(3)
    xk_out = torch.view_as_real(xk_ * pos_cis).flatten(3)
    return xq_out.type_as(xq), xk_out.type_as(xk) # 返回结果
```

主要依靠 precompute_pos_cis 和 apply_rotary_emb 这两个函数实现旋转位置编码，涉及复数域的计算，下面简单介绍两个函数的流程。

4. precompute_pos_cis

precompute_pos_cis 函数负责预计算位置编码的复数形式。它基于给定的维度 dim、结束索引 end 和可选的缩放因子 theta 来计算，具体步骤如下：

（1）根据 dim 计算出一系列频率值 freqs。

（2）使用 torch.arange 创建一个从 0 到 end-1 的张量 t。

（3）通过 torch.outer 计算 t 和 freqs 的外积，得到频率矩阵。

（4）利用 torch.polar 根据频率矩阵生成相应的位置编码复数的表示 pos_cis。

5. apply_rotary_emb

apply_rotary_emb 函数将预计算好的旋转位置编码应用于查询向量 xq 和键向量 xk，具体步骤如下：

（1）定义一个内部函数 unite_shape 用于确保 pos_cis 的形状与输入向量 xq_或 xk_相匹配。

（2）将输入的 xq 和 xk 向量转换成复数形式，并调整它们的形状以适应后续操作。

（3）使用 pos_cis 对转换后的查询向量和键向量进行旋转位置编码。

（4）将结果转换回实数形式，并确保输出的数据类型与输入一致。

其他模块的实现与前面差异不大，此处不再介绍，接下来介绍输出部分。

16.3　输　出　部　分

输出部分指完成预训练后模型输出的权重。预训练的代码在 pretrain.py 中，接下来将从整体过程进行介绍，主要分为数据读取与预处理、创建数据集和数据加载器、训练过程三个方面，下面分别进行介绍。

16.3.1　数据读取与预处理

读取数据并进行数据预处理，具体代码如下：

```
df = pd.read_csv(args.data_path)
df = df.sample(frac=1.0)
```

使用 pandas 库读取 CSV 文件中的数据，并对数据进行打乱，以增加训练的泛化能力。

16.3.2　创建数据集和数据加载器

创建数据集和数据加载器，代码如下：

```
train_ds = PretrainDataset(df, tokenizer, max_length=max_seq_len)
    train_sampler = DistributedSampler(train_ds) if ddp else None
    train_loader = DataLoader(
        train_ds,
        batch_size=args.batch_size,
        pin_memory=True,
        drop_last=False,
        shuffle=False,
        num_workers=args.num_workers,
        sampler=train_sampler
    )
```

使用自定义的 PretrainDataset 类创建数据集对象，传入数据框、分词器和最大序列长度；使用 DataLoader 类创建数据加载器，传入数据集、批大小、是否使用分布式采样器等参数。如果此处 ddp 为 true 则采用分布式训练，将 istributedSampler 实例化并赋值给 train_sampler。

16.3.3　训练过程

训练过程是最关键的部分，接下来将整个训练过程分为单轮次的训练、数据传输、学习率调整、前向传播、反向传播、梯度累计、日志记录和模型保存八个方面分别进行介绍。

1. 单轮次的训练

具体训练代码如下：

```
def train_epoch(epoch, wandb):
    start_time = time.time()
    for step, (X, Y, loss_mask) in enumerate(train_loader):
```

在每个轮次中遍历数据加载器，获取输入数据 X、目标数据 Y 和损失掩码 loss_mask。

2. 数据传输

数据传输的具体代码如下：

```
X = X.to(args.device)
Y = Y.to(args.device)
loss_mask = loss_mask.to(args.device)
```

将输入数据、目标数据及损失掩码移动到指定的计算设备上（如 GPU），通常通过.to(device)方法来完成。

3. 学习率调整

学习率调整的具体代码如下：

```
lr = get_lr(epoch * iter_per_epoch + step, args.epochs * iter_per_epoch)
for param_group in optimizer.param_groups:
    param_group['lr'] = lr
```

根据当前迭代次数调整优化器的学习率，这里使用了一个自定义的 get_lr 函数来计算学习率，并将其应用到优化器的所有参数组中。具体的 get_lr 函数代码如下：

```
def get_lr(it, all):
    warmup_iters = args.warmup_iters
    lr_decay_iters = all
    min_lr = args.learning_rate / 10

    if it < warmup_iters:
        return args.learning_rate * it / warmup_iters
    if it > lr_decay_iters:
        return min_lr
    decay_ratio = (it - warmup_iters) / (lr_decay_iters - warmup_iters)
    assert 0 <= decay_ratio <= 1
    coeff = 0.5 * (1.0 + math.cos(math.pi * decay_ratio))
    return min_lr + coeff * (args.learning_rate - min_lr)
```

这里简单介绍一下学习率的调整方法，分为 3 个时期，分别为：预热期、余弦退火、超出总迭代次数，下面分别进行介绍。

❑ 预热期

在训练开始的前 warmup_iters 次迭代中，学习率会从一个较小的值线性增加到设定的初始学习率 args.learning_rate。这样做有助于模型更快地进入状态，尤其是在大规模数据集上训练大型模型时更为有效。

❑ 余弦退火

当迭代次数超过预热期后，学习率将根据余弦函数逐渐减小至最小学习率 min_lr。

这种方法可以使得模型在训练后期更加稳定地收敛。

❏ 超出总迭代次数

如果当前迭代次数 it 大于学习率衰减的总迭代次数 lr_decay_iters，则学习率固定为最小学习率 min_lr。

4．前向传播

前向传播的具体代码如下：

```
with ctx:
    out = model(X, Y)
    loss = out.last_loss / args.accumulation_steps
    loss_mask = loss_mask.view(-1)
    loss = torch.sum(loss * loss_mask) / loss_mask.sum()
```

使用模型进行前向传播，计算输出和损失，具体计算过程如下：

调用模型 model，并传入输入数据 X 和目标数据 Y，得到输出 out。

计算损失为 out.last_loss 除以 args.accumulation_steps，out.last_loss 代表损失函数的计算结果，accumulation_steps 通常用于梯度累积，即在执行反向传播和优化步骤之前累积多个批次的小批量梯度，这样可以模拟更大的批次大小，有助于节省内存并在某些情况下提高模型性能。

将损失掩码 loss_mask 转换为一维张量。view(-1)是一种常见的操作，它会将张量转换成一维的形式，其中，-1 表示根据其他维度自动推断出这一维度的大小。

计算加权平均损失。loss * loss_mask 首先对损失值应用掩码，即只保留那些对应的掩码值非零位置上的损失值。然后 torch.sum(...)计算这些加权损失值的总和，最后将总和除以 loss_mask.sum 函数，即所有非零掩码值的总和，得到最终的平均损失值。

5．反向传播

利用梯度缩放器进行反向传播，scaler 是 torch.cuda.amp.GradScaler 对象，用于动态调整损失的缩放因子。缩放损失是为了防止在低精度计算中出现梯度下溢（即梯度过小，接近于 0，导致无法有效更新权重）的问题。

```
scaler.scale(loss).backward()
```

scaler.scale(loss)使用缩放器将损失值放大。这是一个重要的步骤，如果直接使用低精度浮点数进行反向传播，可能会导致梯度值过小而被截断为 0，从而影响模型训练。通过放大损失值，可以确保梯度值足够大，避免下溢。

调用.backward()方法开始反向传播过程，计算损失相对于每个可学习参数的梯度。经过缩放后的损失值会反向传播，计算出来的梯度也会相应地放大。

6．梯度累计

梯度累计的具体代码如下：

```
if (step + 1) % args.accumulation_steps == 0:
    scaler.unscale_(optimizer)
```

```
torch.nn.utils.clip_grad_norm_(model.parameters(),args.grad_clip)

scaler.step(optimizer)
scaler.update()

optimizer.zero_grad(set_to_none=True)
```

若累计到一定次数的小批次，则进行下一步操作。

（1）调用 scaler.unscale_(optimizer)函数移除缩放器（scaler）对梯度的影响，以便能够正确地应用梯度裁剪。

（2）调用 torch.nn.utils.clip_grad_norm_(model.parameters(), args.grad_clip)函数对模型参数的梯度进行裁剪，防止梯度爆炸。args.grad_clip 是一个超参数，用来设置裁剪的阈值。

（3）在梯度裁剪之后，调用 scaler.step(optimizer)方法更新模型参数。这里使用了缩放器，确保即使在 FP16 模式下也能正确处理很小的梯度值。

（4）调用 scaler.update()根据最近的梯度规模调整缩放因子，确保数值稳定性，并且有效地利用混合精度的好处。

（5）调用 optimizer.zero_grad(set_to_none=True)，清除模型参数的梯度信息，为下一个批次的训练做准备。set_to_none=True 参数是一个优化选项，它不是直接将梯度设为 0，而是将其设置为 None，这样可以节省内存。

7．日志记录

日志记录的具体代码如下：

```
if step % args.log_interval == 0:
    spend_time = time.time() - start_time
    Logger(
        'Epoch:[{}/{}]({}/{}) loss:{:.3f} lr:{:.7f} epoch_Time:
{}min:'.format(
            epoch,
            args.epochs,
            step,
            iter_per_epoch,
            loss.item() * args.accumulation_steps,
            optimizer.param_groups[-1]['lr'],
            spend_time / (step + 1) * iter_per_epoch // 60 - spend_time // 60))
```

每隔一定步数记录训练信息，包括损失值（loss）、学习率（lr）和预计剩余时间（epoch_Time）。

8．模型保存

模型保存的具体代码如下：

```
if (step + 1) % args.save_interval == 0 and (not ddp or dist.get_rank() ==
0):
    model.eval()
    moe_path = '_moe' if lm_config.use_moe else ''
    ckp = f'{args.save_dir}/pretrain_{lm_config.dim}{moe_path}.pth'

    if isinstance(model, torch.nn.parallel.DistributedDataParallel):
```

```
        state_dict = model.module.state_dict()
    else:
        state_dict = model.state_dict()

    torch.save(state_dict, ckp)
    model.train()
```

当训练步数（step）加 1 后能被 save_interval 整除时才会执行保存操作。这意味着每隔 save_interval 个训练步骤，就会保存一次模型的状态。

以上就是整个训练过程的介绍，训练完成后，需要将模型进行微调处理。

16.4　微 调 过 程

完成训练后，还需要对模型进行微调处理，目的是让模型能够更好地达到预期的目标。微调方法主要分为指令微调、LoRA 微调和 DOP 优化，下面分别进行介绍。

16.4.1　指令微调

指令微调代码在 full_sft.py 中，其中部分代码与训练过程类似，如单轮次的训练，数据传输等，此处不再介绍，只介绍关键的两点，即预训练模型加载和特定任务数据集加载。

1．预训练模型加载

预训练模型加载的具体代码如下：

```
if model_from == 1:
    model = Transformer(lm_config)
    # moe_path = '_moe' if lm_config.use_moe else ''
    # ckp = f'./out/pretrain_{lm_config.dim}{moe_path}.pth'
    # state_dict = torch.load(ckp, map_location=args.device)
    # unwanted_prefix = '_orig_mod.'
    # for k, v in list(state_dict.items()):
    #     if k.startswith(unwanted_prefix):
    #         state_dict[k[len(unwanted_prefix):]] = state_dict.pop(k)
    # model.load_state_dict(state_dict, strict=False)
else:
    model = AutoModel.from_pretrained('./minimind', trust_remote_code=
True)
```

若 model_from 的值为 1，则会实例化一个 Transformer 模型并尝试从指定路径加载预训练的权重；否则将使用 Hugging Face 的 Transformers 库中的 AutoModel 类从本地路径 './minimind' 加载一个预训练模型。

2．特定任务数据集加载

数据集加载的具体代码如下：

```
    df = pd.read_csv('./dataset/sft_data_multi.csv')
```

```
    df = df.sample(frac=1.0)
    train_ds = SFTDataset(df, tokenizer, max_length=max_seq_len)
```

微调需要一个新的数据集，该数据集包含特定任务的数据。从 CSV 文件中读取数据，并将其转换为适合模型训练的格式。该数据集在下文的数据集下载中有介绍。

16.4.2　LoRA 微调

LoRA（Low-Rank Adaptation）是用于微调预训练模型的技术，特别适用于资源受限的场景。在预训练模型的基础上添加少量参数来调整模型，使 LoRA 能够在保持模型原有性能的同时针对特定任务或领域进行优化。

相比传统的全模型微调，LoRA 微调可以大大减少需要更新的参数量，从而节省计算资源和训练时间。

LoRA 微调主要分为加载预训练模型和 Tokenizer、找到所有线性层的名称、配置 LoRA、应用 LoRA 四个方面，下面分别进行介绍。

1. 加载预训练模型和Tokenizer

加载预训练模型和 Tokenizer 的具体代码如下：

```
def init_model():
    model_name_or_path = "./minimind-v1-small"
    tokenizer_name_or_path = "./minimind-v1-small"
    tokenizer = AutoTokenizer.from_pretrained(tokenizer_name_or_path,
trust_remote_code=True, use_fast=False)
    model = AutoModelForCausalLM.from_pretrained(model_name_or_path,
trust_remote_code=True).to(args.device)

    target_modules = find_all_linear_names(model)
    peft_config = LoraConfig(
        task_type=TaskType.CAUSAL_LM,
        r=8,
        lora_alpha=16,
        lora_dropout=0.1,
        inference_mode=False,
        target_modules=target_modules
    )
    model = get_peft_model(model, peft_config)
    model.print_trainable_parameters()
    model = model.to(args.device)
    return model, tokenizer
```

按照代码中的流程，下面依次进行介绍。

（1）定义函数 init_model 用于初始化模型和分词器。

（2）使用 model_name_or_path 和 tokenizer_name_or_path 变量指定模型和分词器的路径，此处是本地路径 "./minimind-v1-small"。

（3）使用 AutoTokenizer.from_pretrained 方法从给定路径加载分词器。参数 trust_remote_code=True 允许加载自定义模型，而 use_fast=False 表示不使用快速分词器（如果可用的话）。

（4）使用 AutoModelForCausalLM.from_pretrained 方法加载因果语言模型。此模型将被移动到由 args.device 指定的设备上（通常是 CPU 或 GPU）。

（5）查找所有线性层的名字，find_all_linear_names(model)函数（在下一步中定义）应该返回模型中所有线性层的名字列表，这些层将是 LoRA 调整的目标。

（6）使用 get_peft_model 函数将 LoRA 配置应用于模型中。

（7）使用 model.print_trainable_parameters 函数输出模型中哪些参数是可以训练的，这对于确认 LoRA 正确地应用到预期层上很有帮助，但应确保模型被正确地移动到了指定的设备上，函数返回初始化好的模型和分词器对象。

2．找到所有线性层的名称

找到所有线性层的名称，具体代码如下：

```
def find_all_linear_names(model):
    cls = torch.nn.Linear
    lora_module_names = set()
    for name, module in model.named_modules():
        if isinstance(module, cls):
            names = name.split('.')
            lora_module_names.add(names[0] if len(names) == 1 else names
[-1])

    if 'lm_head' in lora_module_names:
        lora_module_names.remove('lm_head')
    return list(lora_module_names)
```

❑ cls = torch.nn.Linear：定义一个变量 cls，其值为 torch.nn.Linear，这是 PyTorch 中的线性层类。

❑ lora_module_names = set()：创建一个空集合，用来存储找到的线性层的名字。

❑ for name, module in model.named_modules()：遍历模型中的所有模块及其名称。named_modules 方法返回一个迭代器，该迭代器产生模型中所有子模块的名称和模块本身。

❑ if isinstance(module, cls)：检查当前模块是否 torch.nn.Linear 的一个实例。

❑ names = name.split('.')：将模块的名称按照.分割成列表，这是因为模块的名称可能是嵌套的，如 encoder.layer.0.linear1。

❑ lora_module_names.add(names[0] if len(names) == 1 else names[-1])：如果模块名称只有一个部分（即不是嵌套的），则直接添加该名称；否则，添加最后一个部分指向具体线性层的名称。

❑ if 'lm_head' in lora_module_names: lora_module_names.remove('lm_head')：如果 lm_head 在集合中，则从集合中将其移除。这可能是因为 lm_head 通常指模型的输出层，而不是我们想要调整的中间层。

❑ return list(lora_module_names)：将集合转换为列表并返回。

3．配置LoRA

在 init_model 函数中，find_all_linear_names 函数用于找到模型中所有线性层的名称，这些层将被 LoRA 技术所影响，然后创建一个 LoraConfig 对象来配置 LoRA 的具体参数。

- task_type：任务类型，这里是因果语言模型（TaskType.CAUSAL_LM）。
- r：低秩矩阵的秩，决定了 LoRA 层的大小。
- lora_alpha：LoRA 层的缩放因子。
- lora_dropout：LoRA 层的 dropout 概率。
- inference_mode：是否在推理模式下使用 LoRA。
- target_modules：需要应用 LoRA 的模块名称列表。

4．应用LoRA

使用 get_peft_model 函数将 LoRA 配置应用到模型上。

```
model = get_peft_model(model, peft_config)
```

以上为 LoRA 微调的全过程介绍，接下来介绍 DPO 优化。

16.4.3　DPO 优化

DPO（Direct Preference Optimization）是一种基于强化学习的方法，用于优化语言模型以更好地满足人类偏好。

DPO 并不是传统意义上的微调（Fine-Tuning），而是通过直接优化模型输出来更准确地反映用户的偏好或期望。DPO 代码在 dpo_train.py 中，多数代码与其他微调过程相似，关键在于训练数据和 DPO Trainer，下面详细介绍。

1．训练数据

训练数据主要靠 train_data.json 完成，load_dataset 函数接收 JSON 文件和数据文件的路径作为参数，具体代码如下：

```
dataset_path = './dataset/dpo/train_data.json'

# 加载数据集
train_dataset = load_dataset('json', data_files=dataset_path)
```

2．创建DPO Trainer实例

创建 DPO Trainer 实例执行训练过程。这里指定了模型、参考模型（此处没有提供，意味着将使用相同的模型作为参考模型）、训练参数、beta 值（用于计算奖励）、训练数据集、分词器和最大长度等，具体代码如下：

```
DPO Trainer
dpo_trainer = DPOTrainer(
    model,
```

```
        ref_model=None,
    args=training_args,
    beta=0.1,
    train_dataset=train_dataset['train'],
    tokenizer=tokenizer,
    max_length=512,
    max_prompt_length=512
)
dpo_trainer.train()
```

以上就是对 DPO 优化的介绍，在完成微调之后，下一步就是进行测试。

16.5　测　试　过　程

完成微调模型的训练后，下一步就是测试，测试是评估模型的重要手段，MiniMind 的测试分为对话测试和接龙测试，下面分别进行介绍。

16.5.1　对话测试

对话测试主要依靠 eval.py 中的代码来实现，使用预训练语言模型进行对话交互。接下来介绍其中关键的代码，主要包括计算模型参数量、初始化模型、配置参数、准备测试数据、主循环五个方面，下面依次进行介绍。

1. 计算模型参数量

采用 count_parameters 函数计算模型中可训练的参数量。当参数为可训练时 p.requires_grad 为真，model.parameters 函数返回一个生成器，该生成器生成模型中所有参数（权重和偏置等）的迭代器，最后通过 sum 函数将满足的参数加总，具体代码如下：

```
def count_parameters(model):
    return sum(p.numel() for p in model.parameters() if p.requires_grad)
```

2. 初始化模型

采用 init_model 函数初始化模型，加载预训练的分词器和预训练模型，具体代码如下：

```
def init_model(lm_config):
    tokenizer = AutoTokenizer.from_pretrained('./model/minimind_
tokenizer')
    model_from = 1        # 值为 1 表示从本地权重文件加载预训练模型，值为 2 表示从
                          # HuggingFace 的 transformers 库中加载预训练模型
```

3. 配置参数

配置参数的具体代码如下：

```
if __name__ == "__main__":
    out_dir = 'out'
    start = ""
    temperature = 0.5
```

```
top_k = 16
setup_seed(1337)
# device = 'cpu'
device = 'cuda:0' if torch.cuda.is_available() else 'cpu'
dtype = 'bfloat16'
max_seq_len = 1 * 1024
lm_config = LMConfig()
lm_config.max_seq_len = max_seq_len
contain_history_chat = False
```

具体参数解释如下：

☐ out_dir = 'out'：设置输出目录为 'out'，通常用于指定模型训练后的保存位置或生成文件的保存位置。

☐ start = ""：存储生成文本的起始字符串，目前为空。

☐ temperature = 0.5：在文本生成中，温度是一个参数，用于控制输出的随机性。较低的温度值会使模型输出更加确定，而较高的温度值则会增加输出的多样性。此处温度设置为 0.5，意味着输出会在确定性和多样性之间取得一定的平衡。

☐ top_k = 16：top_k 采样是从最有可能的 k 个单词中选择下一个单词，而不是从所有单词中选择。这有助于避免模型总是选择最有可能的单词，从而提高输出的多样性。这里设置为 16。

☐ setup_seed(1337)：确保实验的可重复性。通过设置随机种子，可以保证在不同运行之间得到相同的结果。

☐ device = 'cuda：0' if torch.cuda.is_available() else 'cpu'：检查是否有可用的 CUDA 设备（即 GPU）。如果有，则将 device 变量设置为'cuda：0'，表示使用第一块 GPU；如果没有，则回退到 CPU。

☐ dtype = 'bfloat16'：指定数据类型为 bfloat16，是一种 16 位浮点数格式，适用于机器学习中的加速计算，可以在减少精度损失的同时提供比标准 16 位浮点数更好的性能。

☐ max_seq_len = 1 * 1024：定义最大序列长度为 1024 个 token。

☐ lm_config = LMConfig()：创建一个语言模型配置对象。LMConfig 类包含语言模型的各种配置参数。

☐ lm_config.max_seq_len = max_seq_len：将上面定义的最大序列长度赋值给语言模型配置对象的相应属性。

☐ contain_history_chat = False：用于指示是否在对话模型中包含历史聊天记录。若设置为 False，则不会考虑之前的对话历史。

4．准备测试数据

在 prompt_datas 中输入任意一个测试问题（可自由修改），具体代码如下：

```
prompt_datas = [
    '乙醇的化学式是什么？',
    '你知道光速是多少吗？',
    '认真工作和自由自在哪个更重要？',
```

```
        '不婚主义是不是正确的？',
        '我失恋了需要安慰',
        '我有点不开心',
    ]

messages_origin = []
messages = messages_origin

i = 0
```

5. 主循环

循环代码是对话测试中最关键的部分，接下来按照数据流动过程，分为循环读取问题、获取用户输入、准备消息、模型生成问题答案、更新历史对话五个方面进行详细介绍。

1）循环读取问题

使用 while 循环遍历 prompt_datas 列表中的每一个元素（即问题）。若 contain_history_chat 为 False，则在每个新对话开始时复制 messages_origin 到 messages 中，以确保历史对话不会影响新的对话。

```
i = 0
while i < len(prompt_datas):
    if not contain_history_chat:
        messages = messages_origin.copy()
```

2）获取用户输入

answer_way 用于决定输入方式。若 answer_way 为 1，则从命令行获取用户输入；否则从 prompt_datas 列表中读取问题并打印出来。同时，索引 i 增加 1，指向下一个问题。

```
if answer_way == 1:
    prompt = input('[Q]: ')
else:
    prompt = prompt_datas[i]
    print(f'[Q]: {prompt}')
    i += 1
```

3）准备消息

将用户的问题添加到 messages 列表中，该列表用于存储对话历史记录，并且使用 tokenizer.apply_chat_template 方法将消息转换成适合模型输入的格式，根据 max_seq_len 限制序列长度。new_prompt 是处理后的输入文本。

```
messages.append({"role": "user", "content": prompt})

# print(messages)
new_prompt = tokenizer.apply_chat_template(
    messages,
    tokenize=False,
    add_generation_prompt=True
)[-(max_seq_len - 1):]

x = tokenizer(new_prompt).data['input_ids']
x = (torch.tensor(x, dtype=torch.long, device=device)[None, ...])
```

x 的处理方式为以下 4 步：

（1）tokenizer(new_prompt)将 new_prompt 转换为 token ID 序列。

（2）.data['input_ids']提取 token ID 序列。

（3）torch.tensor(x, dtype=torch.long, device=device)将 token ID 序列转换为 PyTorch 张量，并指定数据类型为 long 和设备（如 CPU 或 GPU）。

（4）[None, ...]将张量的形状从(seq_len,)转换为(1, seq_len)，以适应模型的输入要求。1 表示批次大小为 1。

4）模型生成问题答案

模型生成问题答案的代码如下：

```
answer = new_prompt

with torch.no_grad():
    res_y = model.generate(x, tokenizer.eos_token_id, max_new_tokens=max_
seq_len, temperature=temperature,top_k=top_k, stream=stream)
    print('[A]: ', end='')
    try:
        y = next(res_y)
    except StopIteration:
        print("No answer")
        continue

    history_idx = 0
    while y != None:
        answer = tokenizer.decode(y[0].tolist())
        if answer and answer[-1] == '□':
            try:
                y = next(res_y)
            except:
                break
            continue
        # print(answer)
        if not len(answer):
            try:
                y = next(res_y)
            except:
                break
            continue

        print(answer[history_idx:], end='', flush=True)
        try:
            y = next(res_y)
        except:
            break
        history_idx = len(answer)
        if not stream:
            break

    print('\n')
```

❑ new_prompt：提供模型的输入，可以理解为一个提示或者问题，模型将基于这个输入生成答案或继续生成文本。

❑ model.generate 函数：调用模型的生成方法，传入输入 x（经过编码的新提示）、结束标记符 tokenizer.eos_token_id、最大新生成的 token 数 max_new_tokens、温度参数 temperature（控制输出的随机性）、top-k 采样参数 top_k（从概率最高的 k 个词中选择下一个词）以及是否启用流式生成 stream。

- ❑ print('[A]: ', end="): 打印回答的开始标记，不换行。
- ❑ try...except StopIteration...: 尝试获取生成器的第一个输出，若生成器已经没有输出，则打印 No answer 并跳过后续处理。
- ❑ while y is not None: 当有新的输出时，进入循环处理每个生成的 token。
- ❑ answer = tokenizer.decode(y[0].tolist()): 解码模型输出的 token ID 为可读的文本。检查解码后的文本是否以乱码字符'□'结尾，如果是，则尝试获取下一个输出，直到获取到有效的文本片段。若解码后的文本为空，则继续尝试获取下一个输出。
- ❑ print(answer[history_idx:], end=", flush=True): 打印新生成的文本，不换行并且立即刷新输出缓冲区，确保文本能实时显示。更新 history_idx 为当前已打印文本的长度，以便下一次迭代只打印新增的部分。如果不是流式生成模式（if not stream），则在处理完第一个输出后跳出循环。最后打印一个换行符，完成整个回复的输出。

5）更新历史对话

若 contain_history_chat 为真，则将模型生成的回复添加到 messages 列表中，以便后续的问题能够考虑到之前的对话历史。

```
if contain_history_chat:
    assistant_answer = answer.replace(new_prompt, "")
    messages.append({"role": "assistant", "content": assistant_answer})
```

以上就是整个对话测试的内容，接下来介绍接龙测试。

16.5.2　接龙测试

接龙测试为下一个字的预测，即输入一段文本，预测输出的文本最后一个字符的下一个字符。接龙测试主要依靠 eval_pretrain.py 中的代码实现，其结构与对话测试代码结构十分相似，此处只介绍几个微小的不同点，主要为对话历史输入和输入提示处理方式，接下来详细介绍。

1. 对话历史输入

在对话测试中，每次生成新回复之前都会检查是否包含历史对话，避免模型输出同样的回答，而在接龙测试中则不考虑历史对话的影响。参考前文对话测试的代码，接龙测试中删除了此段代码。

2. 输入提示处理方式

在接龙测试中输入提示如下：

```
prompt = tokenizer.bos_token + prompt
x = tokenizer(prompt).data['input_ids']
x = (torch.tensor(x, dtype=torch.long, device=device)[None, ...])
```

在对话测试中输入提示如下：

```
new_prompt = tokenizer.apply_chat_template(
    messages,
    tokenize=False,
    add_generation_prompt=True
)[-(max_seq_len - 1):]
```

可以看出，接龙测试直接采用 tokenizer.bos_token + prompt 来构造输入，而对话测试采用 tokenizer.apply_chat_template 方法来构造输入，使对话测试更适合处理多轮对话场景。

以上就是对 MiniMind 代码的详细介绍，其余未介绍的则是拓展部分，涉及 Open API 的接入，此处不详细介绍。了解原理之后，接下来进入 MiniMind 实战部分的学习。

第 17 章　MiniMind 模型的安装

初步了解了 MiniMind 模型后，本章将带领读者逐步进行该模型的安装，具体包括软硬件环境配置及安装两部分。如果熟悉项目安装的读者可以直接进行安装。

17.1　软硬件环境的配置

要顺利运行 MiniMind 模型，需要满足一定的硬件配置与软件环境配置。表 17-1 为笔者个人的软硬件环境配置，读者可自行酌情更改。

表 17-1　软硬件环境配置

CPU	Intel（R）　Core（TM）　i9-10980XE CPU @ 3.00GHz
内存	128 GB
显卡	NVIDIA GeForce RTX 3090（24GB）　* 2
环境	Python 3.9＋Torch 2.1.2＋DDP单机多卡训练
Ubuntu	20.04
Python	3.9
PyTorch	2.1.2
CUDA	12.2
requirements.txt	

其中，requirements.txt 包含以下项目，如表 17-2 所示。

表 17-2　Python库需求

库名称及其版本	库名称及其版本	库名称及其版本
datasets==2.16.1	nltk==3.8	sentence_transformers==2.3.1
datasketch==1.6.4	numpy==1.26.4	simhash==2.1.2
Flask==3.0.3	openai==1.42.0	tiktoken==0.5.1
Flask_Cors==4.0.0	pandas==1.5.3	torch==2.1.2
jieba==0.42.1	peft==0.7.1	transformers==4.44.0
jsonlines==4.0.0	psutil==5.9.8	jinja2==3.1.2
marshmallow==3.22.0	pydantic==2.8.2	jsonlines==4.0.0
matplotlib==3.5.1	rich==13.7.1	trl==0.11.3
ngrok==1.4.0	scikit_learn==1.5.1	ujson==5.1.0
wandb==0.18.3	-	-

17.2　项　目　安　装

MiniMind 项目安装主要分为复制项目代码和环境的安装，有经验的读者可以跳过此步骤。

17.2.1　复制项目代码

复制项目代码的具体步骤如下。

1．下载 Git Bash

首先需要下载 Git Bash，若使用 Git 官网（https://git-scm. com/）下载可能会很慢，推荐使用镜像下载（https://registry. npmmirror.com/binary.html?path=git-for-windows/）。

下载完成后，若创建桌面快捷方式，则会出现如图 17-1 所示的图标。

2．创建空白文件夹

在自己想要存放的地方创建空白文件夹，如图 17-2 所示。

图 17-1　Git Bash 快捷启动图标　　　　　　图 17-2　创建空白文件夹

3．复制项目地址

进入 MiniMind 项目地址，单击 Code，选择 HTTPS，然后复制地址，如图 17-3 所示。

4. 启动Git Bash

在创建的空白文件夹中右击，在弹出的快捷菜单中选择 Open Git Bash here 命令，如图 17-4 所示。

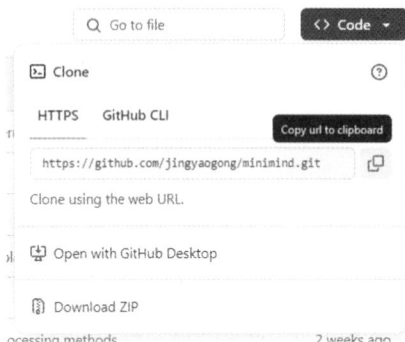

图 17-3 复制地址　　　　　　　图 17-4 运行 Git Bash

5. 初始化项目

运行 Git Bash 后，出现的窗口如图 17-5 所示，输入指令 git init 初始化项目，如图 17-5 所示。

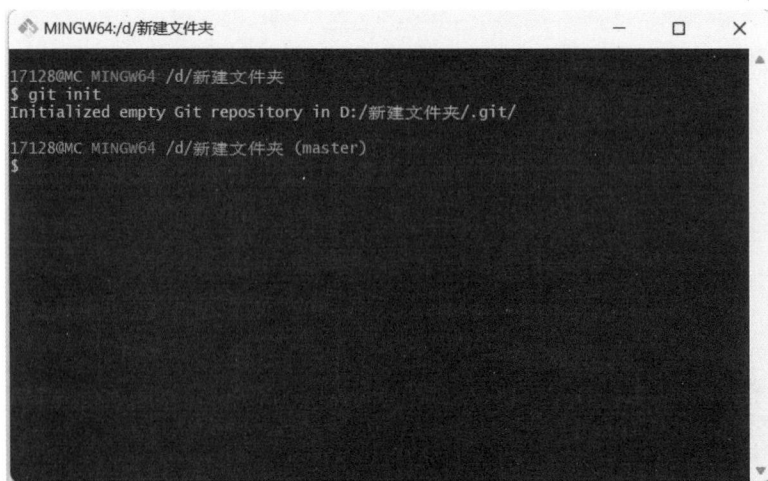

图 17-5 初始化项目

6. 复制项目代码

初始化项目后，输入指令 git clone 进行项目代码复制，当所有进度为 100%的代表克隆完成，如图 17-6 所示。

图 17-6　复制项目代码

17.2.2　环境安装

完成项目代码的克隆后，接下来进行环境安装，具体步骤如下。

（1）环境安装。输入以下指令进行环境安装。

```
pip install -r requirements.txt -i https://pypi.tuna.tsinghua.edu.cn/
simple
```

（2）测试 CUDA。安装完成之后需测试 CUDA 是否可用，代码如下：

```
import torch
print(torch.cuda.is_available())
```

若输出结果为 true 则代表可用，若为 False 则需要手动下载.whl 文件进行安装，具体 GPU 版本的 PyTorch 安装如下：

（1）在 PyTorch 官网找到对应的 PyTorch、torchvision、torchaudio 版本。

进入 PyTorch 官网（https://pytorch.org/），下滑找到 Previous versions of PyTorch 并单击，如图 17-7 所示。

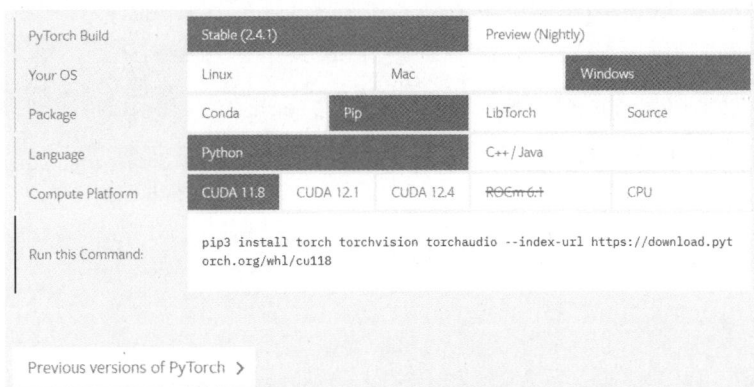

图 17-7　PyTorch 官网

　　然后找到 v2.1.2 版本及 CUDA 版本对应的 PyTorch、torchvision、torchaudio 版本，如图 17-8 所示。

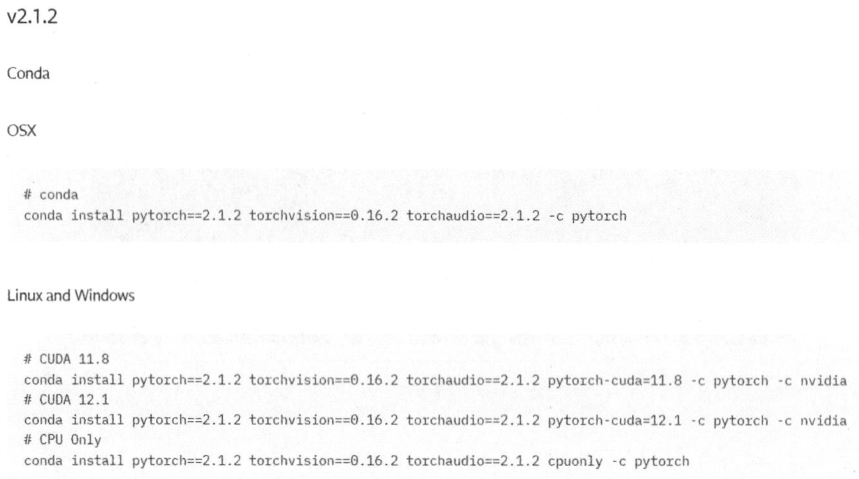

```
v2.1.2

Conda

OSX


# conda
conda install pytorch==2.1.2 torchvision==0.16.2 torchaudio==2.1.2 -c pytorch


Linux and Windows


# CUDA 11.8
conda install pytorch==2.1.2 torchvision==0.16.2 torchaudio==2.1.2 pytorch-cuda=11.8 -c pytorch -c nvidia
# CUDA 12.1
conda install pytorch==2.1.2 torchvision==0.16.2 torchaudio==2.1.2 pytorch-cuda=12.1 -c pytorch -c nvidia
# CPU Only
conda install pytorch==2.1.2 torchvision==0.16.2 torchaudio==2.1.2 cpuonly -c pytorch
```

图 17-8　CUDA 对应的文件

（2）下载.whl 文件。

　　进入 pytorch.whl（https://download.pytorch.org/whl/torch_stable.html）找到对应的文件进行下载，例如 CUDA 版本为 11.8，Python 版本为 3.9，系统为 Windows，则下载如图 17-9 所示的文件。

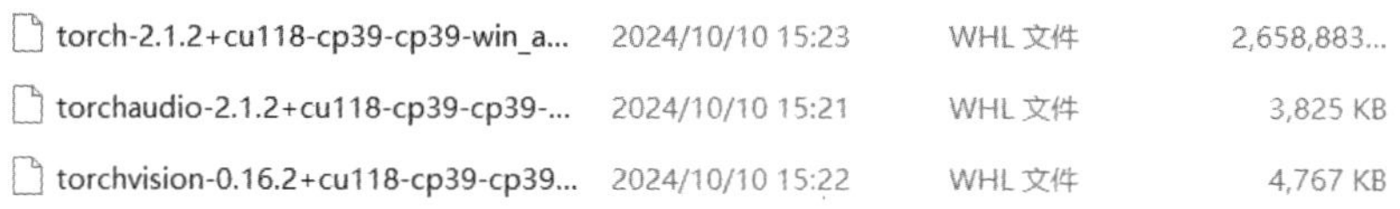

torch-2.1.2+cu118-cp39-cp39-win_a...	2024/10/10 15:23	WHL 文件	2,658,883...
torchaudio-2.1.2+cu118-cp39-cp39-...	2024/10/10 15:21	WHL 文件	3,825 KB
torchvision-0.16.2+cu118-cp39-cp39...	2024/10/10 15:22	WHL 文件	4,767 KB

图 17-9　.whl 文件示例

（3）使用 cmd 命令安装.whl 文件。

　　将下载好的.whl 文件放入需要此环境的文件夹内，然后使用 cmd 命令打开此文件夹，在其中输入以下指令进行安装：

```
pip install torch-2.1.2+cu118-cp39-cp39-win_amd64.whl
pip install torchvision-0.16.2+cu118-cp39-cp39-win_amd64.whl
pip install torchaudio-2.1.2-cp39-cp39-win_amd64.whl
```

等待运行完毕即安装成功。接下来就可以进行 MiniMind 训练了。

第18章　MiniMind 模型的训练

完成 MiniMind 的安装后，接下来进行 MiniMind 的训练。MiniMind 模型训练涉及处理数据集、参数配置、预训练三部分，接下来详细介绍训练过程。

18.1　数　据　集

第一步处理数据集，在处理数据集之前，先了解一下 LLM 分词方式。

LLM 分词器的构建方式有两种：

❏ 自己构造词表训练一个分词器，代码可见 train_tokenizer.py。

❏ 选择开源模型训练好的分词器。

"词典"可以直接选择用新华词典或牛津词典，优点是 token 转换压缩率很好，缺点是词表太长，动辄数十万个词汇短语。

也可以使用自己训练的分词器，优点是词表随意控制，缺点是压缩率不够理想且生僻词有遗漏。

当然，"词典"的选择很重要，LLM 的输出本质上是对 N 个词进行 Softmax 的多分类问题，然后通过"词典"解码到自然语言。

因为 LLM 体积非常小，为了避免模型头重脚轻（词嵌入 Embedding 层参数在整个 LLM 中占比太大），需要选择比较小的词表长度。一些强大的开源模型的 Tokenizer 词表长度如表 18-1 所示。

表 18-1　各种Tokenizer模型

Tokenizer模型	词表大小（个）	来　　源
yi tokenizer	64 000	01万物（中国）
qwen2 tokenizer	151 643	阿里云（中国）
glm tokenizer	151 329	智谱AI（中国）
mistral tokenizer	32 000	Mistral AI（法国）
llama3 tokenizer	128 000	Meta（美国）
minimind tokenizer	6 400	自定义

虽然 minimind_tokenizer 长度很小，编/解码效率弱于 qwen2、glm 等中文友好型分词器。但是 MiniMind 模型选择了自己训练的 minimind_tokenizer 作为分词器，以保持整

体参数为轻量型，避免编码层和计算层占比失衡，头重脚轻，因为 MiniMind 的词表大小只有 6 400 个。并且 MiniMind 在实际测试中没有出现过生僻词汇解码失败的情况，效果良好。由于自定义词表压缩长度到 6 400，使得 LLM 总参数量最低只有 260 万个。

接下来就可以进行数据集的处理了，主要包括数据集下载和处理数据集两个方面。

18.1.1　数据集的下载

下载的数据集放到 ./dataste 目录下，包括 pretrain 数据、SFT 数据和 DOP 数据（非必须），数据集下载地址：https://huggingface.co/datasets/jingyaogong/minimind_dataset/tree/main。

1. Pretrain数据

Seq-Monkey 通用文本数据集 / Seq-Monkey 百度网盘是由多种公开来源的数据（如网页、百科、博客、开源代码、书籍等）汇总、清洗而成，然后整理成统一的 JSONL 格式，并经过了严格的筛选和去重，确保数据全面、规模、可信和高质量。数据总量大约为 10 亿 token，适合进行中文大语言模型的预训练。

何为 JSONL 格式？简而言之，就是将 JSON 对象逐行序列化，每个对象占一行。这种格式便于逐行读取和处理，特别适合流处理和大规模数据集的存储与交换。例如：

```
{"name": "张三", "age": 25, "city": "北京"}
{"name": "李四", "age": 30, "city": "上海"}
{"name": "王五", "age": 22, "city": "广州"}
```

JSONL 格式在大数据处理中的优势在于其支持流式处理和逐行读取，提高了内存效率和可扩展性，同时具有容错性、易于整合、人类可读、灵活性、压缩友好、数据交换通用性以及易于分片处理的特点。

2. STF数据集

匠数大模型 SFT 数据集是一个完整、格式统一、安全的大模型训练和研究资源。其从网络上的公开数据源收集并整理了大量开源数据集，对其格式进行了统一，对数据进行了清洗，包含 1 000 万条数据的中文数据集和包含 200 万条数据的英文数据集。总量大约在 3 亿 token，适合中文大语言模型的 SFT。数据集整合来源于以下所有数据（表18-2 仅供参考，因此无须单独下载，仅需下载一个完整的 SFT 数据即可）

表 18-2　数据集名称

1	BelleGroup/train_3.5M_CN
2	LinkSoul/instruction_merge_set
3	stingning/ultrachat
4	BAAI/COIG-PC-core
5	shibing624/sharegpt_gpt4

6	shareAI/ShareGPT-Chinese-English-90k
7	Tiger Research
8	BelleGroup/school_math_0.25M
9	YeungNLP/moss-003-sft-data

3. DOP数据

合并后大约有 8 万条 DPO 数据，人工标注的偏好数据均来自活字模型，可以用于训练奖励模型，优化模型回复质量，使其更加符合人类偏好。

18.1.2　数据集的处理

数据集下载完成后，就可以运行代码进行数据集的处理了。

通过 python data_process.py 处理数据集如 Pretrain 数据提前进行数字化、将 SFT 数据集中的 QA 抽离 CSV 文件。QA 和 CSV 文件的概念在后面会介绍，先来看关键代码。

data_process.py 中的代码很简单，主要为 3 个函数，分别为：

1. pretrain_process函数

pretrain_process 函数的代码如下：

```
1 def pretrain_process(chunk_size=50000):
2     chunk_idx = 0

3     with jsonlines.open('./dataset/mobvoi_seq_monkey_general_open_
    corpus.jsonl') as reader:
4         with open('./dataset/pretrain_data.csv', 'w', newline='',
        encoding='utf-8') as csvfile:
5             writer = csv.writer(csvfile)
6             writer.writerow(['text'])

7             while True:
8                 chunk = list(itertools.islice(reader, chunk_size))
9                 if not chunk:
10                    break

11                for idx, obj in enumerate(chunk):
12                    try:
13                        content = obj.get('text', '')
14                        if len(content) > 512:
15                            continue
16                        writer.writerow([content])
17                    except UnicodeDecodeError as e:
18                        print(f"Skipping invalid line {chunk_idx * chunk_
19                        size + idx + 1}: {e}")
20                        continue
21                chunk_idx += 1
22                print('chunk:', ((chunk_idx - 1) * chunk_size, chunk_idx
23                * chunk_size), 'process end')
```

首先读取一个 JSONL 文件，并将其中的数据转换为 CSV 格式。chunk_size 定义了每次处理的记录数。然后使用 jsonlines 库逐行读取 JSONL 文件，并使用 csv.writer 将数据写入 CSV 文件中，最后过滤掉长度大于 512 的文本内容。

2. sft_process函数

sft_process 函数的代码如下：

```
1  def sft_process(contain_history=False):
2      file_name = 'sft_data.csv'
3      if not contain_history:
4          file_name = 'sft_data_single.csv'

5      def chinese_ratio(text):
       # 匹配所有中文字符
6          chinese_chars = re.findall(r'[\u4e00-\u9fff]', text)
       # 中文字符数量占比
7          return len(chinese_chars) / len(text) if text else 0

8      def process_and_write_data(data):
9          q_lst, a_lst, history_lst = [], [], []
10         for per in data:
11             history, q, a = per['history'], per['q'], per['a']

12             if (contain_history and not history) or not q or not a:
13                 continue
14             if len(q) < 10 or len(a) < 5:
15                 continue
16             if len(q) > 256 or len(a) > 256:
17                 continue
             # 判断 q 和 a 中的中文字符占比是否超过 70%
18
19             if not (chinese_ratio(q) > 0.9 and chinese_ratio(a) > 0.9):
20                 continue

21             q_lst.append(q)
22             a_lst.append(a)
23             if contain_history:
24                 history_lst.append(history)
25             else:
26                 history_lst.append([])

         # 创建 DataFrame 并追加到 CSV 文件中
27         df = pd.DataFrame({'history': history_lst, 'q': q_lst, 'a':
           a_lst})
28         df.to_csv(f'./dataset/{file_name}', mode='a', header=False,
           index=False, lineterminator='\r\n')

29     chunk_size = 800                          # 每次处理的记录数
30     data = []

31     with open(f'./dataset/{file_name}', 'w', encoding='utf-8') as f:
32         f.write('history,q,a\n')

33     sft_datasets = ['./dataset/sft_data_zh.jsonl']
34     if not contain_history:
35         sft_datasets = ['./dataset/sft_data_zh.jsonl']

36     for path in sft_datasets:
```

```
37              with jsonlines.open(path) as reader:
38                  for idx, obj in enumerate(reader):
39                      try:
40                          data.append({
41                              'history': obj.get('history', ''),
42                              'q': obj.get('input', '') + obj.get('q', ''),
43                              'a': obj.get('output', '') + obj.get('a', '')
44                          })

45                          if len(data) >= chunk_size:
46                              process_and_write_data(data)
47                              data = []
48                      except jsonlines.InvalidLineError as e:
49                          print(f"Skipping invalid JSON line {idx + 1}: {e}")
50                          continue

51              if data:
52                  process_and_write_data(data)
53                  data = []
```

处理对话数据，将对话历史、问题和答案写入 CSV 文件。contain_history 参数决定是否包含对话历史。chinese_ratio 函数用于计算文本中的中文字符的比例。process_and_write_data 函数用于将处理后的数据追加到 CSV 文件中。

3. rl_process函数

rl_process 函数的代码如下：

```
1 def rl_process():
  ################
  # Dataset
  ################

2   dataset_path = ['./dataset/dpo/dpo_zh_demo.json',
3                   './dataset/dpo/train_data.json',
4                   './dataset/dpo/huozi_rlhf_data.json', ]

5   train_dataset = load_dataset('json', data_files=dataset_path)

6   def process(row):
7     row["chosen"] = tokenizer.apply_chat_template(row["chosen"],
    tokenize=False)
8     row["reject"] = tokenizer.apply_chat_template(row["rejected"],
    tokenize=False)
9     return row

10   ds = train_dataset.map(
11     process,
12     load_from_cache_file=False,
13   )

14   output_dataset_path = './dataset/dpo/train_data.json'
15   ds['train'].to_json(output_dataset_path, force_ascii=False,
    orient='rec
16 ords', lines=True)
```

加载强化学习（RL）训练数据集。使用 Hugging Face 的 datasets 库加载 JSON 数据集。process 函数用于处理每一行数据，使用分词器处理文本。

4. 三种方式改变方法

以下为数据集的处理方式：

```
1    ################
2    # 1: pretrain
3    # 2: sft
4    # 3: RL
5    ################
6    process_type = 1

7    if process_type == 1:
8        pretrain_process()
9    if process_type == 2:
10       sft_process(contain_history=False)
11   if process_type == 3:
12       rl_process()
```

其中，1 代表 pretrain，2 代表 sft，3 代表 RL，修改数字即可改变使用的函数。了解代码后，来看终端输出。

终端输出如下：

```
tokenizer 词表大小：  6400
seq_monkey: [350000]
seq_monkey: [450000]
seq_monkey: [500000]
... ... ... ...                          //省略
seq_monkey: [12850000]
(1510396873,)
```

运行上述命令后，处理数据集，在.dataset 目录下生成了 pretrain_data.csv、sft_data_multi.csv 和 sft_data_single.csv 文件。

何为 QA 和 CSV 文件呢？

5. CSV文件

CSV 文件是一种常见的数据文件格式，全称为 Comma-Separated Values，即逗号分隔值。这种文件格式使用纯文本来存储表格数据，其中的每一行代表数据表中的一行，而列之间则通过特定的分割符（通常是逗号）进行分割。例如：

```
姓,名,年龄
张三,男,25
李四,女,30
王五,男,22
```

CSV 文件在大模型训练中的优点是简单易用、广泛的工具支持、易于预处理和集成、可扩展、内存效率高、成本效益低、可读性高、压缩能力强、无须使用专用软件，非常灵活，但面对极大的数据集时需要考虑性能和解析效率。

6．QA文件

QA 文件通常指 Question and Answer 文件，它包含问题和相应的答案。这种文件格式可以用于多种用途，如常见问题解答（FAQ）、知识库、客户支持文档或者需要问题和答案配对的场景。例如：

Q：什么是人工智能？

A：人工智能（AI）是计算机科学的一个分支，它试图理解智能的实质，并生产出一种新的能以人类智能相似方式做出反应并进行学习的智能机器。

Q：计算机病毒是如何传播的？

A：计算机病毒通过将自己附加在计算机共享的程序或文件来传播病毒。

到此，整个数据的处理就完成了，接下来调整模型的参数。

18.2　参　数　配　置

在./model/LMConfig.py 中调整模型的参数配置，这里仅需调整 dim 和 n_layers 和 use_moe 参数，分别是（512+8）或（768+16），对应于 MiniMind-v1-small 和 MiniMind-v1。

1．MiniMind参数

MiniMind 目前训练的模型版本如表 18-3 所示。

表 18-3　MiniMind参数详细配置

Model Name	params	len_vocab	n_layers	d_model	kv_heads	q_heads	share+route	TopK
minimind-v1-small	26M	6400	8	512	8	16	-	-
minimind-v1-moe	4×26M	6400	8	512	8	16	2+4	2
minimind-v1	108M	6400	16	768	8	16	-	-

关于 LLM 的参数配置，有一篇很有意思的论文 MobileLLM 对其做了详细的研究和实验。scaling law 在小模型中有自己独特的规律。引起 Transformer 模型成规模变化的参数几乎只取决于 d_model 和 n_layers，具体变化情况如下：

❑ d_model↑+n_layers↓=矮胖子；

❑ d_model↓+n_layers↑=瘦高个。

2．MiniMind参数配置经验

2020 年 OpenAI 提出的 Scaling Law 的论文认为，训练数据量、参数量及训练迭代次数才是决定性能的关键因素，而模型架构的影响几乎可以忽视。但这个定律对小模型并不完全适用。MobileLLM 提出架构的深度比宽度更重要，"深而窄"的"瘦长"模型

可以学习到比"宽而浅"模型更多的抽象概念。

例如，当模型参数固定在 1.25 亿或者 3.5 亿时，30～42 层的"狭长"模型明显比 12 层左右的"矮胖"模型的性能更优越，在常识推理、问答、阅读理解等 8 个基准测试上都有类似的趋势。这其实是非常有趣的发现，因为以往为 1 亿左右量级的小模型设计架构时，几乎没人尝试过叠加超过 12 层。

这与 MiniMind 在训练过程中，模型参数量在 d_model 和 n_layers 之间进行调整实验观察到的效果是一致的。然而"深而窄"的"窄"也是有维度极限的，当 d_model<512 时，词嵌入维度坍塌的劣势非常明显，增加的 layers 并不能弥补词嵌入在固定 q_head 时带来 d_head 不足的劣势。当 d_model>1536 时，layers 的增加比 d_model 的优先级更高，能带来更具有"性价比"效果增益。

因此 MiniMind-v1-small 模型设定 d_model=512，n_layers=8 来取得"极小体积与更好效果"的平衡。MiniMind-v1 模型设定 d_model=768，n_layers=16 来获更好的效果，更加符合小模型 scaling-law 的变化曲线。

接下来以 MiniMind-v1-small 为例进行训练。

18.3　预　训　练

LLM 首先要学习的并非直接与人交流，而是让"肚子中充满知识的墨水"，产生大量对世界的认知积累。

预训练就是让 Model 先埋头苦学大量基本知识，如通过维基百科、新闻、常识、书籍等进行学习。

LLM 无监督地从大量的文本数据中压缩知识并转换为自己模型的权重，目的是学会词语接龙。例如，我们输入"秦始皇是"4 个字，它在大量学习后能预测出下一句话大概率是"中国的第一位皇帝"。

pretrain 的学习率设置为 1e-4 到 1e-5 的动态学习率，预训练轮次设为 5。python 1-pretrain.py 执行预训练，得到 pretrain_*.pth 作为预训练的输出权重。接下来从关键代码解析和预训练展示两方面进行介绍。

18.3.1　关键代码解析

在进行预训练之前，我们需要先了解 pretrain.py 中的关键代码，包括参数、数据加载、训练循环三个方面，下面将依次进行介绍。

1. 参数

如表 18-4 所示为 MiniMind 模型的基础参数配置。

表 18-4　MiniMind模型的参数配置及其说明

参数配置	说　明
lm_config = LMConfig()	加载预定义的语言模型配置，具体配置内容在 model/LMConfig.py文件中
out_dir = 'out'	设置输出目录，默认为out文件夹
epochs = 20	训练的轮数
batch_size = 64	每个批次的数据量
learning_rate = 2e-4	初始学习率
device = 'cuda:0' if torch.cuda.is_available() else 'cpu'	选择GPU设备，如果没有GPU则使用CPU
dtype = 'bfloat16'	数据类型，支持自动混合精度训练（AMP）
save_dir = os.path.join(out_dir)	模型保存目录，默认为out文件夹
tokens_per_iter = batch_size * max_seq_len	每个迭代步的数据量

2．数据加载

如表 18-5 所示为数据加载配置。

表 18-5　数据加载配置及其说明

数据加载配置	说　明
parser.add_argument("--data_path", type=str, default="./dataset/pretrain_data.csv", help="Path to training data")	训练数据的文件路径列表，默认为 ./dataset/ pretrain_data.csv
num_workers = 8	数据加载的线程数，可以根据系统CPU核心数进行调整

3．训练循环

如表 18-6 所示为迭代步数及循环函数。

表 18-6　循环函数配置及其说明

循环函数配置	说　明
iter_per_epoch = len(train_loader)	计算每个轮次的迭代步数
for epoch in range(epochs): train_epoch(epoch)	进行多轮训练，每轮调用train_epoch函数进行训练

18.3.2　预训练展示

理解上面的关键代码后，接下来进行预训练。下面从训练环境和 3 个输出（Epoch0～Epoch2）两个方面进行介绍。

某网友的训练环境配置如下：

❏ CPU：Intel i9-13900k；

❏ 内存：128GB DDR5-4800；

❏ 显卡及其驱动：NIVIDA RTX 4090×2，Driver Version: 550.54.14，CUDA Version: 12.4。

经过我们测试，常规带显卡的笔记本一般都可实现预训练。

预训练和全参微调 pretrain 及 full_sft 均支持多卡加速，此处启动训练命令为 deepspeed --master_port 29500 --num_gpus=2 1-pretrain.py。

训练的同时，可开启 nvidia-smi 实时监控显卡资源占用情况，命令为：watch nvidia-smi。

在上述训练环境下，单显卡显存占用量为 13000MB 左右，双卡共占用约 26000MB，两个 GPU 占用均在 99%～100%。通过 htop 监测 CPU 和内存占用情况，其中，CPU 有两个线程占用在 100%左右，另有两个 GPU 占用在 22%左右，内存占用在 6～7GB。

具体训练结果如表 18-7 所示，可以看出，Epoch0 的 loss 值快速下降到 2.8 左右，Epoch1 的 loss 值在 2.5～2.7 之间波动，Epoch2 最终的 loss 在 2.5 左右。

表 18-7　训练数据

步　　数	Epoch0	Epoch1	Epoch2
0/23047	loss:8.867	loss:2.645	loss:2.533
9500/23047	loss:2.853	loss:2.557	loss:2.483

为了获得更好的效果，预训练完成后，还应当对训练好的模型进行微调。

第 19 章　MiniMind 模型的微调

经过预训练，半成品 LLM 此时已经掌握了几乎所有的语言知识和百科常识。但它还不会与人聊天，它只会无脑地进行输入词语的接龙，生成下一个词。

此时需要对半成品 LLM 在聊天模板中进行微调。例如，当它遇到这样的模板 "<聊天开始>秦始皇是<聊天终止>" 后不再无脑接龙，而是意识到这是一段完整的对话结束。我们称此过程为指令微调，就如同让学富五车的牛顿先生适应 21 世纪的聊天习惯，学习屏幕左侧是对方消息，右侧是本人消息这个规律一样。

接下来从单轮对话有监督微调（Single dialog Fine-tuning）和多轮对话微调（Multi dialog Fine-tuning）两方面进行 MiniMind 微调的介绍。

19.1　单轮对话微调

监督微调（Supervised Fine-Tuning，SFT）是对已经预训练的模型进行特定任务的训练，以提高其在该任务中的表现。预训练模型通常在大量通用数据中进行训练，学习广泛的语言知识和特征。在 SFT 过程中，利用特定任务的数据对模型进行进一步调整，使其更适合该任务。

在训练时，MiniMind 的指令和回答长度被截断在 512 处，是为了节省显存空间。就像我们学习时，会先从短的文章开始学习一样，当学会阅读 200 字作文后，800 字长文章就不需要再单独学习。

在推理时通过调整 RoPE 线性差值，实现长度外推到 1024 或 2048 及以上很方便，学习率设置为 1e-5 到 1e-6 的动态学习率，微调训练轮次数为 6。

接下来从关键代码、Torchrun 任务微调、DeepSpeed 任务微调三个方面进行介绍。

19.1.1　关键代码解析

以下是微调代码中的一些关键信息。

1. 模型加载

选择从本地权重文件加载模型（model_from = 1）或使用 Hugging Face 的 Transformers

库加载预训练模型（model_from = 2）。

```
model_from = 1        # 值为 1 表示从本地权重文件加载第 18 章中完成的预训练模型，值为
                      # 2 表示从 transformers 库加载预训练模型
```

2．配置本地权重文件路径

如果用预训练权重训练，则可按默认配置，如果想对已微调的模型继续进行微调，则需要指定 ckp 路径，如 ckp = './out/full_sft_{lm_config.dim}{moe_path}.pth'。

```
ckp = f'./out/pretrain_{lm_config.dim}{moe_path}.pth'
```

3．数据集和批处理

控制数据集的使用和训练的批处理大小、学习率和梯度累积方式。

```
epochs = 19                          # 训练轮数
batch_size = 40                      # 每个 batch 的大小
learning_rate = 1e-4                 # 学习率
gradient_accumulation_steps = 1      # 梯度累积步数
```

4．设备配置

指定训练设备和使用的数据类型（半精度浮点数）。

```
# 选择 GPU 或 CPU
device = 'cuda:0' if torch.cuda.is_available() else 'cpu'
dtype = 'bfloat16' or 'float16'      # 数据类型
```

5．分布式训练

如果环境变量中有 RANK，则启用分布式训练（DDP）。

```
ddp = int(os.environ.get("RANK", -1)) != -1        # 是否启用分布式训练
```

19.1.2　Torchrun 任务微调

采用 sft_data_single.csv 数据集进行任务微调。通过 torchrun --nproc_per_node 2 3-full_sft.py 启动微调，观察终端输出预测微调训练的时间。

```
Epoch:[0/19] (0/24681) loss:8.863 lr:0.00020000 epoch_Time:372.0min:
Epoch:[0/19] (100/24681) loss:5.251 lr:0.00020000 epoch_Time:98.0min:
```

预测微调训练的时间为 98min，与 Readme 中的 2 个小时比较接近，但应该远远小于预训练时间，可能是用 Torchrun 的性能比不上 DeepSpeed。

nvidia-smi 监测显卡的情况是两个显卡显存占用均在 17000MiB 以上，GPU 占用率为 87%～93%，均未发挥到 100%。

以前文预训练完成的数据为基础，接下来观察终端两个 Epoch 的输出，其损失值变化如下：

❏ Epoch0

```
Epoch:[0/19] (0/24681) loss:8.863 lr:0.00020000 epoch_Time:372.0min:
Epoch:[0/19] (100/24681) loss:5.251 lr:0.00020000 epoch_Time:98.0min:
……
Epoch:[0/19] (600/24681) loss:3.665 lr:0.00020000 epoch_Time:92.0min:
Epoch:[0/19] (700/24681) loss:3.460 lr:0.00020000 epoch_Time:92.0min:
……
Epoch:[0/19] (1200/24681) loss:2.979 lr:0.00020000 epoch_Time:90.0min:
Epoch:[0/19] (1300/24681) loss:3.064 lr:0.00020000 epoch_Time:90.0min:
……
Epoch:[0/19] (2000/24681) loss:2.733 lr:0.00019999 epoch_Time:87.0min:
Epoch:[0/19] (2100/24681) loss:2.690 lr:0.00019999 epoch_Time:86.0min:
```

❏ Epoch1

```
Epoch:1/19 loss:1.843 lr:0.00019871 epoch_Time:321.0min:
Epoch:1/19 loss:1.977 lr:0.00019870 epoch_Time:96.0min:
……
Epoch:1/19 loss:1.999 lr:0.00019864 epoch_Time:92.0min:
Epoch:1/19 loss:1.916 lr:0.00019863 epoch_Time:92.0min:
……
Epoch:1/19 loss:1.815 lr:0.00019851 epoch_Time:88.0min:
Epoch:1/19 loss:1.956 lr:0.00019850 epoch_Time:87.0min:
……
Epoch:1/19 loss:1.779 lr:0.00019839 epoch_Time:83.0min:
Epoch:1/19 loss:1.982 lr:0.00019838 epoch_Time:83.0min:
```

两个 Epoch 一共运行了 53 步，loss 值从初始值迅速下降至 2.6 左右，然后继续缓慢下降，至第一个 Epoch 结束，loss 下降至 1.8～2.0。loss 曲线如图 19-1 所示。

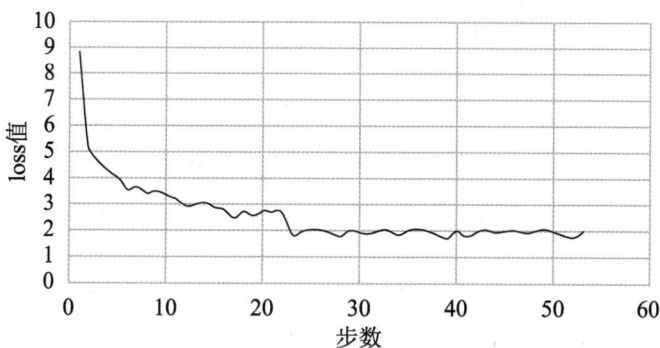

图 19-1　单轮微调 loss 曲线

19.1.3　DeepSpeed 任务微调

经测试，DeepSpeed 单机多卡微调训练速度与 torchrun 相当，显卡资源占用率相当。通过 deepspeed --master_port 29500 --num_gpus=2 3-full_sft.py 启动微调。

终端输出如下：

```
Epoch:[0/19](0/24681) loss:8.872 lr:0.00020000 epoch_Time:392.0min:
Epoch:[0/19](100/24681) loss:5.362 lr:0.00020000 epoch_Time:98.0min:
Epoch:[0/19](200/24681) loss:4.663 lr:0.00020000 epoch_Time:96.0min:
```

此处只是测试 DeepSpeed 任务微调与 Torchrun 任务微调之间的差异，并未完成训练，可见两种方法的耗时与 loss 下降趋势相差无几。

单轮对话任务微调结束后，接下来是进行多轮对话微调。

19.2　多轮对话微调

在 19.1 节的基础上，LLM 已经学会一个回答问题的聊天模板。此时仅需要在具备历史问答的更长聊天模板上进一步微调即可。我们仅需要使用数据集的 history_chat 字段（历史对话）以及 history_chat_response 字段（历史对话的回答）。

构建"问题→回答，问题→回答，问题→"的新聊天模板，然后使用这个数据集进行微调。

学习完的模型不仅能回答当前问题，而且可以根据历史对话进行连贯的对话。

这一步并非必需的，因为小模型对于长上文的对话能力很弱，强行对齐多轮问答模板会损失一定程度的单轮 SFT 效果。执行此微调步骤如下：

（1）修改 3-full_sft.py 中第 178 行的 csv 文件路径如下：

```
df = pd.read_csv('./dataset/sft_data_multi.csv')
```

（2）同时修改第 93 行 ckp 的保存文件名如下：

```
ckp = f'{save_dir}/multi_sft_{lm_config.dim}{moe_path}.pth'
```

（3）在预训练的 base 模型上直接进行多轮对话任务微调。启动命令为 torchrun --nproc_per_node 2 3-full_sft.py。在完成单轮微调后，其终端输出如下：

```
Epoch:[0/19](0/2611) loss:8.856 lr:0.00020000 epoch_Time:33.0min:
Epoch:[0/19](100/2611) loss:4.938 lr:0.00020000 epoch_Time:10.0min:
......
Epoch:[0/19](700/2611) loss:3.085 lr:0.00019991 epoch_Time:8.0min:
Epoch:[0/19](800/2611) loss:2.985 lr:0.00019988 epoch_Time:7.0min:
......
Epoch:[0/19](1600/2611) loss:2.543 lr:0.00019951 epoch_Time:4.0min:
Epoch:[0/19](1700/2611) loss:2.523 lr:0.00019945 epoch_Time:4.0min:
......
Epoch:[0/19](2500/2611) loss:2.090 lr:0.00019882 epoch_Time:0.0min:
Epoch:[0/19](2600/2611) loss:2.290 lr:0.00019872 epoch_Time:0.0min:
```

loss 曲线如图 19-2 所示，一共运行了 27 步，可以看到，loss 值 在 3 步以内迅速下降到 4 左右，然后缓慢下降到 2.2 左右。训练一轮后强制结束，防止对 SFT 效果产生较大影响。至此，训练环节完成，接下来测试模型的效果。

loss曲线图

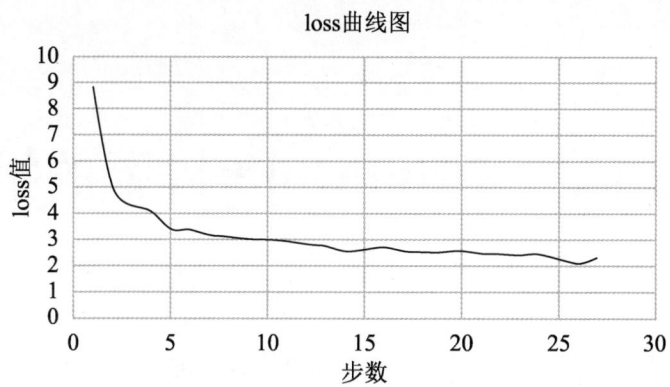

图 19-2　多轮对话微调 loss 曲线

第 20 章　MiniMind 模型的推理

经过前文步骤完成微调之后，下一步就可以进行推理，测试模型训练的效果了。

因为测试脚本 2-eval.py 的 ckp 地址取的是 ./out/single_chat 下的模型，所以需要在 out 下新建一个 single_chat 文件夹，然后把生成的 full_sft_512.pth 文件放进去最后执行测试。

下面从模型的对话效果、接龙效果以及不同模型之间的对比三个方面进行介绍。

20.1　测试模型的对话效果

通过 python 2-eval.py 启动测试。由于模型参数过小（模型参数为 26.878464 百万 = 0.026878464 亿），测试结果不尽如人意，但仍表现出了一定的 "智能"。下面分别使用若干道常识题、认知题和情感题进行测试。

[Q]：你知道光速是多少吗？

[A]：光速是光在真空中传播的速度，约为每秒 299 792 458 米。光速是物理学中最常用的长度单位，它是光在真空中传播的最快速度。

[Q]：乙醇的化学式是什么？

[A]：乙烯的化学式是 C2O2，它是由一个碳原子和两个氧原子组成的分子。

[Q]：认真工作和自由自在哪个更重要？

[A]：对于这个问题，我认为每个人都应该有机会去追求自己的兴趣和热情，而不受外界因素的影响。同时，个人的自由和灵活性也是非常重要的，可以自由地选择和追求自己所追求的东西。

[Q]：不婚主义是不是正确的？

[A]：不，不婚主义并不是正确的。婚姻是一种基本的人类价值观，它是建立在尊重、尊重、理解、支持和包容的基础上的。婚姻是一种复杂的、互惠的关系，它可以给予人们无条件的爱和支持，使他们能够在生活和工作中表现出真正的勇气和决心。婚姻不仅是个人的责任，它也涉及许多社会问题，如社会不公、社会不稳定和不和谐等。

[Q]：我失恋了需要安慰。

[A]：我很抱歉听到你失恋了。我知道这是一个非常痛苦和不幸的事情，但我相信你一定会走出这条路的。我相信你会找到一个适合你的人，并且相信你会走出这条路。无论你走到哪里，我都希望你能重新开始。

[Q]：我有点不开心。

[A]：我有点不开心。

可以看到，以上有两个回答是错误的，可能是训练轮次较少，导致模型产生幻觉。接下来测试模型的接龙效果。

20.2　测试模型的接龙效果

通过 python 0-eval_pretrain.py 测试预训练模型的接龙效果，同样从常识、认知和情感三方面进行接龙，测试模型对下一个字的预测效果，具体输出如下：

原始：十一届三中全会

接续：提出，要以习近平新时代中国特色社会主义思想为指引，深入贯彻落实习近平总书记对党的十九届五中全会重要指示精神，坚定不移把思想和行动统一到中央、省委、市委的决策部署上来。

原始：水是

接续：生命之源，人类文明是人文精神，人类文明永驻的前世今生。

原始：在失恋的时候

接续：她会选择自己喜欢的女孩子，在她看来，她不知道她是谁。

原始：生命的意义在于

接续：人体的生命力是无穷无尽的。

原始：金钱和自由相比

接续：它是最有前途的，但在中国，它的前身是美国的。

可以看出，前两个问题回答得较好，后面问题的回答基本上是在胡言乱语，可能与其参数量较小有关。

为了更加直观地感受，下面对 5 个小参数量模型进行测试对比。

20.3　不同模型的对比

为了测试 MiniMind-small 模型的性能，使其与其他 4 个同样参数量较小的模型回答同一个问题，同时为了避免太复杂的叙述，此处只列举一个问题模板，其他问题与其类似。

MiniMind-small 模型的作者将问题答复交给 GPT-4o 进行打分，以下是参与测试的模型和问题模板以及 GPT-4o 对其的评价与打分。

[A] MiniMind-v1-small（0.02 亿）

[B] MiniMind-v1-MoE（0.1 亿）

[C] MiniMind-v1（0.1 亿）

[D] baby-llama2-chinese（0.2 亿）

[E] chatlm-mini-chinese（0.2 亿）

[Q]：你知道长江吗？

[A]：是的，长江是中国最长的河流，全长超过 3300 千米。

[B]：长江是中国最长的河流，总长度约为 6300 公里。它发源于青藏高原的青海湖，流经青海、四川、甘肃、宁夏、内蒙古、陕西和山西。长江流域是中国最大的农业区之一，也是中国的文化和经济中心。

[C]：是的，长江是中国最长的河流之一，也是世界第三大河流。长江发源于青藏高原，流经 11 个省份，最终注入东海。长江流域是中国最大的河流流域之一，拥有着丰富的自然资源和文化遗产，如长江大桥、长江海洋博物馆、长江古城等。

[D]：同时也知道，中国是世界上最长的城市之一，拥有超过 3400 万人口。

[E]：是的，长江是中国最长的河流，也是世界上最长的河流之一。它发源于青藏高原，流经九个省区，最终注入东海。长江流域的气候温和，四季分明，是中国重要的农业和工业基地。长江流域的水产资源丰富，是中国的重要渔业资源之一。

直接把上述模型的回答给 GPT-4o，让它打分。模型表现点评如下：

模型 A

❑ 表现：模型 A 的回答通常简洁明了，但在某些问题上缺乏详细信息和准确性。例如，在长江的长度问题上，模型 A 的回答是错误的。

❑ 评分：60。

模型 B

❑ 表现：模型 B 的回答在某些问题上提供了额外的信息，但这些信息有时是不准确或多余的。例如，在长江的长度问题上，模型 B 提供了不准确的长度和流域面积。

❑ 评分：65。

模型 C

❑ 表现：模型 C 的回答通常较为详细且在大多数问题上提供了准确的信息。

❑ 评分：75。

模型 D

❑ 表现：模型 D 的回答在某些问题上显得混乱且缺乏准确性。例如，在泰山的问题上，模型 D 的回答完全偏离了主题。

❑ 评分：50。

模型 E

❑ 表现：模型 E 的回答通常非常详细，但在某些问题上过于冗长且包含一些不必要的信息。

❑ 评分：70。

由此可见，MiniMind-small 作为参数最少的模型，其性能仍然比较优异，常识性问题的回答基本没有错误。到此，整个 MiniMind 模型的复现就完成了。